基礎テキスト

Pythonで学ぶ はじめての データサイエンス

吉田雅裕 著

技術評論社

■ご注意

本書は2023年4月時点での最新情報をもとに執筆されています。アプリケーションやWebサイト、Webサービスなどは、その後、画面や表記、内容が変更されたり、無くなっている可能性があります。

はじめに

日本が直面する少子高齢化の影響は著しく、2100年の国内総人口は5000万人を下回ることが予想されています。さらに、近年の社会情勢や自然環境の大幅な変化により、世界中で新しい問題が次々と発生しています。このように、急速かつ複雑に変化する現代社会の問題は、最先端のコンピュータ技術を駆使するだけでは解決することはできません。問題解決に必要なデータを収集し分析することで、問題の本質を正しく見極め、適切な解決方法を実現しなければならないのです。

これを実現していくためには、統計学や人工知能(AI)によって成り立つ「データサイエンス」を正しく理解し、使いこなしていく必要があります。現代はビッグデータの時代と呼ばれ、社会のさまざまな営みの中で多種大量のデータを入手可能です。そして、ビッグデータを客観的に分析することができれば、人間の勘や経験では気づけなかった新しい知見を得ることができるでしょう。データサイエンスの需要は今後さらに増えていくと言われています。

しかし、これまでのデータサイエンスは、一部の理系大学生のための学問でした。高度な統計学、人工知能などに加え、ビッグデータを効率よく分析するためのプログラミングや、分析結果を正しく理解するための数学知識も必要になるためです。ですが、データサイエンスには心理学や経営学などの文系学部の知識も役立ちます。なぜなら、データサイエンスは単なるデータ分析が目的ではなく、分析結果を用いて社会問題を具体的に解決する社会実装こそが本質だからです。

そこで本書は、文系、理系の垣根を越えて、さまざまなバックグラウンドを持つ学生に向けたデータサイエンスの入門書となるように構成しました。データの集め方や前処理の方法から始まり、データサイエンスに必要な統計学、アルゴリズム、人工知能などを図解で楽しく学べるようになっています。文理融合の観点から、数式の記述は最小限に抑え、イラストやたとえ話などをふんだんに取り入れることで、初学者でも無理なくデータサイエンスに興味を持ってもらえるように工夫しました。さらに、プログラミング言語『Python』による演習を行いながら、実践的なデータサイエンスの技術を身に付けることができます。

それぞれの学習項目は、内閣府、文部科学省、経済産業省が協力して制定した数理・データサイエンス・AI教育プログラム認定制度(リテラシーレベル)に沿っており、これから時代の中核を担う人が身につけるに相応しい内容になっています。

今後も、コンピュータ技術は皆さんの人生の大部分を占めることでしょう。しかし、現代社会はコンピュータ技術だけで変えられるほど単純ではありません。データサイエンスを学ぶことで高い視座、広い視野を身に着けて、これからの社会をさらに良くしていきたいという意欲のある読者に、是非、本書を活用して頂ければと思っています。

2023年4月　著者

目次

第6章　統計的検定を用いたデータサイエンス

第7章　A/Bテストを用いたデータサイエンス

第8章 データサイエンスのためのアルゴリズム

第9章 回帰AIを用いたデータサイエンス

第10章　分類AIを用いたデータサイエンス

第11章　クラスタリングAIを用いたデータサイエンス

第12章　レコメンドAIを用いたデータサイエンス

本書で使用するサンプルデータやソースコードについて

●サンプルファイルのダウンロード

本書で使用する表などのサンプルファイルは下記のサポートページからダウンロードできます。

https://gihyo.jp/book/2023/978-4-297-13421-1/support

サンプルファイルはZIP形式の圧縮ファイルになっています。ダウンロードしたファイルを解凍すると、節番号などのフォルダがあり、その中にデータが入っています。

●Pythonプログラムのソースコード

各章のPythonによる演習で使用するプログラムのソースコードは、下記のURLにアクセスすることで利用できます。また、上記サポートサイトにリンクがあるので、ご利用ください。

2章 https://colab.research.google.com/drive/10pVXjVo068fy7PxPuULWeLATQo5HEgzD?usp=sharing
3章 https://colab.research.google.com/drive/1jUgcDdcnovDltp_F1PHzjguX60Y5Qats?usp=sharing
4章 https://colab.research.google.com/drive/1vEY8toB-8KXNKZSCa9pc9ONA1ylOd3aW?usp=sharing
5章 https://colab.research.google.com/drive/1Wa89ZR9z1PGTUFKhujZYqoHVtxyrcN6J?usp=sharing
6章 https://colab.research.google.com/drive/13XBupvnWjzcea3YJiE5RaMIdaxu7Sy9m?usp=sharing
7章 https://colab.research.google.com/drive/1YmHn-LnC-rBSUOLbJHzuEZ8Du-egAt9z?usp=sharing
8章 https://colab.research.google.com/drive/1Ow3IqLOAyQFaoaxw7kyffIKma3Hjca84?usp=sharing
9章 https://colab.research.google.com/drive/1MxloVBIK368-o79BjoTUp_4YU_iUb8W_?usp=sharing
10章 https://colab.research.google.com/drive/1-Q39pr9AGa_mDGFC1TsXCiYEU2NUzdIF?usp=sharing
11章 https://colab.research.google.com/drive/13wlTRQBOiD8kE2xCkIfpBPSbWx8cJnNv?usp=sharing
12章 https://colab.research.google.com/drive/1ITsjlryoXmBUe4kordM5SiuimkdtnIxu?usp=sharing
13章 https://colab.research.google.com/drive/14lSxFTALHj3WO-NniRsMNAPorXxwZzlj?usp=sharing
14章 https://colab.research.google.com/drive/1X2MUniO58qrnNS8u3xv0L60J8OqIRdL2?usp=sharing

●演習問題の解答について（教育機関の関係者の方へ）

各章末にある演習問題の解答は、授業の成績評価に利用できるようにするため、本文では非掲載としています。

演習問題の解答の送付をご希望の方は、以下のメールアドレスまでご連絡ください。

chuo.univ.it@gmail.com

第1章 データサイエンスへのいざない

本章では、「データサイエンス（Date science）」に関する理論と具体的な実践方法について学びます。データサイエンスとは、プログラミング、統計学、AIなどの技術を駆使して、膨大なデータの分析や解析を行い、有益な洞察を導き出すことです。社会や企業の中に蓄積されたデータを分析し、新しい政策を考えたり、マーケティングや商品開発に活用したりすることが当たり前になるなか、高度なデータ分析を行う人材である「データサイエンティスト（Data scientist）」の需要も高まっています。これからのデータ活用社会を上手に生き抜いていくために、データとどのように向き合っていけばよいのか、何に気をつけて、どう活用すればよいのかを学んでいきましょう。

1-1 データ(Data)

データとは、それをもとにして、推理し結論を導き出す、または行動を決定するための事実のことです。論拠、基礎資料、実験や観察などによって得られた事実が、主に「数値」の形式で記録されています。

数値データ

例えば、身体に関するデータとしては、身長、体重、体温などが数値として表現されます。また、性別や血液型などのデータは、厳密に言えば数値ではありませんが、「男性」「女性」などのカテゴリを意味する文字列で表現されます。数値データが記録された電子データは、データのサイズ(データ容量)があまり大きくありませんので、比較的容易に扱うことができます。

図1-1　数値データ

学生	身長(cm)	体重(kg)	性別(男性,女性)
Aさん	155	52	女性
Bさん	169	65	男性
Cさん	180	72	男性
…	…	…	…

マルチメディアデータ

また、最近では、数値以外の情報が格納された「マルチメディアデータ」が増加してきています。マルチメディアデータは、画像、音声、動画、テキスト(小説やWeb記事)など、さまざまな形式の情報をデジタル化することで、数値だけでは表現できない形態の情報を扱うことができます。

マルチメディアデータは、データの品質を重視する場合はデータのサイズが大きくなり、逆に、データのサイズを小さくしたい場合は、データの品質を下げてサイズを抑えることができます。マルチメディアデータは、数値データよりもサイズが大きくなりやすいため、「ビッグデータ(Big data)」と呼ばれます。数値データだけでなくマルチメディアデータも蓄積するとビッグデータになってコストがかかってしまうため、昔はマルチメディアデータは蓄積されずに捨てられていました。しかし、最近ではデータを蓄積するためのストレージ(ハードディスクなど)の価格が安くなったため、これまで捨てていたマルチメディアデータを蓄積して、積極的にデータサイエンスに活用しようとする企業や自治体が増えてきています。

1 2 3 4 5 6 7 8 9 10 11 12 13 14

図1-2 マルチメディアデータ

画像

音声

動画

吾輩ハ猫デアル　夏目漱石

　吾輩は猫である。名前はまだ無い。
　どこで生まれたか頓と見當がつかぬ。何でも暗薄いじめじめした所でニャー／＼泣いて居た事丈は記憶して居る。吾輩はこゝで始めて人間といふものを見た。然もあとで聞くとそれは書生といふ人間で一番獰惡な種族であつたさうだ。此書生といふのは時々我々を捕へて煮て食ふといふ話である。然し其當時は何といふ考もなかつたから別段恐しいとも思はなかつた。但彼の掌に載せられてスーと持ち上げられた時何だかフハフハした感じが有つた許りである。掌の上で少し落ち付いて書生の顔を見たが所謂人間といふものゝ見始であらう。此の時妙なものだと思つた感じが今でも殘つて居る。第一毛を以て裝飾されべき筈の顔がつる／＼して丸で藥罐だ。其後猫にも大分逢つたがこんな片輪には一度も出會はした事がない。加之顔の眞中が餘りに突起して居る。そうして其穴の中から時々ぷう／＼と烟を吹く。どうも咽せぽくて實に弱つた。是が人間の飲む烟草といふものである事は漸く此頃知つた。
　此書生の掌の裏でしばらくはよい心持に坐つて居つたが、暫くすると非常な速力で運轉し始めた。書生が動くのか自分丈が動くのか分らないが無暗に眼が廻る。胸が惡くなる。到底助からないと思つて居ると、どさりと音がして眼から火が出た。夫迄は記憶して居るがあとは何の事やらいくら考へ出さうとしても分らない。
　ふと氣が付いて見ると書生は居ない。澤山居つた兄弟が一疋も見えぬ。肝心の母親さへ姿を隱して仕舞つた。其上今迄の所とは違つて無暗に明るい。眼を明いて居られぬ位だ。果てな何でも容子が可笑いと、のそ／＼這ひ出して見ると非常に痛い。吾輩は藁の上から急に笹原の中へ棄てられたのである。
　漸くの思ひで笹原を這ひ出すと向ふに大きな池がある。吾輩は池の前に坐つてどうしたらよからうと考へて見た。別に是といふ分別も出ない。暫くして泣いたら書生が又迎に來てくれるかと考へ付いた。ニャー、ニャーと試みにやつて見たが誰も來ない。其内池の上をさら／＼と風が渡つて日が暮れかゝる。腹が非常に減つて來た。泣き度ても聲が出ない。仕方がない、何でもよいから食物のある所迄あるかうと決心をしてそろりそろりと池を左りに廻り始めた。どうも非常に苦しい。そこを我慢して無理やりに這つて行くと漸くの事で何となく人間臭ひ所へ出た。此所へ這入つたら、ど

テキスト

1-2 データサイエンス (Data science)

データサイエンスは、データを収集、蓄積、分析して、社会や企業における意思決定を支援することです。勘や経験に頼らずに、データという客観的に判断可能な情報から意思を決定することで、より間違いの少ない判断ができるようになったり、これまで知らなかった新しい事実を発見したりすることができます。例えば、私たちは「部屋が寒い」や「雨が降りそうだ」という課題を感じるときに、温度計や天気予報などの客観的に判断可能な情報があれば、自信をもって具体的なアクションにつなげることができます。

データサイエンスによる課題解決

データサイエンスは、膨大な量のビックデータを活用し、顧客の行動を分析したり、社会の動きを可視化したりすることで、既存のビジネスの見直しや、社会をより豊かにするための施策を考えることに役立ちます。経験や勘に基づいて行動する場合に比べて、生産性も大幅に向上するかもしれません。データサイエンスはプログラミング、統計学、AIなどの技術を用いた「サイエンス」でありながら、社会や企業の活動の中で大いに役立つため「実学」でもあるとも言えます。

データサイエンスでは、プログラミングを利用してデータを収集、分析、解析して、ビッグデータの中から有益な知見を発見します。分析に用いられるデータは、株価や気温などの数値データだけでなく、画像、音声、動画、テキストなども分析の対象となります。プログラミングを用いたデータサイエンスは、データ分析の大部分の工程を自動化できるため、超少子高齢化を迎える日本において、生産性を高めて生き生きと働いていくための原動力となるでしょう。単なるビジネスのためのデータサイエンスに終始するのではなく、データサイエンスで明らかになった事実を社会実装し、貧困問題や環境問題などの社会的な課題解決を行うことが期待されています。

図1-3　データサイエンスの流れ

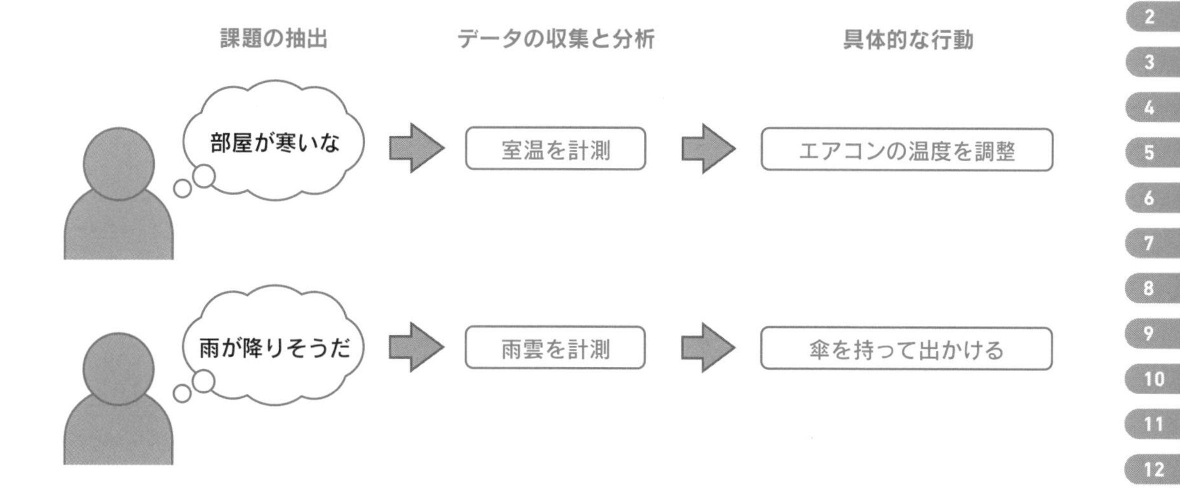

ナイチンゲールとデータサイエンス

皆さんはナイチンゲールという偉人をご存知でしょうか？ナイチンゲールは、19世紀のイギリスで活躍した看護婦であり、「近代看護の母」や「クリミアの天使」と称されています。クリミア戦争での敵、味方の分け隔てない負傷兵たちへの献身を行う中で、医療現場における看護婦の重要性に気づき、イギリスの看護婦の地位向上に貢献したことで有名です。

図1-4　Florence Nightingale

参考：https://en.wikipedia.org/wiki/Florence_Nightingale

ナイチンゲールは看護学で有名な方ですが、生涯を通じて統計（データサイエンス）に強い関心を持ち、看護の仕事にデータサイエンスを積極的に活用した人物でもあります。

クリミア戦争において、イギリス軍の戦死者、傷病者に関するデータを集めて分析し、戦傷よりも病院内で発生する病気に起因する死亡者のほうが多いことを発見しました。つまり、看護婦を増やして、病院をきれいに掃除して衛生状態を改善すれば、死亡数を大きく減少できることをデータサイエンスにより明らかにしたのです。

しかし、ナイチンゲールが「医者を増やすよりも、看護婦を増やして病院を清潔にしたほうが、たくさんの人を救える」と主張しても、彼女の意見に耳を傾けてくれる人はほとんどいませんでした。当時の医療現場では看護婦の重要性が認識されておらず、患者を救えるのは医者だけであると考えられていたのです。

そこでナイチンゲールは、病院の衛生状態と死亡者の関係性を、誰が見てもわかりやすい形に可視化(グラフ化)しました。このグラフは「ナイチンゲールの円グラフ(通称、鶏のとさか)」と呼ばれています。灰色の部分が、衛生状態の問題で感染症になって死亡する人の割合を示しており、その他の要因よりも割合が多いことを直感的に理解できます。そして、わかりやすく可視化されたグラフと、数学理論に裏打ちされた客観的な分析データを用いて、政府の高官に病院の衛生状態の改善を要求しました。勘や経験ではなく、データから分かる客観的な事実を、誰にでもわかりやすく伝えようとするナイチンゲールのプレゼンテーションは、政府の高官の心に響き、結果としてイギリスの病院における看護婦の地位向上につながったそうです。

図1-5　ナイチンゲールの円グラフ

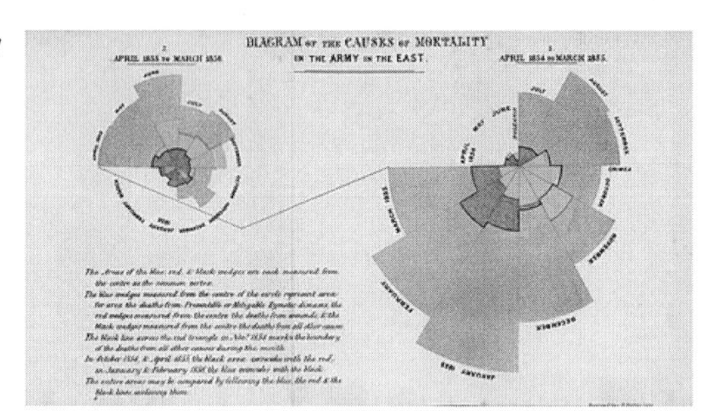

データサイエンスは、正しい手順を踏めば、誰がやっても必ず同じ結果が導かれます。データサイエンスを用いると、性別、年齢、役職などの垣根を越えて、全員が同じ土俵に立って会話をすることが可能となり、ナイチンゲールのような優れた価値創造を実現できるようになるのです。

1-3 データサイエンティスト

データサイエンティストとは、データを処理、分析して、そこから有用な情報(価値)を引き出すことのできる人材のことです。さまざまな意思決定の局面において、客観的なデータ分析の結果にもとづいて、合理的な判断を行えるように意思決定をサポートすることが求められます。

データサイエンティストは文理融合の職業

膨大なデータを収集し、加工し、分析のための事前処理を行うという作業はとても大変ですので、人手でやろうとするとかなりの時間が必要となります。そこで、これらの作業を人手で行うのではなく、コンピュータに関する知識や、プログラミング能力を駆使して、データ分析の作業を自動化していきます。また、データ分析の際には、統計学やAIに関する理論的な知識も必要となります。このように、データサイエンティストは、コンピュータや数学に関する知識が求められるため「理系の職業」であると思われがちです。

しかし、実際には、人文社会系の科目を学んだ人が得意とするような「文系的な素養」もデータサイエンティストには必要となります。これは、データ分析によってわかることを「社会実装」しなければならないからです。社会実装とは、データサイエンスで得られた結果を、社会に役立つ具体的な価値に変換して応用することです。そのためには、人や社会に関する人文知が必要になるでしょう。また、データサイエンスに関する倫理や法律が必要となる場面もあるかもしれません。そのため、データサイエンティストは、学際的な知識や能力が必要であることから「文理融合の職業」であると言われています。

図1-6　データサイエンティストは文理融合の職業

データサイエンスを学ぶ人たち

AIや統計学の技術発展により、過去10年間でデータサイエンスは大きな発展を遂げました。現在では、多くの企業や大学がデータサイエンスへの積極的な人材投資を続けており、データサイエンティストという職業は、国内外で大変な人気を博しています。例えば、データサイエンスが最も普及しているアメリカでは、大学におけるデータサイエンティストの学位は、「統計学（Statistics）」や「生物統計学（Biostatistics）」という名で授与されています。以下のグラフは、アメリカでデータサイエンスを専攻した卒業生の人数の推移を示していますが、男性女性問わず、学部、修士、博士のデータサイエンスの学位授与数は、近年大幅に増加していることがわかります。

日本国内におけるデータサイエンス教育は、諸外国と比較すると若干遅れてはいますが、日本政府が全ての大学生にAIリテラシー教育を実施するという方針を打ち立てたり、大学の文系学部で統計学やAIの講義が必修化されたりするなど、データサイエンスは若手を中心に大きな広まりを見せています。

図1-7　アメリカでデータサイエンスを専攻した卒業生の人数

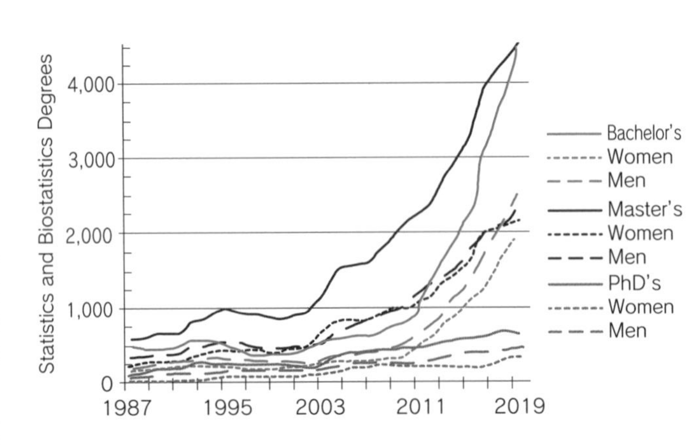

出典：Steve Pierson, Director of Science Policy, "Strong Growth for Statistics and Biostatistics Degrees Continues Through 2019," https://magazine.amstat.org/blog/2020/11/01/degreegrowth/.

データサイエンティストに必要な能力

データサイエンティストになるためには、「数学」、「プログラミング」、「ドメイン知識」の3つの能力が必要になります。

図1-8 データサイエンティストに必要な能力

◎数学

学生にデータサイエンスを教えていると「データサイエンスを独りで勉強することは難しい」と相談されることがあります。その理由が「数学」の存在です。データサイエンスを行うためのAIや統計学は、全て数値の取り扱いから成り立っています。AIや統計学でデータをどのようにして読み解き、活用させていくかは、全て数学をベースに考えられているからです。コンピュータに関する知識を身に付けて、プログラミングをしっかり学んだとしても、データサイエンティストになることはできません。最近では、AIや統計学に必要なプログラミングの機能は充実してきているので、データをどこからか拾ってきて、分析用のプログラムに放り込むことは誰でもすぐに実行できるでしょう。しかし、実社会で役に立つ精度の高いAIを作ったり、統計学による検定結果を正しく読み解いたりするためには、数学に関する知識が必要不可欠なのです。

数学に苦手意識を持つ人は多く、また、勉強すればするほどその道のりは遠く険しいため、数学を学ぶことはとても非効率に感じることがあります。しかし、データサイエンスの能力を身に付けて、これからのビッグデータ時代を歩んでいきたいと思うのであれば、ぜひ今から数学の勉強を始めることを推奨します。しっかりとしたデータサイエンティストであればあるほど、数学の重要性を理解しているものです。データサイエンティストになろうとすれば、高校までの数学を前提とした大学1～2年次程度の教養数学が必要となります。具体的には、微積分、線形代数、確率統計などが該当します。本書では、データサイエンスの初学者が数学で挫折しないように、難しい数式を極限まで減らして、文章による丁寧な解説を加えています。5章から7章を読むと、統計学に関する数学を勉強することができます。また、9章から14章では、AIの数学理論についても解説を行っています。

◎プログラミング

データサイエンスの根幹を支えるのは数学ですが、その数学に基づく計算を実施するのが「プログラミング」の役割です。簡単な数学であればエクセルなどの表計算ソフトウェアでも計算可能ですが、高度な数学になればなるほどプログラミングは必須となります。AIや統計学を用いたデータサイエンスは、現代のプログラミング言語では非常に扱いやすくなっています。本書では、データサイエンスで主流の「Python」を用いて、実践的なデータサイエンスを学ぶことができます。2章ではPythonの基礎的なプログラミングを学びます。3章と4章では、データの収集や前処理などのデータエンジニアリングの技法をPythonで実践します。8章では、プログラミング能力をさらに向上するためにアルゴリズムの学習を行います。その他の章においても、Pythonのプログラムを書きながら、実践的なデータサイエンスを行うことができるようになっています。

◎ドメイン知識

最後に、データサイエンティストに必要となる知識が「ドメイン知識」です。ドメイン知識とは、解析しようとしている対象や業界についての知識、知見、流行などに関する情報です。データサイエンスは、単純にデータを分析してプレゼン資料に落とし込むというものではなく、分析結果から社会や企業を変革するための方針を導き出すためのものです。確かな数学根拠とプログラミングによる綿密な計算処理を通じて、データに対する仮説を立て、検証し、具体的な価値を生み出していきます。いかに高度なデータ分析ができたとしても、企業の利益向上や社会問題の解決などの具体的な結果に結びつかなくては無意味なのです。データをどのように分析するか、分析結果の意味を正しく理解しているかなど、ドメイン知識をベースに仮説を立てて検証することができれば、データの分析結果と現実とのギャップを少なくすることができます。

データサイエンスとドメイン知識を融合するためには、現場で生み出される実際のデータを使ってデータサイエンスの練習を行うことが一番の近道です。読者の皆さんも、2章から14章で学ぶデータサイエンスの具体的な手法を、身近にあるデータに適用して練習しながら、ドメイン知識を活かせる優れたデータサイエンティストになってください。

1-4 データサイエンスにおける分析手法

データサイエンスの２つの分析手法、統計学とAIの違いについて見ていきます。

統計学とAI

統計学とAIは、データを媒体とした情報、知識を獲得するという点では、どちらも同じ役割を持っています。定義と境界が曖昧な２つの領域ですが、目的の違いを理解しておくことが重要となります。

◎統計学

統計学は、データの特徴や構造を明らかにして、データが持つ「意味」抽出することが目的です。統計学で扱うデータのサイズは相対的に小さいことが多く、統計学の能力を持った人間が主体的にデータ解析を実施します。例えば、株式投資を行いたいときに、株価の推移のデータを人間が数学的に分析して、現在の株式市場で何が起こっているかを明らかにして、株売買で利益を出すための判断材料を得ることが統計学の役割です。

統計学の分析手法は、人間にとって直感的に分かりやすいものが好まれます。統計学の分析結果は、グラフや表で表現しやすく、他人に報告する上でも客観的に説明しやすいため、実際のビジネスや政策決定の場面では、統計学がよく用いられます。また、機械学習と比較すると、分析手法が単純で計算速度も速いため、予測精度を追求することにあまり意味がなければ、統計学を用いたほうが良いことが多いです。

◎AI

一方、AIは、データサイエンスの目的が明らかになっているときに、その目的を達成するための「精度」を徹底的に追及する場面で有効な手法です。例えば、株式投資で利益を出すことが目的であるときに、AIによる自動株売買（アルゴリズムトレード）で、1円でも多くの利益を出すことに重みをおきます。そのため、AIの分析手法が複雑で、人間にとってAIが何を考えているかがわからなかったとしても、まったく問題ありません。AIを用いたデータサイエンスでは、目的を達成するときの精度が少しでも上がれば良いのです。AIで扱うデータのサイズは相対的に大きく、コンピュータの計算能力を駆使して、統計学だけではできない規模のデータ分析を行うことができます。

図1-9　統計学とAI

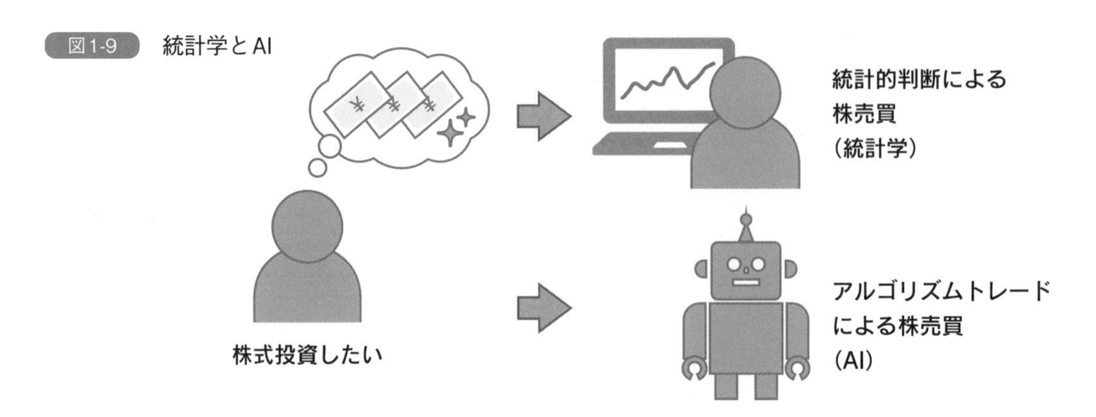

AIは精度を追求する分析手法であるため、データが持つ特徴や構造を人間が理解することにはあまり役に立ちません。AIが出した分析結果をそのまま使うことはできても、AIが何を考えているかがわからないため、その分析結果に対して解釈の余地を与えられないことが多いです。この現象のことを「ブラックボックス」と呼びます。

例えば、猫の写真を見て、「この写真は猫であるかどうか」を判断することがデータサイエンスの目的であれば、写真を判断するときのAIの中身はブラックボックスで構いません。つまり、AIが人間と同じような考え方をしていても、コンピュータに特化した考え方をしていても、入力と出力が同じとなれば問題ないわけです。

一見するとAIを使えば何も問題ない気もしますが、重要な意思決定の場面では、分析結果の精度よりも、分析結果の解釈が求められることは多いです。そのため、統計学とAIの違いを理解したうえで、実際のデータサイエンスの場面でどちらの分析手法を使うべきかを判断し、柔軟に使いこなす能力が求められます。

図1-10　ブラックボックス

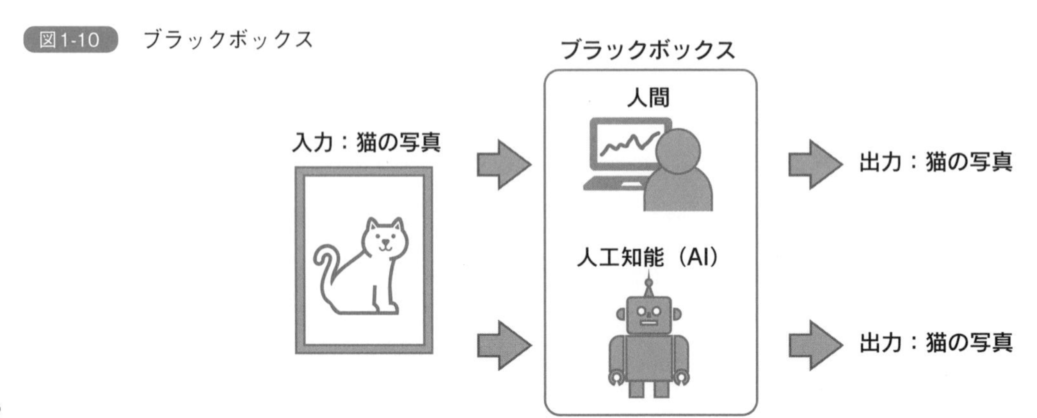

統計学による分析方式

データサイエンスに用いられる統計学には、大きく分けて「記述統計」、「推測統計」、「ベイズ統計」という3種類の学習方式があります。

◎記述統計

ある大きな集団から一部の小さな集団を抜き出して、表やグラフを作り、平均や分散を見ることでデータの特徴を把握するという統計を「記述統計」といいます。データサイエンスで用いるデータは大規模であるため、全てのデータを集めることは困難なことが多いです。例えば、日本全国の大学生の生活習慣を調査したいときに、全員のデータを集めようとすると約260万人(2022年時点)のデータを集める必要がありますが、現実的ではありません。そこで、記述統計の目的は、大きな集団から抜き出した一部の小さな集団の性質を、より正確に明らかにしようとすることです。表やグラフにはさまざまな表現方法がある中で、データの特徴や構造をどのように可視化するとわかりやすいか、平均や分散などの統計量を使ってどうやってデータの特徴を表現するか、などに焦点が置かれています。

図1-11 記述統計

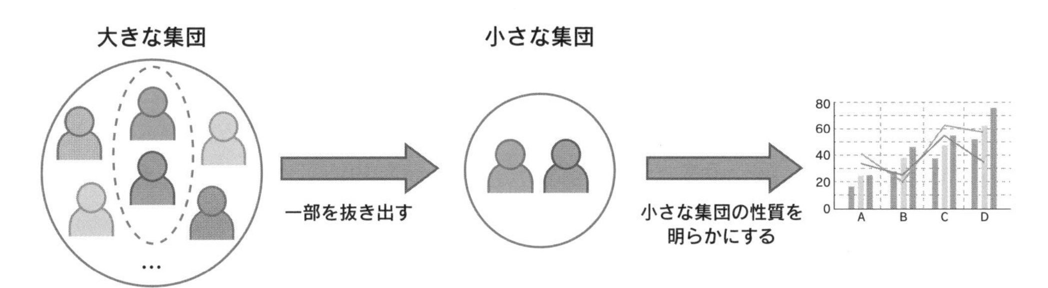

◎推測統計

一方、大きな集団から一部の小さな集団を抜き出して、その小さな集団の特性から大きな集団の特性を推測し、それが正しいかどうかを調べる統計を「推測統計」と呼びます。推測統計は、「推定」と「検定」にさらに分けることができます。推定とは、大きな集団が持つ平均、分散、比率などの具体的な値を、小さな集団から予測することです。検定とは、小さな集団について立てた仮説が正しいかどうか(大きな集団でも同じことが言えるか)を統計学的に判定することです。これらの推測統計は、統計学を用いたデータサイエンスにおいて最も重要となるため、本書では6章と7章で詳しく解説しています。

図1-12 推測統計

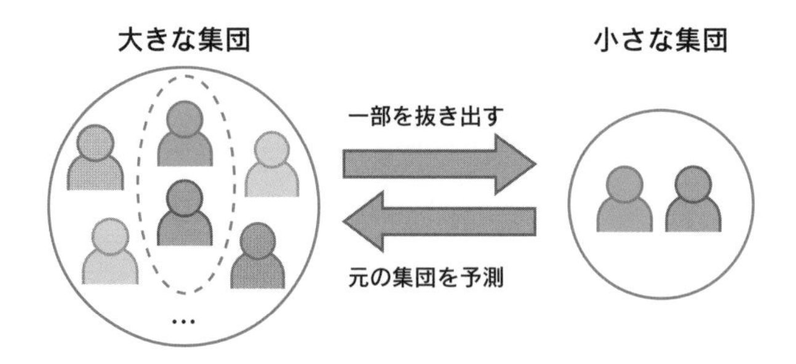

◎ベイズ統計

ベイズ統計は、「ベイズの定理」という確率理論をもとに構築された統計学です。分析を始めるときにデータを必要としないという考え方であり、分析に先立って小さな集団のデータを必要とする記述統計や推測統計とは考え方が大きく異なります。ベイズ統計は難解であるため本書の対象外と致しますが、ベイズ統計を使うと、何らかの「結果」を生じさせる「原因」が何であるかを特定することができるようなります。迷惑メールの判別や、売り上げが向上した要因などを探ることができるため、ビジネス用途のデータサイエンスでよく用いられています。

AIの学習方式

データサイエンスに用いられるAIには、大きく分けて「教師あり学習AI」、「教師なし学習AI」、「強化学習AI」という3種類の方式があります。それぞれの学習方式は長所と短所があるため、扱うデータの特徴や、AIで解こうとする問題の性質に合わせて使い分けることが必要です。

◎教師あり学習AI

教師あり学習AIとは、「正解」がわかっているデータ（以降、正解データ）を用いて学習したAIのことです。正解データとは、例えば、ある画像のデータがあるときに、その画像が「犬」なのか「猫」なのかというラベル情報も同時に付いているデータのことです。AIは、正解データである犬の画像からは犬の特徴を学習し、猫の画像からは猫の特徴を学習します。そして、学習のときに存在しなかった未知の入力画像に対して、事前に学習した犬と猫の特徴から、画像が犬と猫のどちらに似ているのかを判定するという仕組みです。

教師あり学習の最大の特徴は、学習段階で正解データが必要になるという点です。AIと聞くと、未知の入力画像に対して自動的に正解を導いてくれるかのように思いがちですが、教師あり学習のAIは事前に正解データを与えて学習させないと何もできません。正解データは人間が作る必要があるため、教師あり学習のAIを作ることはとても手間がかかりますが、精度の高いAIを作ることができます。実際に、現在の世の中に普及しているAIのほとんどは、教師あり学習で作られたAIであると言われています。

◎教師なし学習AI

教師なし学習AIは、正解のないデータを入力して学習したAIのことです。

教師あり学習の例では、犬の画像には犬のラベルを付け、猫の画像には猫のラベルを付けて学習させていました。一方、教師なし学習の場合は、画像に何もラベルを付けないで学習させます。教師なし学習は、入力されるデータが持つ情報が限定的となるため、教師あり学習と比較して難易度の高い学習方式であり、教師なし学習のAIにできることは限定的です。

例えば、教師なし学習の代表的な応用例である「クラスタリング」では、異なる種類の動物が写った複数枚の画像の中から、特徴が似ている動物の画像をグループとして抽出することができます。教師なし学習の場合、事前に正解データを入力してAIに特徴を学習させる必要がないため、正解のないデータをAIに与えると、すぐに出力を得ることができます。

教師なし学習は、カテゴリとしては機械学習の一つですが、どちらかというと統計学のようなデータ分析の手法に近い性質を持っています。今のところ、教師なし学習のAIによってできることは限定的であり、精度も教師あり学習に劣ることから、実際の社会の中ではそこまで活躍できていません。

しかし、教師なし学習にも優れた性質があります。それは、「人間が正解データを作らなくてもよい」ということです。現在の教師あり学習は人間が正解データを作る必要があるため、さまざまな用途に応じた精度の高いAIを量産することが難しく、AIを社会に普及させる際の最大の障壁となっています。将来的に、正解データを必要としない教師なし学習のAIを進化させることができれば、AIの可能性はさらに広がっていくことが期待されており、世界中の研究者によって熱心に研究されています。

◎強化学習AI

強化学習AIは、教師あり学習と教師なし学習とは大きく異なる方式で学習したAIです。強化学習では、学習のためのデータを事前に用意する必要はありません。強化学習のAIは、自分の周りの環境を計測しながら、自分が何らかの行動をとったときに、周りの環境はどのように変化するのか、という「環境」と「行動」をセットにして学習を進めます。そして、ある「目的」を達成するために、自分の行動を修正していきます。

以前、将棋のプロをAIが打ち負かしたというニュースが流れましたが、そのAIは強化学習によって学習されたAIでした。将棋のAIは、最初はどうやったら人間に勝利できるのかを知らないのですが、さまざまな盤面の状態（環境）に対して、自分の手（行動）を試行錯誤しながら最善手を学んでいくことで、ついに人間のプロを打ち負かす（目的）ことに成功しました。

強化学習のAIは人間を超える可能性を秘めており、世間からも大きく注目されていますが、難解であるため本書ではこれ以上は取り扱いません。興味のある読者は、本書の内容を一通り理解した後で、別の書籍などを参考にしてください。

図1-13 AIの学習方式

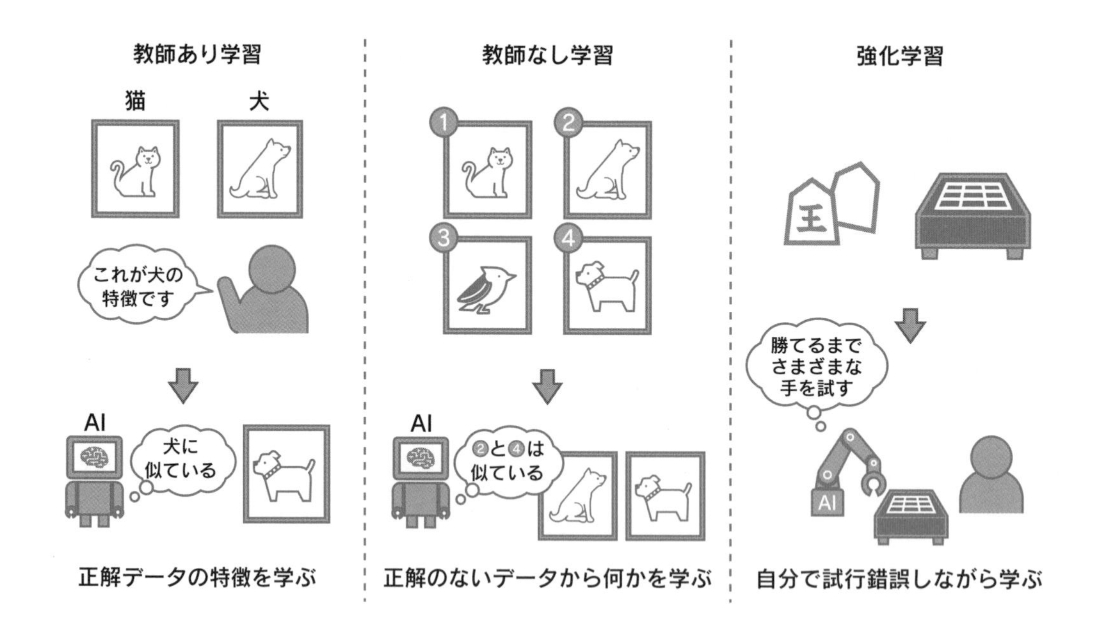

演習問題①

国内外のデータサイエンスに関する活用事例を調査してまとめなさい。

第2章 データサイエンスのためのPythonプログラミング

本章では、プログラミングに関する基礎知識を学びます。「プログラミング言語」は、ソフトウェアを記述するための形式言語であり、構文規則（どのように書くか）と、意味規則（何を意味するか）で定義されています。これから、「Python」というプログラミング言語を用いて、実際に手を動かしながらプログラミングをやってみましょう。

2-1 プログラミングの基本

人間がAIなどのソフトウェアをつくることを「プログラミング」と呼びます。プログラミングは、一昔前はごく限られた人だけが持つ特別なスキルでした。しかし、現在は、文系理系問わず全ての若者が持つべき一般教養レベルのスキルとなっています。

ソフトウェアのプログラミング

人間はプログラミングを行うことで、何らかのソフトウェアをつくることができます。プログラミングとは、人間がソフトウェアにさせたい仕事の内容を、仕事の順番通りに書き表すことを意味します。例えば、スマートフォンの電話アプリを実現するには、以下の内容をプログラミングしていきます。

- 着信時に、着信音を「スピーカー」から出力する
- 着信時に、「バイブレーションモーター」を振動する
- 着信時に、相手の電話番号を「ディスプレイ」に表示する
- 相手の発声時に、相手の音声を「スピーカー」から出力する
- 自分の発声時に、「マイク」から入力された自分の音声を相手に届ける

(実際には他の機能も必要ですが、説明のために省略しています。)

このようにプログラミングされたソフトウェアは、書かれた仕事を順番に実行していきます。それぞれの仕事は単純なものが多いですが、複数の単純な仕事を組み合わせることで電話アプリが実現されています。仕事の内容に着目すると、どのような状況の時に、どのハードウェアを、どのように動作させるかということが書かれていることが分かります。仕事の内容を変更すれば、電話以外のアプリを作ることも可能です。

1
2
3
4
5
6
7
8
9
10
11
12
13
14

プログラミングの歴史

コンピュータの歴史上、世界初のプログラミングが行われたのは1946年のことです。この時、世界初のコンピュータ「ENIAC」が誕生したのですが、ENIACのハードウェアを動かすためにはソフトウェアが必要であり、ENIACのソフトウェアをプログラミングする方法として「パッチパネル」が採用されました。

パッチパネルとは、ハードウェアの前面に多数配置されたジャック（穴）に、ケーブル（電線）のプラグ側を手で差し込む方式のことです。ENIACのソフトウェアは、ジャック同士をケーブルでどのように接続するかによってプログラミングされていたのです。

図2-1 ENIAC

https://en.wikipedia.org/wiki/ENIAC

ところが、ENIACのパッチパネル方式は、物理的なプログラミングであるため時間がかかり、ケーブルの本数が増えてくるとプログラミングできなくなるという問題がありました。そこで、この問題を解決するためにフォン・ノイマンによって「プログラム内蔵方式」のコンピュータが考案されました。

パッチパネルによってハードウェアの外側から物理的にプログラミングするのではなく、ハードウェアの内側にソフトウェアを記憶するためのメモリ領域を用意し、メモリ領域を論理的に書き換えることでプログラミングを行うという方式です。現在のコンピュータは全て、このプログラム内蔵方式となっています。そして、プログラム内蔵方式のコンピュータのメモリ領域を書き換える手法として誕生したのが、Pythonなどの「プログラミング言語」なのです。

2-2 データの構造

AIなどのソフトウェアは、コンピュータの中で現実社会の多様なデータを適切に扱いながら、高度な計算処理を実現しなければなりません。ここでは、コンピュータの中でデータがどのように扱われているかについて学びましょう。

データの構造とは

データの集まりをコンピュータで扱いやすいように、一定の形式で格納したものを「データ構造」と呼びます。私たちは普段の生活の中で「10進法」という数の表記方法を用いて、あらゆるデータを表現しています。10進法とは、使う数字が0,1,2,3,4,5,6,7,8,9の10種類で、数の桁に意味があり、右から順に1の位、10の位、100の位というように10のべき乗で桁があがっていくものです。人間の左右の指の数を合わせると10本であることから、10進法は人間にとって非常にわかりやすく、昔から日常生活の中で用いられてきた数の表記法です。

コンピュータと2進法

一方、コンピュータの中では、全てのデータは「2進法」として管理されています。2進法とは、使う数字が0,1の2種類で、数の桁に意味があり、右から順に1の位、2の位、4の位というように2のべき乗で桁があがっていくものです。コンピュータの内部では、電気が流れたか、流れていないかというON/OFFの2種類の状態しか表現することができません。そのため、全てのデータを2種類の状態の組み合わせで表現する必要があるため、2進数が用いられています。例えば、10進数の「5」は2進数で「101」と表されます。

図2-2 2進法と10進法

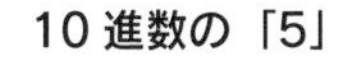

2 進数の「101」

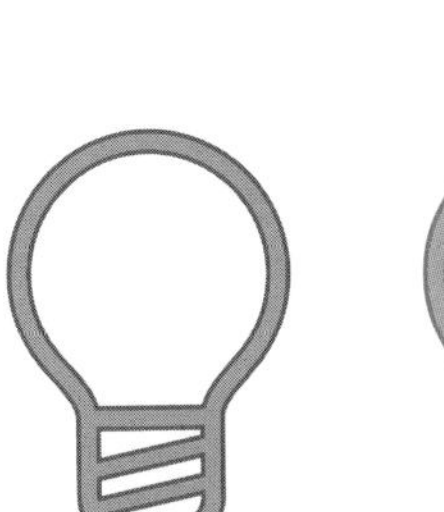

ビット(bit)とバイト(Byte)

コンピュータで取り扱われるデータは、「ビット(bit)」と「バイト(Byte)」という単位で取り扱われています。ビットとは、コンピュータ内部におけるデータ構造の最小単位で、1ビットには「0」か「1」のどちらかが格納されています。テキスト、音楽、画像などの全てのデータはビットの集まりであり、大量の0と1の組み合わせでできています。

コンピュータは大量の「0」と「1」で表現されたデータを正しく理解することができますが、人間にとってはわかりにくいという欠点があります。そこで、8個のビットをまとめて1個のデータとすることで、大きなデータを小さく表現する方法が編み出されました。8ビットのデータをまとめたものを1バイトと呼びます。私たちは8ビットを1バイトとして表現することで、大量のデータを短くわかりやすい形式で表現することができるようになりました。バイトという表現は、ハードディスクやメモリの容量を表現する単位として使われています。

図2-3 ビットとバイト

1ビット(0または1が格納される)

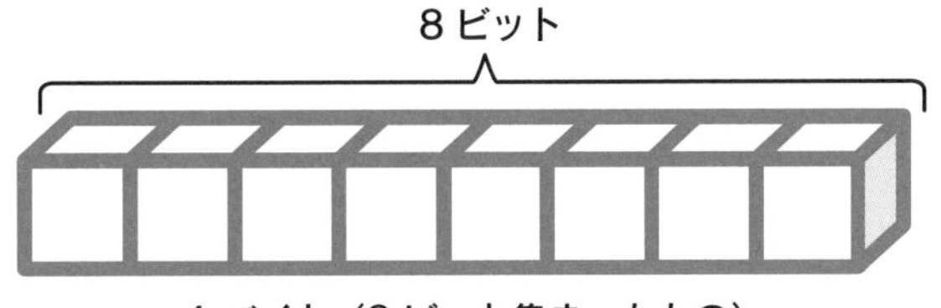

1バイト(8ビット集まったもの)

2-3 Pythonの準備と実行

プログラミング環境の準備

ここからは、プログラミング言語のPythonを用いて実際にプログラミングを行いましょう。最初に、プログラミングを行うための環境を用意する必要があります。本書では、Google社が提供している「Colaboratory」という環境を利用します。

◎Colaboratoryとは

Colaboratoryは、GoogleがAIの研究用途に無償で提供しているPythonのプログラミング環境です。パソコンへのインストールが不要で、Webブラウザがあればすぐにプログラミングや AIの作成をすることができます。しかも、必ずしもPCである必要はなく、スマートフォンやタブレットなどでも利用することができます。

図2-4　Google Colaboratory

参考：https://colab.research.google.com/

◎Colaboratoryにログイン

それでは、Colaboratoryの基本的な使い方を確認していきます。WebブラウザでColaboratoryのURL（https://colab.research.google.com/）にアクセスします。なお、Colaboratoryを利用するためには、Googleアカウントが必要です。Googleアカウントでログインした状態でURLにアクセスをしてください。また、学校が発行しているGoogleアカウントではColaboratoryを利用できないことがありますので、個人的に取得したGoogleアカウントを利用することを推奨します。

◎プログラミング画面の表示

Colaboratoryにログインした状態で、画面左上の「ファイル」の中にある「ノートブックを新規作成」をクリックすると、以下のようなプログラミング画面が表示されます。ここにPythonのソースコードを記述することで、さまざまなソフトウェアやAIを作成することができます。

図2-5 Colaboratoryのプログラミング画面

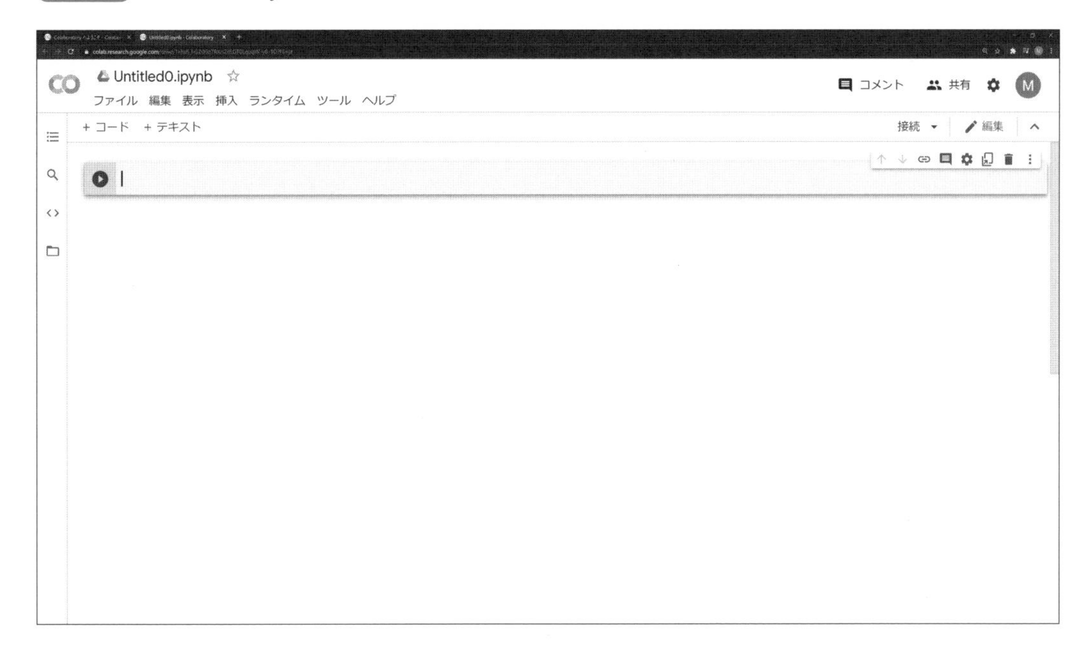

演習 Pythonによるプログラミングの実行

●プログラムで文字列を表示

新しいノートブックに簡単なPythonのプログラムを書いて実行してみましょう。ここでは、「Hello, world!」という文字列を表示するプログラムを記述して、エディターの左側にある実行ボタンをクリックします。すると、プログラムのすぐ下に実行結果が表示されます。

図2-6 文字列を表示するプログラム

●プログラムで足し算を行う

さらに新しいプログラムを記述するには、「＋コード」という項目をクリックします。すると、新たなプログラムを入力して実行させることができます。ここでは、足し算を行うプログラムを新しく入力して実行させましょう。

図2-7 足し算を行うプログラム

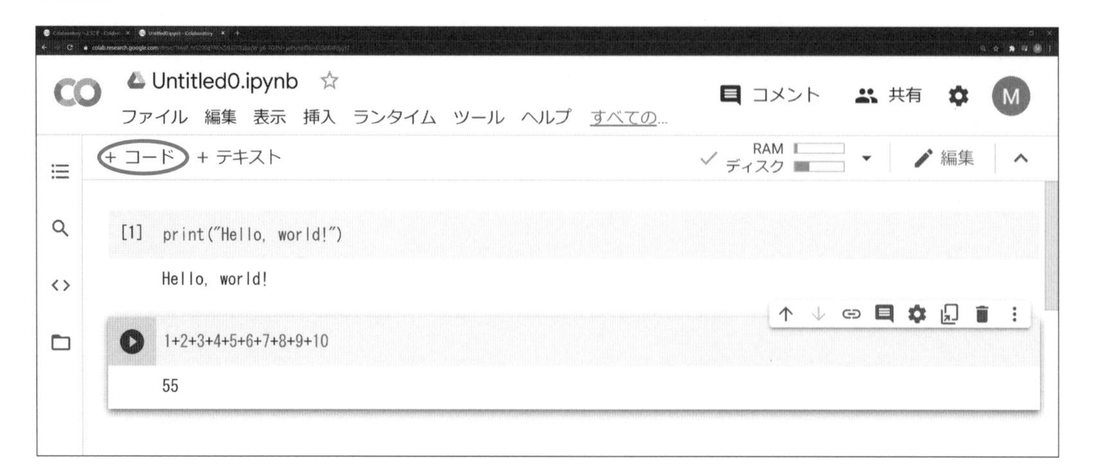

1 2 3 4 5 6 7 8 9 10 11 12 13 14

変数

プログラミングではさまざまなデータを扱います。それらのデータの中には、繰り返し使用したり、後から参照したりするものもあります。そこで、「変数」という仕組みを利用することで、数値や文字列などのデータを簡単に繰り返して使用することができます。

◎変数と変数名

変数とは、数値や文字列を記憶するための「メモリ」のことで、イメージとしてはデータを格納することができる箱のことです。そして、箱につける名前のことを「変数名」と呼びます。

図2-8 変数と変数名

・数値や文字列を格納するためのメモリ（箱）が「変数」

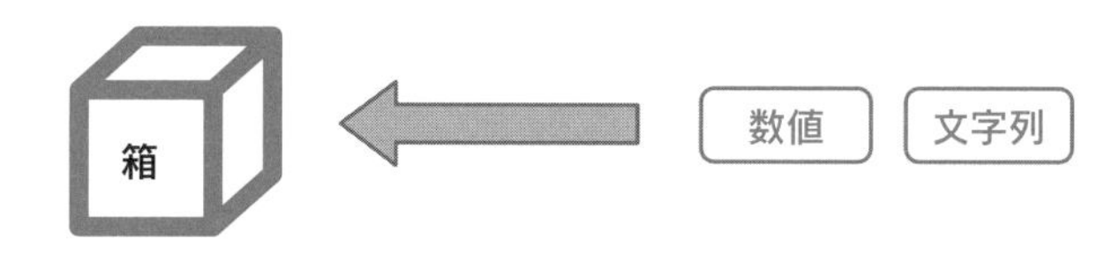

・箱に付ける名前が「変数名」

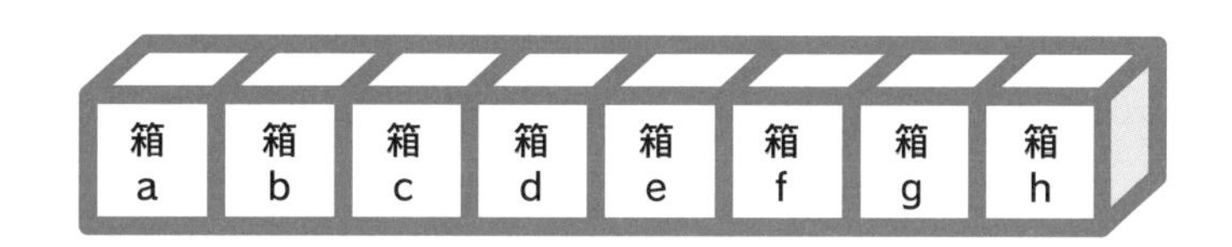

◎変数に値を代入

変数に何らかの値を代入するためには、変数名と代入したい値を「=」で繋ぎます。例えば、「a=10」と書くと数学では「aは10である」という意味になりますが、Pythonのプログラムとして書くと、以下の図のように「変数aに10を代入する」という意味になります。

図2-9　変数に値を代入

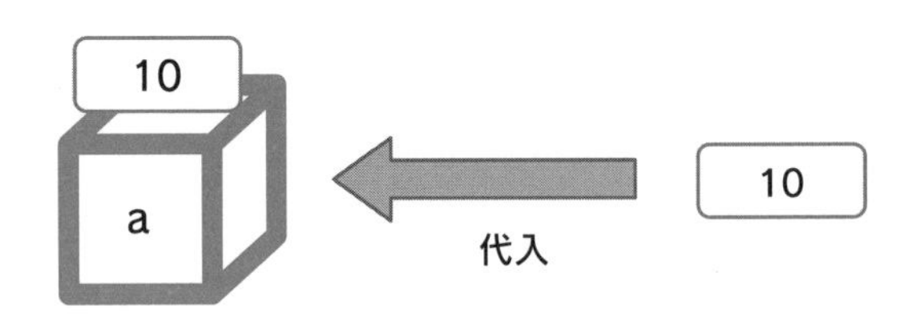

Pythonによる変数のプログラム

●変数に値を代入

Pythonで新しい変数を用意して、何らかの値を代入してみましょう。以下のプログラムでは、「hello」という変数に「Hello, world!」という文字列を代入しています。また、「num」という変数に「777」という数値を代入しています。2つの変数の中身を出力すると、代入された文字列や数値が表示されていることがわかります。

リスト2-1　Pythonの変数に値を代入

▶ソースコード

```
hello = "Hello, world!"
num = 777
print(hello)
print(num)
```

▶実行結果

```
Hello, world!
777
```

●変数の値の更新

また、変数の中身を新しい値に更新することもできます。変数の中身を更新するためには、何かの値が代入されている変数に、もう一度、別の値を代入します。以下の図では、「10」という数値が代入されている変数aに対して、「20」という数値を代入しなおすことで、変数aの値を更新しています。

図2-10 数の値を更新

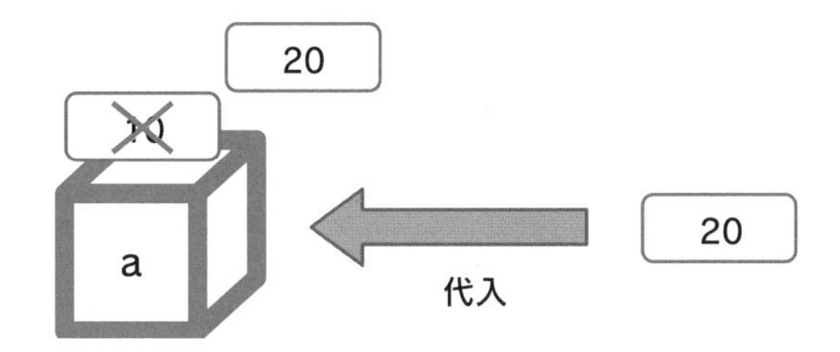

Pythonで変数の値を更新してみましょう。以下のプログラムでは、変数helloには「Hello, world!」という文字列が、変数numには「777」という数値が代入されています。その後、変数helloには「Hello, Python!」という文字列を、変数numには「123」という数値を代入しなおすと、これらの変数の中身が新しい値で更新されます。2つの変数の中身を出力してみると、代入された文字列や数値が表示されていることがわかります。

リスト2-2 Pythonの変数の値を更新

▶ソースコード

```
hello = "Hello, world!"
num = 777
print(hello)
print(num)

hello = "Hello, Python!"
num = 123
print(hello)
print(num)
```

▶実行結果

```
Hello, world!
777
Hello, Python!
123
```

条件分岐

次に、プログラムを上から下に順番通りに実行する「一方通行」のプログラムだけでなく、条件に応じて処理を分岐させることができる「条件分岐」プログラムの書き方を学びます。

◎条件分岐「if文」

世の中には、単純にプログラムを上から下に順番通りに実行するだけでは、どうしても実行できない処理が存在します。例えば、自動運転車が道路を走っているときに、道路に人がいなければ走り続けても問題がありませんが、道路に人が立ち入っている場合は、きちんと止まって交通事故を回避しなければなりません。つまり、「道路に人が立ち入っているかどうか」という条件に応じて、自動運転車のAIの行動を変更する必要があるということです。

このような条件分岐を実現するためには、「if文」という命令が用意されています。if文では、2つの値を比較し、その結果をもとにして次の処理を決めるというプログラムを記述することができます。

以下の図は、if文の動作例を示しています。if文では、条件式を満たした場合、指定した処理が実行されます。一方、指定した条件式が満たされない場合は何もしません。プログラミングでは、条件を満たすことを「真(true)」、条件を満たすことを「偽(false)」と呼びます。

図2-11 条件分岐

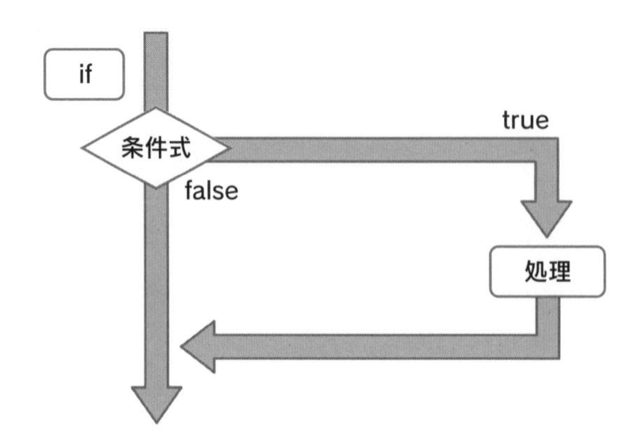

演習 Pythonによる条件分岐のプログラム

Pythonで条件分岐のプログラムを書いてみましょう。

● プログラムの動作の流れ

以下のプログラムは、変数weatherに代入された文字列に応じて、異なる文字列を表示するという動作をします。

変数weatherに格納された文字列が「晴れ」ならば、プログラムの出力結果は「明日は晴れです。」となります。同様に、変数weatherに格納された文字列が「曇り」ならば、プログラムの出力結果は「明日は曇りです。」となります。

● if文の記述ルール

Pythonでは、条件分岐のプログラムを書くために、次のルールにもとづいてif文を記述します。まず、「if」と書いたあとに半角スペースを入力します。そして、if文の「条件式」を記述します。1つ目のif文では、変数weatherの値が「晴れ」という文字列と一致するかどうかを「==」という等式で確認しています。条件式のあとには、半角の「:(コロン)」を忘れないようにしてください。

if文の次の行には、if文で条件を満たした場合の処理を記述します。このとき、条件を満たした場合の処理は、右にずらして書くという「インデント(字下げ)」が必要です。インデントを行わないと、プログラムはエラーとなりますので注意してください。キーボードの「tab」キーを1回押すと、インデントを行うことができます。

1つ目のif文の入力が終わったら、2つ目のif文も入力してみてください。Pythonは、プログラムのインデントにとても敏感に反応するため、インデントが少しでもおかしいとすぐにエラーとなります。2つ目のif文についても、if文の条件式と、条件を満たしたときの処理のインデントの関係に注意して入力してください。

● 動作の確認

入力が終わったら、変数weatherに代入する値を変えながら、プログラムの動作を確認してみましょう。変数weatherの値が「晴れ」、「曇り」、それ以外のときで、プログラムが異なる動作をすることがわかると思います。世の中のソフトウェアは、if文による条件分岐の仕組みによって、さまざまな条件に応じた柔軟な動作を実現することができるのです。

リスト2-3 Pythonの条件分岐（1）

▶ソースコード

```
weather = "晴れ"

if weather == "晴れ":
  print("明日は晴れです。")
if weather == "曇り":
  print("明日は曇りです。")
```

▶実行結果

```
明日は晴れです。
```

リスト2-4 Pythonの条件分岐（2）

▶ソースコード

```
weather = "曇り"

if weather == "晴れ":
  print("明日は晴れです。")
if weather == "曇り":
  print("明日は曇りです。")
```

▶実行結果

```
明日は曇りです。
```

繰り返し

ここでは、プログラムの中で一定の処理を何度も繰り返すための「繰り返し」という書き方を学びましょう。

◎ループ処理「for文」

プログラミングにおいて、同じ処理を繰り返すことを「ループ処理」と呼びます。例えば、自動運転車の動作は「道路に沿って走る」というループ処理が大半を占めています。そのため、自動運転車のAIを作成するときは、何行にもわたって同じループ処理をプログラムに記述しなければならず、プログラマの作業量が増えてしまいます。

そこで、ループ処理を効率的に記述するための方法として「for文」という書き方が用意されています。for文は、同じ処理を指定した回数だけ繰り返すという命令です。

以下の図は、for文の動作例を示しています。for文では、現在の繰り返し回数（カウント）が指定した回数を超えない場合は、条件式の値が「true」となり、処理が実行されます。一方、現在のカウントが指定した回数を超えた場合は、条件式の値が「false」となり、処理を終了します。

図2-12 繰り返し

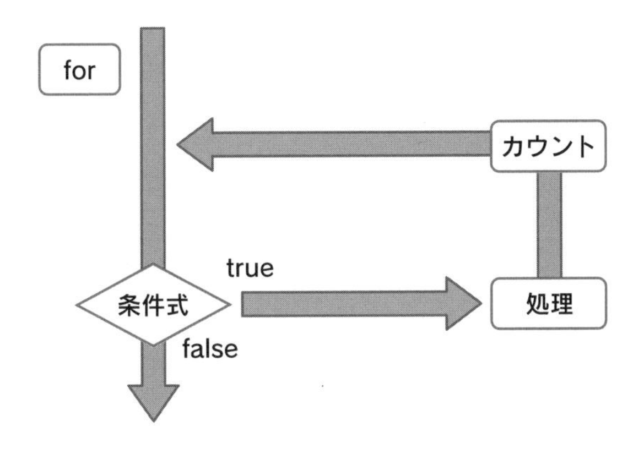

演習 Pythonによる繰り返しのプログラム

Pythonで「Hello, world!」という文字列を7回表示するプログラムを2つ書いてみます。まず繰り返しのないプログラム、次に繰り返しのあるプログラムを書いてみましょう。

●繰り返しのないプログラム

繰り返しのないプログラムでは、文字列を表示する命令を7行書く必要があります。まだ7回であれば頑張って書くこともできますが、1万回を超えるような回数となったときは、プログラミングに途方もない時間がかかります。また、プログラミングの途中で、同じ処理を何回記述したかが分からなくなってしまった場合は、また最初からやり直すことになってしまいます。

このように、for文によって繰り返し処理を書けないプログラミングは、プログラムの内容がとても冗長となります。

リスト2-5　繰り返しのないPythonプログラム

▶ソースコード

```
print("Hello, world!")
print("Hello, world!")
print("Hello, world!")
print("Hello, world!")
print("Hello, world!")
print("Hello, world!")
print("Hello, world!")
```

▶実行結果

```
Hello, world!
Hello, world!
Hello, world!
Hello, world!
Hello, world!
Hello, world!
Hello, world!
```

●繰り返しのあるプログラム

次に、Pythonで繰り返しのあるプログラムを書いてみましょう。以下のプログラムは、「Hello, world!」という文字列を7回表示するプログラムです。さきほどと同じ動作ですが、たったの2行でプログラムを書くことができます。さらに、「Hello, world!」という文字列を1万回表示する場合でも2行で記述できます。

●for文の記述ルール

Pythonでは、繰り返しのプログラムを書くために、次のルールにもとづいてfor文を記述します。まず、「for」という命令と半角スペースを記述します。そして、何らかの変数名を記述します。

ここでは変数名を「i」としていますが、他の変数名でも構いません。半角スペースのあとに「in range(7)」という条件を記述します。これは、繰り返しを7回繰り返すという意味を持ちます。かっこの中の数字を変えることで、繰り返し回数を変更することができます。最後に半角の「:(コロン)」を忘れないようにしてください。

for文の次の行には、for文で繰り返したい処理を記述します。このとき、if文と同様に、右にずらして書くという「インデント(字下げ)」が必要です。インデントを行わないと、プログラムはエラーとなりますので注意してください。キーボードの「tab」キーを1回押すと、インデントを行うことができます。

● 動作の確認

入力が終わったら、「in range(7)」のかっこの中の数字を変えながら、プログラムの動作を確認してみましょう。かっこの中の数字に応じて、繰り返し回数が変化することが確認できると思います。for文のおかげで、プログラマは短くてわかりやすいプログラムを作成することができるのです。

リスト2-6 繰り返しのあるPythonプログラム

▶ソースコード

```
for i in range(7):
  print("Hello, world!")
```

▶実行結果

```
Hello, world!
Hello, world!
Hello, world!
Hello, world!
Hello, world!
Hello, world!
Hello, world!
```

関数

最後に、プログラムの中で一定の処理をまとめるための「関数」という書き方を学びましょう。

◎関数のないプログラム

プログラミングにおいて、プログラムの行数が長くなると、同じような処理が増加していきます。そして、同じ処理を何回も書いていくと、プログラムを書くのに時間がかかり、入力を間違えてエラーになることがあります。例えば、図2-14のように、10行のプログラムで実現される処理1を4回呼び出す場合、そのまま書くと40行が必要になります。

図2-13　関数のないPythonプログラム

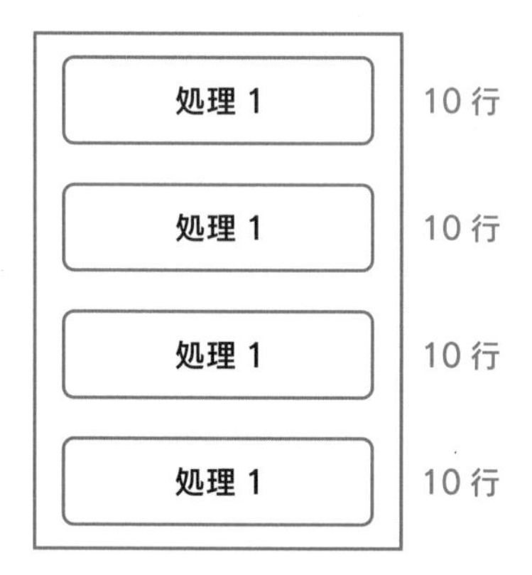

◎関数のあるプログラム

一方、関数を用いると一定のプログラム処理をまとめて、名前をつけて定義することができます(図2-15)。関数を定義することで、同じ処理をまとめてプログラムをすっきりと書くことができるので、プログラムを短く書くことができ、入力ミスによるエラーを少なくすることができます。例えば、以下の図のように、10行のプログラムで実現される処理1を関数として定義して、関数を4回呼び出す場合は、関数の定義に10行必要ですが、4回呼び出すときは4行ですむため、合計14行という短いプログラムを書くことができます。

関数はfor文と似ていると感じるかもしれませんが、for文の場合は同じ処理が1か所にまとまっていないといけませんが、関数の場合は、プログラム中のあちこちに同じ処理が散らばっている場合でも短く書けるため、長いプログラムを書く際には必須のテクニックです。

図2-14 関数のあるPythonプログラム

演習 Pythonによる関数のプログラム

それでは、Pythonで関数のあるプログラムを書いてみましょう。

●関数の定義と記述ルール

以下のプログラムは、「こんにちは　吉田さん　お元気ですか」という文字列を表示する関数print_hello_jp を定義しています。

Pythonでは、関数を定義するために、次のルールにもとづいて関数の処理内容を記述します。まず、「def」という命令と半角スペースを記述します。そして、何らかの関数名を記述します。ここでは変数名を「print_hello_jp」としていますが、他の関数名でも構いません。関数名のあとに空のかっこ「()」を記述します。最後に半角の「:(コロン)」を忘れないようにしてください。

関数の次の行には、関数の処理内容を記述します。このとき、if文やfor文と同様に、右にずらして書くという「インデント(字下げ)」が必要です。インデントを行わないと、プログラムはエラーとなりますので注意してください。キーボードの「tab」キーを1回押すと、インデントを行うことができます。

●定義した関数の呼び出し

関数の処理内容の入力が終わったら、定義した関数を呼び出しましょう。関数は定義するだけでは何も起こらず、処理が必要な場所で関数を呼び出さないといけません。

関数を呼び出すためには、定義した関数の関数名のあとに空のかっこ「()」を記述します。なお、関数を呼び出すときにインデントは必要ありませんので、関数名の左側にインデントを含まないようにしてください。

リスト2-7　関数のあるPythonプログラム

▶ソースコード

```
def print_hello_jp():
  print('こんにちわ')
  print('吉田さん')
  print('お元気ですか？')

print_hello_jp()
```

▶実行結果

```
こんにちわ
吉田さん
お元気ですか？
```

演習問題①

演習問題①-1

おみくじの結果を代入する変数omikujiを定義し、omikujiの値が大吉なら「大吉です。」、吉なら「吉です。」、凶なら「凶です。」と表示するプログラムを作成して実行しなさい。

演習問題①-2

「こんにちわ」を100回表示するプログラムをfor文で作成して実行しなさい。

演習問題①-3

「Hello, ○○(あなたの名前). How are you?」という文字列を表示する関数print_hello_enを作成して実行しなさい。

第3章

データサイエンスのためのデータ収集

自分の知りたい情報を得るために、どのようなデータを収集したら良いかを考えることが、データサイエンスを始めるための最初の一歩となります。データの中身や出所を確認せずにやみくもにデータを収集しても、品質の高いデータを集めることができません。自分のデータサイエンスの目的に合わせた品質の高いデータを、必要十分な量だけ収集しなければなりません。データサイエンスの世界には、「GIGO（Garbage In Garbage Out、ごみデータを入れてもごみのような分析結果が出てくる）」という言葉があります。品質の悪いデータを集めて、どんなに高度な統計やAIを駆使しても、まともな分析結果は得られないということです。また、データの内容だけでなく、データの量や集めた時期の新しさなども、データサイエンスを行う上で重要となります。本章では、Webなどで公開されているデータの集め方や、アンケート調査のやり方を学ぶことで、品質の高いデータを効率よく収集する方法について学んでいきましょう。

3-1 公開データの収集

データの集め方は、公開データの収集と、アンケート調査の大きく２種類に分類されます。

公開データの収集とアンケート調査

◎公開データの収集とは

公開データの収集とは、図書館やインターネットなどで保存され、公開されているデータを収集することです。各国の人口や年齢分布がどうなっているか、地球温暖化はどのくらい進んでいるかなど、個人的な調査では収集できない規模のデータは、原則的に公開データを収集することになります。

また、最近では、インターネットに品質の高いデータが無料で公開されるようになりました。データサイエンスを始めるときは、最初にインターネットの公開データの中から、自分の欲しい情報を収集するようにすると良いでしょう。

◎アンケート調査とは

アンケート調査とは、個人的に知りたい情報があるときに、自分で調査内容や調査方法などをカスタマイズしたアンケート調査票を用いて、身近な人たちに個人的な調査を行うことです。ある大学の大学生はどのような生活習慣をしているか、自分の家の近くに住んでいる人たちはどのスーパーに買い物に行くかなど、既存の公開データでは調べられないような内容を、個人的なアンケート調査票で調査します。

公開データに比べると、調査規模(調査対象の人数や調査期間など)がかなり小さくなるため、アンケート調査結果から分かることは限定的となりますが、かなり具体的で細かい内容を調べることができます。また、民間の調査会社にお金を払って、自分一人では実施できない規模のアンケート調査を外部委託するケースもあります。

図3-1　データ収集方法の分類

公開データ調査

紙媒体による公開データの入手

図書館やインターネットにはさまざまなデータが公開されています。自分でアンケート調査を行う前に、必要な情報を公開データとして入手できないかを確認することで、データサイエンスを効率よく進めることができます。

図書館の本や新聞は紙媒体の公開データであり、たくさんの量を保存するためには広大な空間が必要となります。小さい図書館では、紙媒体の公開データを保存する場所に限界があるため、自分の欲しい情報が見つからないこともあるでしょう。また、紙媒体の公開データは、経年劣化による汚損や紛失により入手できなくなることがあるため、自分の欲しい情報が古いものであるほど、なかなか見つかりにくくなります。

そこで、紙媒体の公開データを探すときにおすすめとなる場所が「国立国会図書館」です。日本で発行された出版物は、法律で国立国会図書館に納本することが義務づけられています。国立国会図書館には、民間の出版物の９割以上が保存されているといわれており、新聞、雑誌、小説、専門書、漫画の他に、国内大学の博士論文まで所蔵されている日本最大の図書館です。国立国会図書館のWebサイト（https://ndlonline.ndl.go.jp/）では、国立国会図書館の所蔵物を調べることができます。

電子媒体による公開データの入手

インターネット上のWebサイトには、さまざまなデータが公開されています。Webサイトから入手できる公開データは電子媒体のデジタルデータであり、簡単かつ無料でダウンロードすることができます。電子媒体の公開データは、大量のデータから学習を行うAIにとって必要不可欠で、作成したいAIに合わせて電子媒体の公開データを入手し、AIの学習に活用することができます。

一方、インターネットからダウンロードできる無料の公開データだけでは、ビジネスとしての価値の高いAIは構築することができません。インターネットから無料で入手できる公開データと、アンケート調査など行って独自に収集したデータを組み合わせて、オリジナリティの高いAIを構築していくことが重要となります。

また、インターネットからダウンロードした公開データは、商用利用が禁止されていたり、著作権で保護されていたりする場合がありますので、利用規約をよく読んで正しく利用するようにしましょう。

Kaggleを使った公開データの入手

公開データを提供しているWebサイトはさまざまなものがありますが、最も有名なWebサイトがKaggle（https://www.kaggle.com/）です。

Kaggleは、世界中の機械学習、データサイエンスに携わる人たちが集まるコミュニティで、数十万人以上の参加者がいます。Kaggleでは、企業や政府などの組織が持っているデータと、データ分析のプロであるデータサイエンティストやAIエンジニアをマッチングさせるためのプラットフォームです。

単純にマッチングさせるだけではなく、「Competetion（コンペ）」を行うところがKaggleの特徴の一つです。Competition（コンペ）は、企業や政府がコンペ形式（競争形式）でデータと課題を提示し、賞金と引き換えに最も精度の高い分析結果を買い取るという仕組みです。誰でも無料で簡単に参加することができ、個人では用意できない規模の面白いデータを分析することができます。

◎Kaggleにアクセスして会員登録とサインイン

それでは、KaggleのWebサイトから公開データをダウンロードするやり方を学びましょう。まず初めに、WebブラウザでKaggleのWebサイト（https://www.kaggle.com/）にアクセスしてください。そして、トップページの「Register」と書かれたボタン（図の❶）を押してください。

図3-2　Kaggleのトップページ画面

「Register」を押すと、Kaggleの会員登録の画面が出てきますので、GoogleアカウントかEメールアドレスを使って登録をしてください。

図3-3　Kaggleの会員登録画面

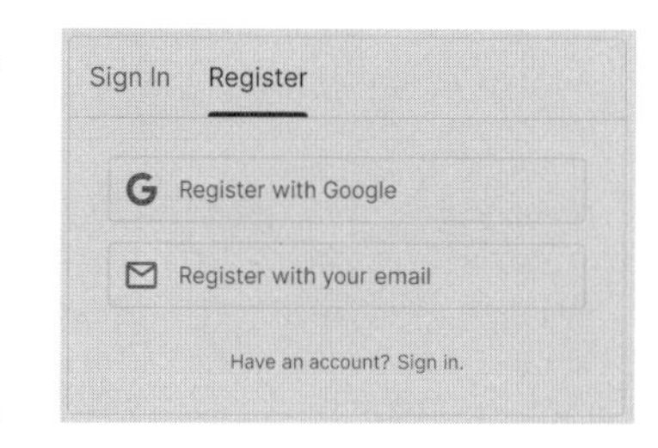

会員登録が終わったら、もう一度トップページ画面を開いて「Sign In」と書かれたボタン（図の❷）を押してください。会員登録画面で登録したIDやパスワードを入力すると、Kaggleのサイトにサインインすることができます。

◎データセット一覧を表示

サインインが終わったら、「Datasets」のボタン（図の❸）を押してください。すると、Kaggleのデータセット一覧画面が開きます。下の方までスクロールすると、医療、スポーツ、映画、金融などのさまざまなデータセットが公開されていることが分かります。また、データの形式も、数値や文字列が記載されたテキストデータから、静止画、動画、音声など、たくさんの種類があることがわかります。Kaggleでは、毎週のように新しいデータセットが公開されていますので、自分が欲しい情報を得るためのデータを簡単に見つけることができるでしょう。

◎データセットをダウンロード

ダウンロードしてみたいデータが見つかったら、該当するデータセットのアイコンを押してください。ここでは一例として「DogeCoin Historical Price Data」をダウンロードしてみます。

「DogeCoin Historical Price Data」のアイコンをクリックすると、Kaggleのデータセットのダウンロード画面が表示されますので、右上の「Download」と書かれたボタン（図の❹）を押してください。すぐにファイルのダウンロードが始まりますので、自分のパソコンのわかりやすいところに保存してください。

ダウンロードするファイルが動画や音声などの場合は、ファイルサイズが大きいため、ダウンロードに時間がかかることがあります。また、ダウンロードしたファイルはzipなどの形式で圧縮されていることがありますので、Windowsに標準搭載されている解凍ソフトウェアなどで、圧縮されたファイルを適切に展開してください。

図3-4 Kaggleのデータセットのダウンロード画面

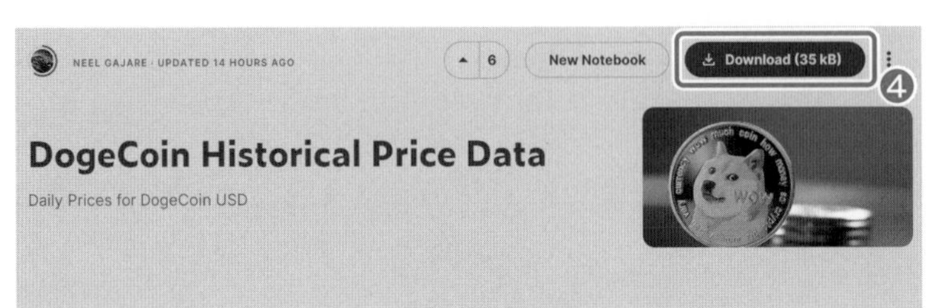

◎データセットの説明や解説を読む

さらに、Kaggleでは、各データセットに対して他のKaggleユーザが分析したPythonのソースコードや説明が公開されています。Kaggleのトップページにある「Code」というボタンを押すと、自分が興味を持ったデータセットに対する分析方法と分析結果を確認することができます。

例えば、「このデータセットに対しては、○○という事前処理をデータセットに加えて、××の手法でAIモデルを作成して予測すると□□の精度となる。」という分析結果を、初心者向けにも説明してくれているKaggleユーザもいます。Kaggleに公開されているPythonのソースコードを読むことは、データサイエンスの上級者になるための有効な手段です。

◎データサイエンティストとの交流

また、Kaggleのトップページにある「Discussions」というボタンを押すと、世界中のデータサイエンティストやAIエンジニアと交流することができます。日頃のデータ分析の悩みや、最新のAIに関する情報など、データ分析の最前線で戦うデータサイエンティストやAIエンジニアから、現場の活きた知識を得ることができます。KaggleのWebサイトで使用されている言語は主に英語であるため、日本人にはハードルが高いと感じるかもしれませんが、データサイエンスの分野で国際的に活躍できる人材になるため、ぜひチャレンジしてみてください。

その他の公開データの入手先

Kaggle以外にも、インターネットから公開データをダウンロードできるサイトはたくさんあります。例えば、カリフォルニア大学アーバイン校が提供している「UCI Machine Learning Repository」というWebサイトは、AIの研究開発でよく使われているデータセットが多数含まれています。また、総務省統計局が運営している「e-Stat」というWebサイトでは、日本の各地域の行政が管理する情報（人口、年齢、学校、職業、病院など）をダウンロードすることができます。e-Statでは、国勢調査の集計結果をダウンロードすることもできます。国勢調査は、日本に住んでいる全ての人、および、世帯を対象とする国の最も重要な統計調査であり、国内の人口や世帯の実態を明らかにするため、5年ごとに行われています。

図3-5 UCI Machine Learning Repository（https://archive.icu.uci.edu/ml/index.php）

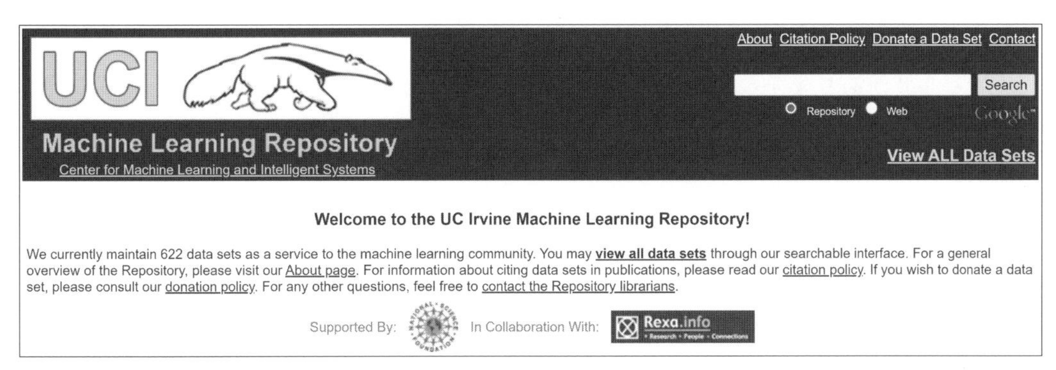

図3-6 e-Stat（https://www.e-stat.go.jp）

3-2 アンケート調査

自分が知りたい情報を集めるためには、まずは、公開データから該当するものを探すことが重要ですが、公開データでは自分が知りたい情報を得られない場合、アンケート調査を実施することを検討します。

アンケート調査の準備

アンケート調査はお金や時間のコストがかかるため、しっかりと戦略を立てて計画的に実施する必要があります。アンケート調査を実施する場合は、主に、下記の４点について検討することが必要です。

- 何を尋ねるのか（調査項目）
- 誰に尋ねるのか（調査対象）
- 何人に尋ねるのか（調査規模）
- どうやって尋ねるか（調査方法）

これらの検討を行わずになんとなく実施したアンケート調査からは、自分の知りたい情報はほとんど得られません。アンケート調査は、尋ねる相手や、尋ね方によって調査結果が大きく異なってきます。アンケート調査の目的に合わせて調査対象、調査方法、質問内容、などを決定していきます。

また、質問内容が記載された「アンケート調査票」を作成したら、いきなり本番で試さずに、少人数の人に試す「プリテスト」を行います。プリテストはプログラミングにおけるデバッグのようなもので、アンケート調査の内容に不備がないかを見つけるための工程です。納得がいくまでプリテストを繰り返し、完成度の高いアンケート調査のやり方を確立することで、より良い調査結果を得ることができます。

図3-7　プリテスト

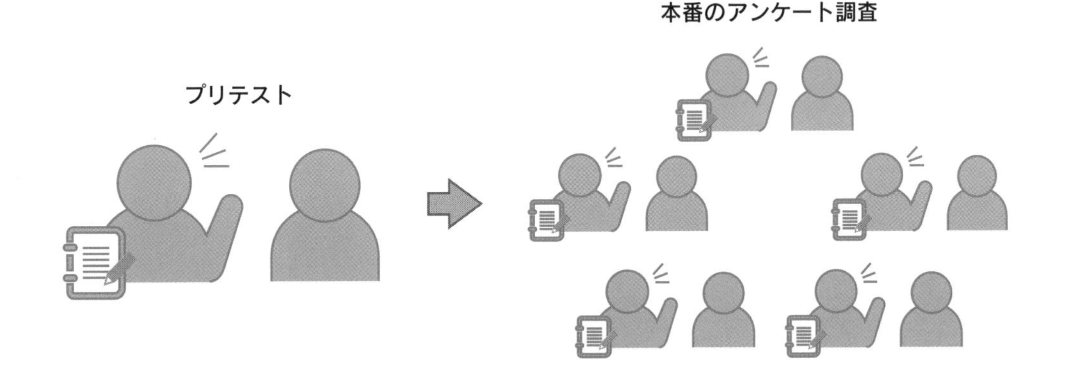

アンケート調査票をつくる

◎目的を明確にする

アンケート調査票の作成で最も重要なことは、アンケート調査を実施することで何を明らかにしたいか、つまり、どのような情報を収集したいのか、という目的を明確化することです。アンケート調査で明らかにしたことをどのような行動や判断に結び付けたいか、行動や判断に結び付けるためにはどのような情報が必要か、その情報を入手するためにはどのような質問が効果的か、などを逆算的に考えていくやり方が効果的です。

図3-8　アンケート調査の目的

アンケート調査は詳細な情報を得られるチャンス
ただし、実施者と対象者のコストは膨大
明確な目的をもったアンケート調査が重要

◎質問文の作成

アンケート調査の目的を明確化したら、アンケート調査でどのような内容を尋ねるかを整理して、アンケート調査票の「質問文」を作成していきます。アンケート調査票の作成では、質問項目の内容と量の検討、質問の回答形式と文章表現の検討、質問順序と全体レイアウトの検討、プリテストの実施･問題点の修正など、やるべきことは多岐にわたります。本書では全ての内容をカバーすることはできませんが、質問文を作成する際に特に重要となるポイントについて見ていきましょう。

◎質問文のポイント

質問文を作成する際は「1つの質問文の中で1つのことを尋ねる」ということを意識してください。質問文の中で、複数の問題について言及した質問を発しながら、ひとつだけの回答を求めること「ダブルバーレル質問」と呼びます。ダブルバーレル質問は、どちらの内容に答えて良いのか迷わせるため、回答者にとって好ましくありません。質問文で2つのことを尋ねたい場合は、質問内容をまとめたりせずに質問を2つに分ける必要があります。

図3-9　ダブルバーレル質問

悪い質問文	あなたは野球とサッカーは好きですか？

野球は好きだけどサッカーは嫌い、または、逆のパターンに対応できない

良い質問文	あなたは野球は好きですか？
良い質問文	あなたはサッカーは好きですか？

また、質問文では「特定の回答に誘導するような表現を使わない」ということも大事なことです。世間の威光を借りて質問文の回答を歪めることを、心理学では「威光暗示効果」と呼びます。威光暗示効果を使うと、世論や特定の人物の回答が正しいものだと思わせ、回答者個人の回答を引き出しにくくなります。質問文では、特定の回答に誘導するような余計なことは書かずに、質問内容のみをシンプルに記述するようにしましょう。

図3-10 威光暗示効果

悪い質問文	先進国でタバコの税金がこんなに安いのは日本ぐらいです。 あなたはタバコの増税に賛成ですか、それとも反対ですか？

質問文の前に、タバコの増税が正しいと思わせる文章が入っている

良い質問文	あなたはタバコの増税に賛成ですか、それとも反対ですか？

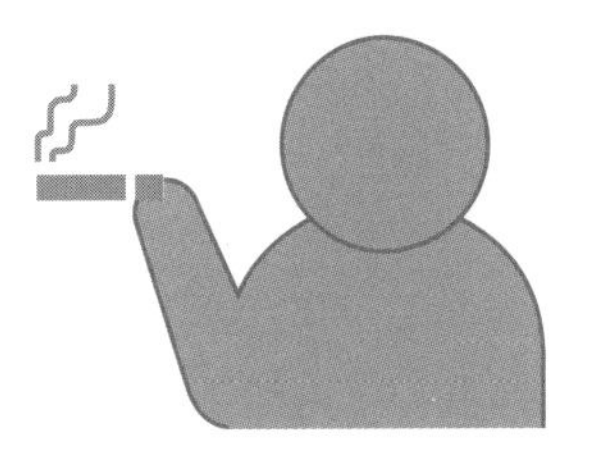

◎質問の順番

アンケート調査では質問の順番も重要です。アンケート調査では「回答者が答えやすい質問は先に訪ねて、回答者が答えにくい質問は最後のほうで尋ねる」と良いとされています。例えば、ほとんどの回答者にとって、自分の年収や体重のことは、あまり他人に教えたくない情報でしょう。これらの質問をアンケート調査の最初のほうで尋ねてしまうと、回答者がアンケートを最後まで回答するやる気が無くなってしまい、最後までアンケートを記入してもらえなくなってしまいます。質問の内容だけでなく、質問の順番を工夫することで、アンケートの回答率を伸ばすことができるのです。

図3-11 質問の順番

悪い質問文	あなたの年収はいくらですか？

回答しにくい質問をいきなり聞かれるとびっくりする

良い質問文	あなたの職業は？年齢は？・・・年収はいくらですか？

回答しやすい質問から始める

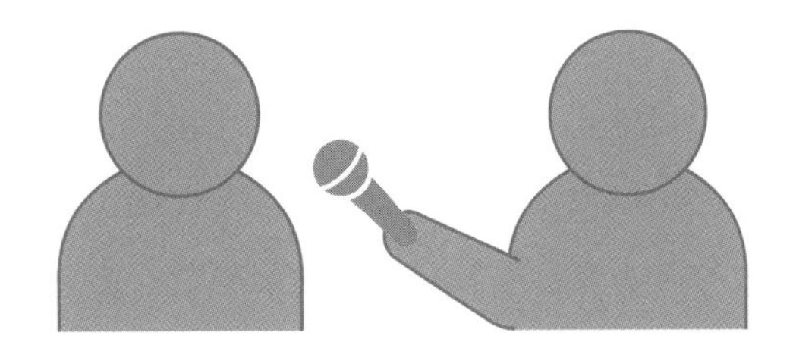

3-3 Webスクレイピング

Webスクレイピングでインターネットから情報を集め自動的に保存する方法を学びます。

Webスクレイピングとは

Kaggleなどのサイトの中に、自分が欲しい公開データが常に存在している保証はありません。また、アンケート調査はコストがかかるため、お金や時間がないときには行うことができません。自分の欲しい公開データが見つからず、アンケート調査もできないときに、データサイエンスに必要なデータをどうやって集めたらよいのでしょうか。その答えはインターネットの中にあります。

私たちは普段の生活の中で、Webサイトで調べものをしていたり、オンラインショッピングを楽しんだりしているときに、データサイエンスに使いたいデータを見つけることがあります。そのような一般的なWebサイトは、ユーザに情報を視覚的に見せることを目的としているため、Webサイトに掲載された情報を自分のパソコンに保存することができません。Webサイトの情報を保存できなければ、時間の経過とともにWebサイトの情報が消えてしまうかもしれません。こうした時に役に立つのが「Webスクレイピング」です。Webスクレイピングとは、Webサイトに掲載された情報を自動的に取得、分析、加工して、自分のパソコンにファイルとして保存することです。

Webスクレイピングのメリット・デメリット

Webサイトに公開されている情報は、文字、画像、動画などさまざまな情報がありますが、Webスクレイピングを行うとWebページに表示されている全ての情報を取得して、ファイルとして保存することができます。さらに、Webスクレイピングはプログラムとして実現されるため、24時間365日休むことなく、大量の情報を自動的に取得することができます。データサイエンスのためのデータ収集を行う上で、Webスクレイピングはとても有用な手法であり、民間企業だけでなく省庁などの公的機関も行っています。例えば、総務省は令和元年に実施した消費者物価指数(CPI)の調査に、Webスクレイピングで収集したデータを活用しています。

しかしながら、Webスクレイピングは、Webサイトを提供しているコンピュータに負荷をかけるため、一部のWebサイトは利用規約の中でWebスクレイピングによる情報の取得を禁止しています。また、Webスクレイピングで入手したデータを、Webサイトの運営側の許諾なく無断で公開したり、販売したりすると、法律で罰せられることもあります。データサイエンスの世界では「後で利用するかもしれない」というあいまいな目的で、投機的に収集されたデータは排気データ(exhaust data)と呼ばれます。排気データは、収集しても結局データサイエンスに使われずに、捨てられることが多いといわれています。そのため、実際にWebスクレイピングを行う場合は、Webサイトの情報がデータサイエンスに使えるかをよく吟味し、Webサイトの利用規約や法律を遵守しながら、必要最小限のデータを収集するように心がけてください。

図3-12 Webスクレイピング

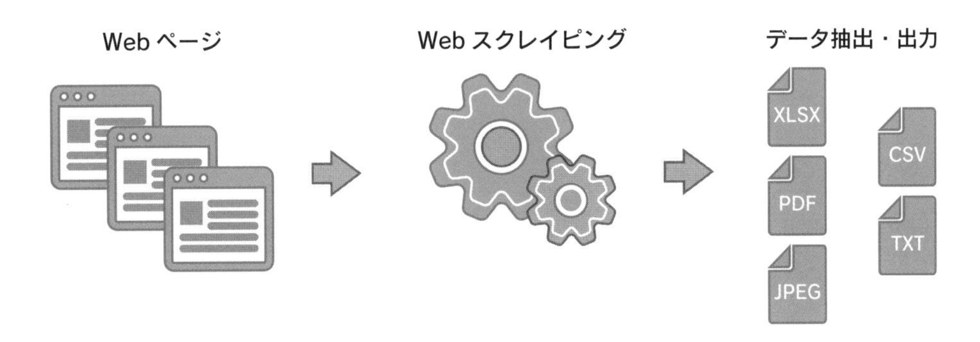

演習 PythonによるWebスクレイピング

それでは、Pythonを使って実際のWebサイトに対してWebスクレイピングを行ってみましょう。Webサイトに表示されている画像や動画をダウンロードする本格的なWebスクレイピングは、WebサイトのHTMLの構造や、JavaScriptの動作を理解する必要があり、難易度が高くなるため本書では取り扱いません。本書では、Pythonで簡単に行えるWebスクレイピングとして、表形式のテーブルデータを取得して、ファイルとして保存することを目指します。

●取得したいデータの選択

Wikipediaの化学の元素に関するページ(https://ja.wikipedia.org/wiki/元素)から、元素の表記方法に関する表データを取得し、取得したデータをエクセル形式(xlsx形式)のファイルとして保存しましょう。

このような表形式のデータは、Webブラウザからテキストファイルにコピー&ペーストしても、データの行と列がずれてしまうため、データ分析に使うことができません。Webスクレイピングで表形式のテーブルデータをテキストファイルに保存すると、行と列のずれを起こさずに保存することができるため、そのままデータ分析に使うことができます。

図3-13 Wikipediaの表形式データ

日本語表記	元素記号	英語(IUPAC名)	ドイツ語	ラテン語	中国語
水素	H	Hydrogen	Wasserstoff	Hydrogenium	氫
ヘリウム	He	Helium	Helium	Helium	氦
リチウム	Li	Lithium	Lithium	Lithium	鋰
ベリリウム	Be	Beryllium	Beryllium	Beryllium	鈹
ホウ素	B	Boron	Bor	Borium	硼
炭素	C	Carbon	Kohlenstoff	Carbonium	碳

●スクレイピングの実行

Colaboratoryにログインした状態で、画面左上の「ファイル」の中にある「ノートブックを新規作成」をクリックして、新しいPythonプログラミングの画面を立ち上げてください。以降、リストの内容は「+コード」をクリックして、新しい入力欄に入力するようにしてください。たとえば、リスト3-1とリスト3-2の内容は、異なる入力欄に入力して実行してください。

Webスクレイピングには「Pandas」と呼ばれるPythonのデータ分析用ライブラリを用います。「ライブラリ」とは、プログラミングをするときに必要な機能を提供してくれるツールのことです。Pandasライブラリを使うためには「import pandas as pd」と入力します。Pandasのread_htmlという関数を利用すると、Webサイトの表形式のデータを簡単に取得することができます。

read_html関数の()の中には、「https://ja.wikipedia.org/wiki/元素」というWikipedia

のページのURLを入力します。このとき、「元素」という漢字をそのまま入力するとエラーとなってしまいますので、漢字をパーセントエンコーディングという形式で変換したURL「https://ja.wikipedia.org/wiki/%E5%85%83%E7%B4%A0」を入力するようにしてください。

図3-14 パーセントエンコーディング

https://ja.wikipedia.org/wiki/元素

https://ja.wikipedia.org/wiki/%E5%85%83%E7%B4%A0

read_html関数で読み込んだ結果は「table」という変数に代入します。Webページの中に複数の表形式のデータがある場合は、table変数の中に全ての表形式のデータが格納されます。

Wikipediaの元素のページにも複数の表形式のデータがあるため、ここでは2番目の表形式のデータの中身を表示するために「table[1]」と入力して実行してください。すると、Wikipediaの元素の表記方法に関する表データがtable変数に代入されていることがわかります。

リスト3-1 表形式データのスクレイピング

▶ソースコード

```
import pandas as pd

table = pd.read_html("https://ja.wikipedia.org/
wiki/%E5%85%83%E7%B4%A0")
table[1]
```

▶実行結果

	日本語表記	元素記号	英語（IUPAC名）	ドイツ語	ラテン語	中国語
0	水素	H	Hydrogen	Wasserstoff	Hydrogenium	氫
1	ヘリウム	He	Helium	Helium	Helium	氦
2	リチウム	Li	Lithium	Lithium	Lithium	鋰
3	ベリリウム	Be	Beryllium	Beryllium	Beryllium	鈹
4	ホウ素	B	Boron	Bor	Borium	硼
5	炭素	C	Carbon	Kohlenstoff	Carbonium	碳

●取得したデータの保存

つづいて、table変数に代入されている表形式のデータをファイルとして保存しましょう。表形式のデータをファイルとして保存する場合は、Pandasのto_excel関数を使うと便利です。to_excel関数の()の中に、保存したいファイルのファイル名を入力して実行すると、表形式のデータを指定したファイル名でColaboratoryに保存することができます。ここでは、「elements.xlsx」というファイル名で保存します。リスト3-2のプログラムは実行しても、実行結果の画面には何も表示されませんが、特に問題はありません。

リスト3-2 表形式データのスクレイピング

▶ソースコード

```
table[1].to_excel("elements.xlsx")
```

▶実行結果

```
表示なし
```

その後、画面左側のフォルダのアイコンをクリックすると、Colaboratoryに保存されたファイルをダウンロードするための「ファイルエクスプローラ」が開きます。

図3-15 フォルダのアイコンの場所

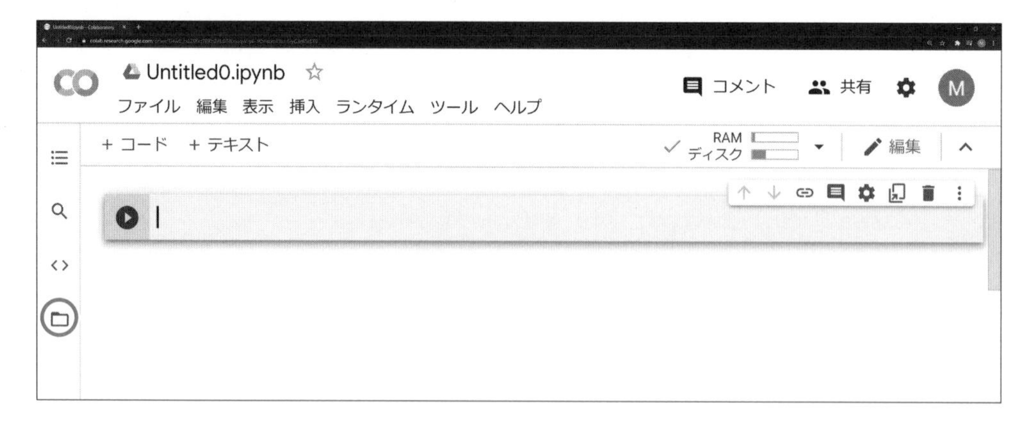

Colaboratoryに保存されたファイルは、まだ自分のパソコンには保存されていませんので、Colaboratoryを閉じてしばらく経過すると消えてしまいます。そこで、ファイルエクスプローラに表示されているファイルの右側の「⋮」をクリックして「ダウンロード」という項目をクリックすると、自分のパソコンにelements.xlsxを保存することができます。

図3-16　フォルダのアイコンの場所

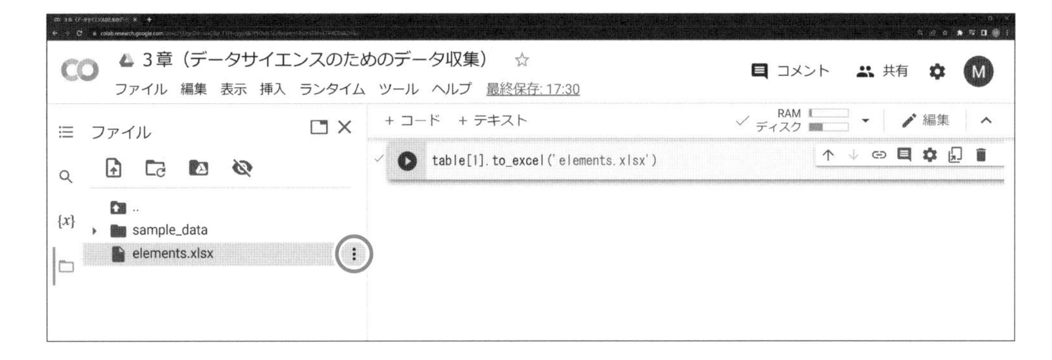

● 保存データの確認

自分のパソコンに保存されたelements.xlsxをエクセルで開くと、Wikipediaの元素の表記方法に関する表データと同じ内容が表示されることがわかります。このように、Webスクレイピングを行うことで、Webサイトの情報をファイルとして保存し、データサイエンスに活用することができるようになります。

図3-17　スクレイピングしたExcel形式のデータ

	A	B	C	D	E	F	G
1		日本語表記	元素記号	英語（IUPAC名）	ドイツ語	ラテン語	中国語
2	0	水素	H	Hydrogen	Wasserstoff	Hydrogenium	氫
3	1	ヘリウム	He	Helium	Helium	Helium	氦
4	2	リチウム	Li	Lithium	Lithium	Lithium	鋰
5	3	ベリリウム	Be	Beryllium	Beryllium	Beryllium	鈹
6	4	ホウ素	B	Boron	Bor	Borium	硼
7	5	炭素	C	Carbon	Kohlenstoff	Carbonium	碳

本書では、Pythonを使ったWebスクレイピングの基本として、表形式のデータの取得を行いました。Webスクレイピングの演習をやってみて、表形式のデータだけでなく、画像や動画のデータをさらに収集してみたくなった人は、PythonのWebスクレイピング用のライブラリである「BeautifulSoup」を使うとできますので、ぜひチャレンジしてみてください。

演習問題①

国立国会図書館のWebサイト（https://ndlonline.ndl.go.jp/）から、自分の興味のあるデータを探して検索結果を表示しなさい。

演習問題②

KaggleのWebサイト（https://www.kaggle.com/）から、自分の興味のあるデータを探してダウンロードしなさい。

演習問題③

自分の興味のあるデータを収集するためのアンケート調査票を作成しなさい。

演習問題④

WikipediaのWebサイトから、自分の興味のある表形式のデータを探して、Webスクレイピングを行いなさい。

第4章

データサイエンスのためのデータ前処理

データサイエンスは、製造業や金融業などのさまざまなビジネス現場で利用されています。最近では、大量のデータを貯めて分析をすると、今まで見つからなかった価値ある情報を見つけることができ、新しいビジネスチャンスや利益を生み出せるケースが増えてきました。データの中に埋まっている価値ある情報を探すという行為は、地面に埋まっている石油を掘り当てる行為に似ていることから、データのことを「21世紀の石油」と呼ぶ人もいます。データという新しい資源をうまく活かした人が、次の時代の競争的優位に立てるということを意味しています。ただし、データはやみくもに集めればよいというものではありません。何の目的のために、どのようなデータを集め、それをどうやって適切に管理していくか、ということが重要になります。この章では、データを上手に扱うために必要な技術を学びましょう。最初に、データを蓄積するための「データベース」という技術について学びます。そして、データ結合やデータクレンジングなどの「データ事前処理」の方法について、実際にPythonでプログラミングを行いながら学んでいきましょう。

4-1 データの蓄積

人や機械が生み出す多種大量のデータのことを「ビッグデータ」と呼びます。また、ビッグデータをコンピュータで効率良く保存して管理するシステムが「データベース」です。それぞれの特徴を見てみましょう。

ビッグデータ

ビッグデータには、身長や株価といった数値データだけでなく、画像、音声、動画、文書などのさまざまな種類のデータが含まれます。SNSやメールなどの「人が生み出すデータ」は、量や種類は比較的少ないですが、ビジネス上の価値を含んだデータが多いです。一方、自動車や家電製品などの「機械が生み出すデータ」は、量や種類は多いのですが、ビジネス上の価値が全くないこともあります。そのため、少し前までは、人が生み出すデータを貯めることがあっても、機械が生み出すデータは貯めずに捨てることがほとんどでした。しかし、現在ではIoT技術の発展により、データを保存するためのストレージやネットワークのコストが下がったため、機械が生み出すデータも積極的に保存されるようになってきています。

機械が生み出すデータは、機械が何らかの目的で動作する際の副産物のデータです。例えば、自動車のエンジンは「データを作る」ためではなく、「自動車を走らせる」ために動作します。エンジンが本来の目的で動作するときに、エンジンの回転数、温度、排気量などの副次的なデータを集めて保存しているのです。エンジンに関するデータは、エンジンの改良のためだけでなく、自動運転や故障検知を行うAIを開発するときにも利用されています。その他にも、農業や医療などのさまざまな分野で、将来の利用を見込んだビッグデータの投機的な収集と保存が行われています。しかし、ビッグデータは種類や量がとても多いため、いい加減な収集や保存を行ってしまうと、後からデータを分析することが困難になります。そこで、データ分析の目的に合わせて、収集したデータを適切に管理するためのシステムが必要になります。

図4-1 ビッグデータの収集

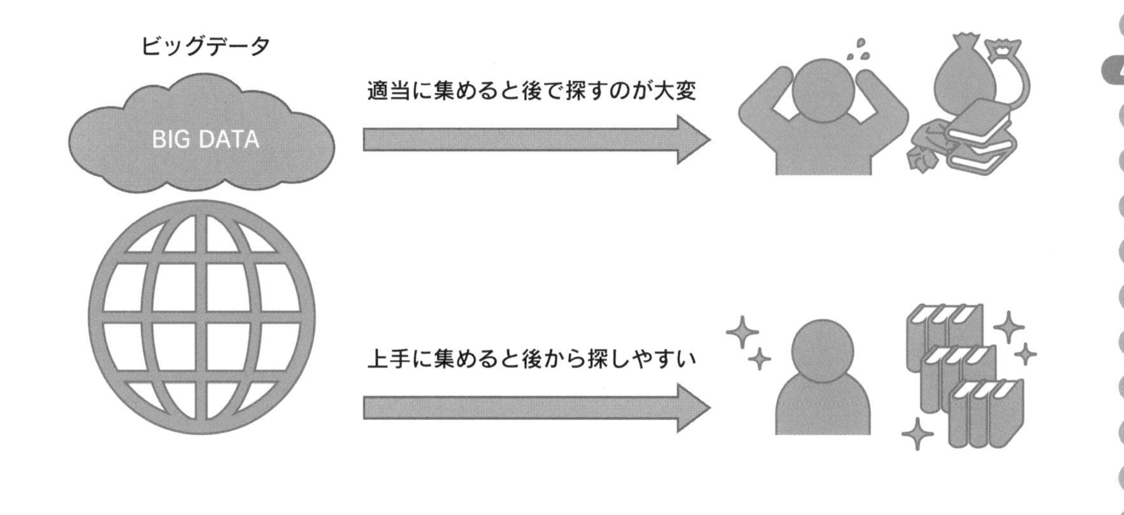

データベース

データベースでは、全てのデータを処理しやすい形に整理して保存します。データベースを使ってデータを管理する利点としては、以下が挙げられます。

1. 複数のデータを統合しながら保存できるため、ハードディスクの容量を節約できる
2. 大量のデータの中から、目的のデータを素早く探し出すことができる
3. 複数の利用者が一度にデータを書き換えても、データに矛盾が起きない
4. ハードディスクが壊れた時の復旧機能があるため、データが突然消えたりしない

◎RDBと正規化

データベースの内部では、データは「RDB（Relational Database）」という形式で保存されています。RDBとは、任意の関係を持つデータ群のデータベースのことです。RDBは現在のデータベースの主流となっており、世界の95％のデータはRDBの形式で保存されていると言われています。

RDBでは、「行」と「列」で構成される「表（テーブル）」が、相互に連結されるという形式で管理されています。例えば、以下の図では、誰が、何を買ったかという購入情報を、「購入情報テーブル」と「商品情報テーブル」に分けてRDBで管理しています。

RDBでは、データの重複をなくし整合的にデータを取り扱うために、1つの情報を複数のテーブルに分けて保存することが多いです。この設計方針のことを「正規化」と呼びます。正規化されたRDBでは、購入情報テーブルの商品番号と、商品情報テーブルの商品番号を相互に参照しながら一致するものを探して2つのテーブルを連結することで、元の購入情報に戻すことができます。

◎正規化のメリット

一見すると、正規化は非常に複雑で非効率なデータ管理方法のように見えます。なぜRDBでは、わざわざ正規化をして1つの情報を複数のテーブルに分けて管理するのでしょうか。その理由は、このようにデータを管理するほうが、後からデータを追加したり更新したりするときに容易だからです。

例えば、「みかん」という商品名を「Orange」に更新するケースを考えます。図の右側の購入情報をそのままの形式で保存している場合は、「みかん」という商品名を「Orange」に更新するために、3か所の「みかん」の部分を書き換えなければなりません。一方、購入情報を購入情報テーブルと商品情報テーブルに分けておけば、商品情報テーブルの1か所の「みかん」を「Orange」に書き換えるだけで良いのです。

このように、正規化を行っておくと、データの追加、更新、削除に伴うデータの不整合や喪失を防ぎ、データベースのメンテナンス性を向上することができます。データの種類や量が多いビッグデータの場合は、正規化のメリットはさらに大きくなります。

図4-2 RDB (Relational Database)

購入情報テーブル

購入者	商品番号
Aさん	1
Bさん	2
Cさん	2
Dさん	2

＋

商品情報テーブル

商品番号	商品名
1	りんご
2	みかん

→

購入情報

購入者	商品名
Aさん	りんご
Bさん	みかん
Cさん	みかん
Dさん	みかん

4-2 データ加工の技術

データ分析を行う人のことを「データサイエンティスト」と呼びます。データサイエンティストには、AIや統計を駆使してデータを分析する能力だけでなく、収集したデータを分析できる状態に加工する能力も必要です。ここからは、ビジネス現場のデータを上手に取り扱うためのデータ加工の技術について学びましょう。

演習　Pythonによる販売データの加工例

ビジネス現場のデータ分析の例として、食料品を取り扱うオンラインショップの商品販売に関するデータを分析します。オンラインショップの商品の販売状況を分析することで、今後の売り上げ改善の方向性を探ることが目的です。また、オンラインショップのデータはコンピュータによって一元管理されているため、非常に「綺麗」なデータであることが多く、データ分析の入門に最適な例題です。

オンラインショップのデータ分析は、単純に各商品の売り上げ数の推移を分析するだけに留まりません。どの商品を、いつ、だれが購入したかなどの属性情報があれば、売り上げ改善につながる有意義な分析が可能となります。しかし、実際のビジネス現場では、そのようなデータは一元管理されていません。複数のデータが異なる部署で管理されているため、異なる部署同士のデータを紐づけるという作業が必要となります。複数に分かれたデータを紐づけて1つのデータにする作業を「データ結合」と呼びます。どのデータをどのように紐づけて活用するかは、データサイエンティストの腕の見せ所というわけです。

● データのダウンロードと準備

それでは、食料品を取り扱うオンラインショップの商品販売に関するデータをColaboratoryで読み込んでみましょう。オンラインショップの商品販売に関するデータは以下の4種類です。これらのファイルは本書のサポートサイト（10ページ参照）からダウンロードできます。

表4-1　オンラインショップの商品販売に関するデータ

ファイル名	ファイルの説明
顧客情報.xlsx	顧客に関するデータ。名前、住所など。
商品情報.xlsx	商品に関するデータ。商品名、単価など。
4月販売情報.xlsx	4月の商品売り上げに関するデータ。販売日など。
5月販売情報.xlsx	5月の商品売り上げに関するデータ。販売日など。

Colaboratoryにログインした状態で、画面左上の「ファイル」の中にある「ノートブックを新規作成」をクリックして、新しいPythonプログラミングの画面を立ち上げてください。その後、画面左側のフォルダのアイコンをクリックすると、Colaboratoryにファイルをアップロードするための「ファイルエクスプローラ」が開きます。

図4-3　フォルダのアイコンの場所

オンラインショップの商品販売に関する4種類のデータを、ファイルエクスプローラにドラッグ&ドロップすると、Colaboratoryにファイルをアップロードすることができます。「注：アップロードしたファイルは～～～」という注意書きが出たら「OK」を押してください。

ファイルエクスプローラにアップロードしたファイルのファイル名が表示されていれば、Colaboratoryへのアップロードは正常に完了しています。この状態になっていれば、Pythonを使ってデータの分析を始めることができます。

図4-4 Colaboratoryへのアップロード方法

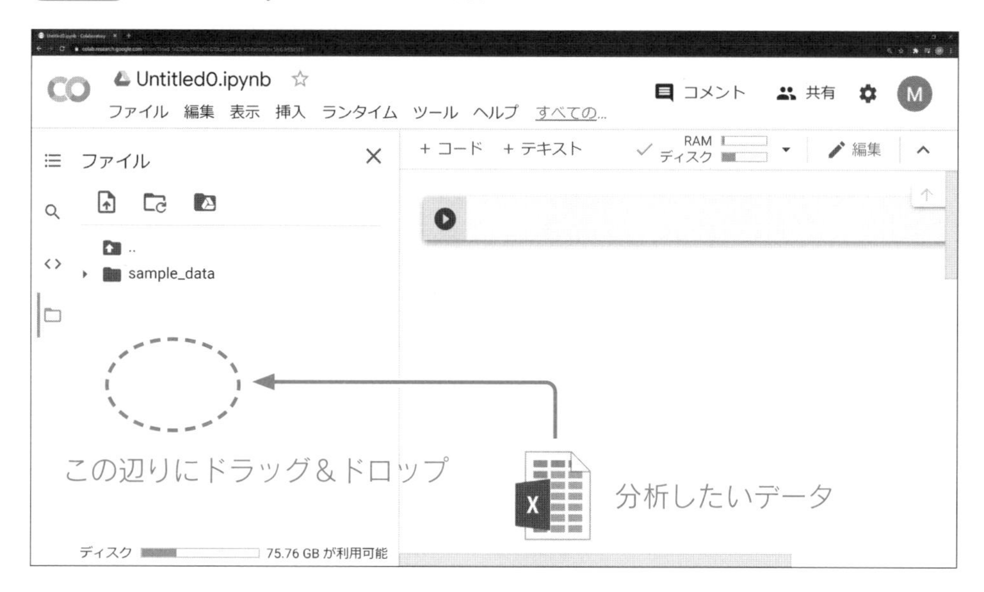

●顧客情報の読み込みと表示

それでは、顧客情報のファイルを読み込んで表示させてみましょう。以降、リストの内容は「＋コード」をクリックして、新しい入力欄に入力するようにしてください。たとえば、リスト4-1とリスト4-2の内容は、異なる入力欄に入力して実行してください。

ファイルの読み込みには3章でも登場したPythonのデータ分析用ライブラリ「Pandas」を使います。Pandasライブラリを使うために「import pandas as pd」と入力します。その後、「read_excel」という命令を用いて、顧客情報のファイルを読み込むことができます。読み込んだ結果は「customer」という変数に代入します。customer変数の中身を表示すると、オンラインショップの顧客が会員登録をする際に入力した、氏名や住所などの個人情報が確認できます。顧客の個人情報は、社外に漏洩することがないように、企業の中でも情報セキュリティに特化した専門の部署の中で厳重に管理されています。

リスト4-1 顧客情報の読み込み

▶ソースコード

```
import pandas as pd
customer = pd.read_excel("顧客情報.xlsx")
customer
```

▶実行結果

	顧客番号	顧客氏名	顧客住所	顧客電話番号	顧客メールアドレス
0	customer1	田中太郎	山口県山口市滝町1番1号	083-922-3111	tanaka@sample.com
1	customer2	山田花子	青森県青森市長島一丁目1-1	017-722-1111	yamada@sample.com

次に、商品情報のファイルを読み込んで表示させてみましょう。ファイルの読み込み方は先ほどと同じです。読み込んだ結果は「item」という変数に代入します。item変数の中身を表示すると、オンラインショップの商品の商品名、単価、仕入れ先の情報が確認できます。商品情報は、商品企画や在庫管理などの部署の中で管理されています。

リスト4-2　商品情報の読み込み

▶ソースコード

```
item = pd.read_excel("商品情報.xlsx")
item
```

▶実行結果

	商品番号	商品名	単価	仕入れ先
0	item1	パン	100	A食品
1	item2	コーヒー	120	B飲料
2	item3	サラダ	200	C農園
3	item4	おにぎり	150	D食品

最後に、販売情報のファイルを読み込んで表示させてみましょう。販売情報には、どの顧客が、いつ、何を買ったかという情報が格納されています。販売情報は、4月と5月に分割されたファイルとして管理されています。これは、販売情報を管理しているデータベースの都合で、月ごとの販売情報が別々のファイルに分割されてしまうことがあるからです。ファイルの読み込み方はこれまでと同じです。読み込んだ結果は「transaction_4」と「transaction_5」という変数にそれぞれを代入します。販売情報については、営業などの部署が管理することが一般的です。

リスト4-3　4月の販売情報の読み込み

▶ソースコード

```
transaction_4 = pd.read_excel("4月販売情報.xlsx")
transaction_4
```

▶実行結果

	販売番号	販売日	商品番号	顧客番号
0	transaction1	2021-04-01	item1	customer1
1	transaction2	2021-04-02	item2	customer2
2	transaction3	2021-04-03	item3	customer1

リスト4-4　5月の販売情報の読み込み

▶ソースコード

```
transaction_5 = pd.read_excel("5月販売情報.xlsx")
transaction_5
```

▶実行結果

	販売番号	販売日	商品番号	顧客番号
0	transaction4	2021-05-01	item3	customer2
1	transaction5	2021-05-02	item4	customer1
2	transaction6	2021-05-03	item4	customer2

Colaboratory上で、食料品を取り扱うオンラインショップの商品販売に関するデータを読み込んで表示させてみると、複数のファイルに分かれたデータの大枠をつかむことができたと思います。一般的なAIの教科書では、分析するデータを複数のファイルに分けずに、1つのファイルにまとめて提供することが多いです。なぜならば、分析するデータが1つのファイルにまとまっていたほうが、読者がすぐに分析を始められるからです。

しかし、実際の現場では、データサイエンティストはデータを複数の部署からかき集めるところから始まり、集めたデータの概要を捉え、分析に適した形に加工するという作業も全て自分でやらなければなりません。そのため、本書では分析するデータをなるべく現場のデータ近づけるために、複数のファイルに分割されたデータとして提供しています。

●分割されたデータの結合

それでは、複数のファイルに分割されているデータの結合を行いましょう。今回は、2種類のデータ結合を行います。1つ目が、4月の販売情報と5月の販売情報を「縦」に結合する「Union」という操作です。2つ目が、顧客番号や商品番号をもとに全てのデータを「横」に結合する「Join」という操作です。

4月と5月の販売情報のUnionを行うには「concat」という命令を使います。4月と5月の販売情報は「transaction_4」と「transaction_5」という変数に格納されていますので、これらをconcatで結合することで縦に連結された全期間の販売情報のデータにすることができます。Unionした結果は「transaction」という変数に代入します。

リスト4-5　4月と5月の販売情報のUnion

▶ソースコード

```
transaction = pd.concat([transaction_4, transaction_5], ignore_
index=True)
transaction
```

▶実行結果

	販売番号	販売日	商品番号	顧客番号
0	transaction1	2021-04-01	item1	customer1
1	transaction2	2021-04-02	item2	customer2
2	transaction3	2021-04-03	item3	customer1
3	transaction4	2021-05-01	item3	customer2
4	transaction5	2021-05-02	item4	customer1
5	transaction6	2021-05-03	item4	customer2

結合したtransactionを見てみると、商品番号と顧客番号の列があります。これらの番号は商品情報と顧客情報にもありますので、商品番号と顧客番号をもとに紐づけを行うと、複数に分かれたデータのJoinができそうです。Joinを行うには「merge」という命令を使います。mergeの命令の中でtransactionとitemの2つの変数をならべ、「on= "商品番号"」とすると、販売情報の商品番号と、商品情報の商品番号を相互に参照しながら一致するものを探して、2つの情報を結合することができます。Joinした結果は「join_data」という変数に代入します。

リスト4-6　販売情報と商品情報のJoin

▶ソースコード

```
join_data = pd.merge(transaction, item, on="商品番号")
join_data
```

▶実行結果

	販売番号	販売日	商品番号	顧客番号	商品名	単価	仕入れ先
0	transaction1	2021-04-01	item1	customer1	パン	100	A食品
1	transaction2	2021-04-02	item2	customer2	コーヒー	120	B飲料
2	transaction3	2021-04-03	item3	customer1	サラダ	200	C農園
3	transaction4	2021-05-01	item3	customer2	サラダ	200	C農園
4	transaction5	2021-05-02	item4	customer1	おにぎり	150	D食品
5	transaction6	2021-05-03	item4	customer2	おにぎり	150	D食品

販売情報と顧客情報のJoinについても同様の手順で行います。mergeの命令の中でtransactionとcustomerの2つの変数をならべ、「on= "顧客番号"」とすると、販売情報と顧客情報を結合することができます。Joinしたデータは行の並び方が不規則となるため、「sort_values」という命令を用いて、販売日の昇順でデータを並び替えます。最後に、「reset_index」という命令を用いて、左側の通し番号を振りなおせばデータ結合の処理は完了です。

リスト4-7 販売情報と顧客情報のJoin

▶ソースコード

```
join_data = pd.merge(join_data, customer, on="顧客番号")
join_data = join_data.sort_values('販売日', ascending=True)
join_data = join_data.reset_index(drop=True)
join_data
```

▶実行結果

	販売番号	販売日	商品番号	顧客番号	商品名	単価	仕入れ先	顧客氏名	顧客住所	顧客電話番号	顧客メールアドレス
0	transaction1	2021-04-01	item1	customer1	パン	100	A食品	田中太郎	山口県山口市滝町1番1号	083-922-3111	tanaka@sample.com
1	transaction2	2021-04-02	item2	customer2	コーヒー	120	B飲料	山田花子	青森県青森市長島一丁目1-1	017-722-1111	yamada@sample.com
2	transaction3	2021-04-03	item3	customer1	サラダ	200	C農園	田中太郎	山口県山口市滝町1番1号	083-922-3111	tanaka@sample.com
3	transaction4	2021-05-01	item3	customer2	サラダ	200	C農園	山田花子	青森県青森市長島一丁目1-1	017-722-1111	yamada@sample.com
4	transaction5	2021-05-02	item4	customer1	おにぎり	150	D食品	田中太郎	山口県山口市滝町1番1号	083-922-3111	tanaka@sample.com
5	transaction6	2021-05-03	item4	customer2	おにぎり	150	D食品	山田花子	青森県青森市長島一丁目1-1	017-722-1111	yamada@sample.com

データ分析に用いるデータは、データを扱っている部署が異なるというビジネス上の理由や、データベースの正規化などのシステム上の理由により、複数のファイルに分割されているケースがほとんどです。今回学んだデータ結合の方法を身につけておけば、複数に分割されたデータを1つのファイルにまとめることができるため、このあとのデータ分析をスムーズに進めることができます。

4-3 データクレンジング

データ分析において、データクレンジングは最も重要な作業であると言われています。それは、データ分析の精度が、データクレンジングをどのくらい丁寧に行ったかによって決まるからです。以下ではデータクレンジングの重要性とやり方について学びます。

データクレンジングとは

収集した直後のデータのことを「生データ」と呼びます。生データには、データの値がおかしくなっている「異常値」が含まれていたり、何らかのデータがあるべきところにデータがないという「欠損値」が含まれていたりします。例えば、身長の値がマイナスの値となっている場合は異常値です。また、値が空欄となっている場合は欠損値です。そこで、データ分析の障害となる異常値や欠損値を取り除く「データクレンジング」という作業が必要となります。

データクレンジングを行うことで、生データを異常値や欠損値の含まれない「綺麗」なデータに修正して、データを分析可能な状態にすることができます。データクレンジングは料理における下ごしらえのようなもので、おいしい料理を作るためには必要不可欠な作業なのです。

どんなに高度なAIや統計を用いたとしても、分析するデータに異常値や欠損値が含まれる「汚い」データのままだと、データが持つ意味を正しく理解することができません。データクレンジングは、データの内容や分析目的に合わせて柔軟な対応が必要となるため、完全な自動化が難しく、データサイエンティストが手作業で行う必要があります。そのため、データサイエンスの全工程の80%以上はデータクレンジングに費やされるとも言われています。

図4-5 異常値や欠損値のデータクレンジング

	A	B	C	D
1	学年	性別	身長	体重
2	1	男性	300	62.3
3	2		151.3	52.3
4		男性	175.8	68.9
5	3	女性		54.6
6	4	女性	149.3	－1

データクレンジング

	A	B	C	D
1	学年	性別	身長	体重
2	1	男性	169.7	62.3
3	2	女性	151.3	52.3
4	2	男性	175.8	68.9
5	3	女性	158.9	54.6
6	4	女性	149.3	50.1

演習 Pythonによるデータクレンジング

今回は、文房具の小売店の商品販売に関するデータを対象に、データクレンジングの具体的な技術について学びましょう。小売店のデータは、人間が入力する機会が多いデータであることから、非常に「汚い」データであることが多く、データクレンジングの練習にぴったりのデータです。

小売店のデータは、コンピュータによって完全に管理されたデータではないので、データ入力の際に人間の手を介在します。そのため、日付などの入力ミスや、データの抜け漏れ等、人間ならではの「間違い」を多く含みます。人間からすると大差がないような「ひらがな」と「カタカナ」の違いなども、データ分析においては誤作動を引き起こす「汚い」データとなります。実際のビジネス現場で頻繁に登場する「汚い」データを、AIや統計で分析できる「綺麗な」データに変換する方法を学びましょう。

●販売データの読み込み

まず、文房具の小売店の商品販売に関するデータをColaboratoryで読み込みます。ファイル名は「クレンジング前.xlsx」です。このファイルは本書のサポートサイト（10ページ参照）からダウンロードできます。「クレンジング前.xlsx」を、ファイルエクスプローラにドラッグ&ドロップすると、Colaboratoryにファイルをアップロード（70ページ参照）することができます。Pandasライブラリを使ったファイルの読み込み方は、以前に説明したやり方と同じです。読み込んだ結果は「uriage_data」という変数に代入します。

リスト4-8 クレンジング前のデータの読み込み

▶ソースコード

```
import pandas as pd
uriage_data = pd.read_excel("クレンジング前.xlsx")
uriage_data
```

▶実行結果

	日付	曜日	商品名	価格	個数	顧客の性別	顧客の年齢
0	2021-04-01	木	ノート	100	1	男性	24.0
1	2021-04-02	金	鉛筆	80	5	女性	16.0
2	2021-04-03	土	マジック	200	1	男性	15.0
3	2021-04-04	NaN	マジック	200	2	女性	9.0
4	2021-04-05	月	ノート	100	2	女性	NaN
5	2021-04-06	火	ハサミ	400	1	NaN	14.0
6	2021-04-07	水	はさみ	400	2	女性	19.0

●曜日の欠損値の補完

読み込んだデータの「曜日」列には、欠損値のことを表す「NaN」というデータが入っています。欠損値の種類によっては、空欄になっているところにどのような値を補完したらよいかわからないこともありますが、2021年4月4日の曜日は「日曜日」であることは、カレンダーを見ればすぐに分かります。そこで、この欠損値には日曜日を表す「日」という文字を補完しましょう。locという命令を使うと、指定した行と列のところに値を代入することができます。ここでは、「曜日」列の「4」行目に「日」という文字を代入することで補完しています。Pythonなどのプログラミング言語では、0から数を数えるのが一般的ですので、4行目に値を代入したいときには、0,1,2,3と数えて「3」を指定します。

リスト4-9 曜日の欠損値を補完

▶ソースコード

```
uriage_data.loc[3, "曜日"] = "日"
uriage_data
```

▶実行結果

	日付	曜日	商品名	価格	個数	顧客の性別	顧客の年齢
0	2021-04-01	木	ノート	100	1	男性	24.0
1	2021-04-02	金	鉛筆	80	5	女性	16.0
2	2021-04-03	土	マジック	200	1	男性	15.0
3	2021-04-04	日	マジック	200	2	女性	9.0
4	2021-04-05	月	ノート	100	2	女性	NaN
5	2021-04-06	火	ハサミ	400	1	NaN	14.0
6	2021-04-07	水	はさみ	400	2	女性	19.0

●表記揺れの修正

次は、商品名の列を見てみましょう。商品名の列には欠損値は見られませんが、文字列の「表記揺れ」が存在しています。表記揺れとは、同じ意味を示す異なる文字のことです。例えば、「ハサミ」と「はさみ」は同じ商品のことを指しますが、カタカナとひらがなの違いにより別の文字列となっています。人間は文字列の表記揺れを頭の中で補完して理解することができますが、コンピュータは表記揺れを理解することができません。そのため、このままデータ分析を行ってしまうと、「ハサミ」と「はさみ」はそれぞれ別の商品として集計されてしまい、本来1つの商品である「ハサミ」の正確な集計が得られません。このように、データの表記揺れをあやふやにしたまま分析しても、信頼できない分析結果となってしまいます。そこで、ひらがなの「はさみ」を、カタカナの「ハサミ」に変更して、商品名の表記揺れを修正しましょう。replaceという命令を使うと、特定の文字列を別の文字列に変更することができます。ここでは、商品名の列に含まれる文字列のうち、「はさみ」に該当する文字があった場合は、「ハサミ」に変更するという処理を行っています。

リスト4-10 商品名の表記揺れを修正

▶ソースコード

```
uriage_data["商品名"] = uriage_data["商品名"].str.replace("はさみ", "ハ
サミ")
uriage_data
```

▶実行結果

	日付	曜日	商品名	価格	個数	顧客の性別	顧客の年齢
0	2021-04-01	木	ノート	100	1	男性	24.0
1	2021-04-02	金	鉛筆	80	5	女性	16.0
2	2021-04-03	土	マジック	200	1	男性	15.0
3	2021-04-04	日	マジック	200	2	女性	9.0
4	2021-04-05	月	ノート	100	2	女性	NaN
5	2021-04-06	火	ハサミ	400	1	NaN	14.0
6	2021-04-07	水	ハサミ	400	2	女性	19.0

●性別の欠損値の補完

「顧客の性別」列にも欠損値があります。2021年4月6日にハサミを購入した人という情報だけでは、この顧客が男性なのか、女性なのかはわかりません。ハサミという商品は、性別に関わらず購入される商品であるため、商品名から性別を推測することも困難です。そこで今回は、データの「最頻値」を調べて欠損値を補完するという方法を用います。

最頻値とは、データの中で最も頻繁に出現する値のことです。文房具の小売店の顧客には、男性と女性のどちらが多いのかを調べて、多いほうの顧客の性別を空欄に補完するという考え方です。modeという命令を使うと、データの中の最頻値を調べることができます。最頻値は「女性」となっていますので、この小売店では女性の顧客のほうが多いことがわかります。

fillnaという命令を使うと、欠損値の「NaN」を指定した値に変更することができます。ここでは、欠損値の「NaN」に「女性」という文字列を代入します。曜日の欠損値を補完したときと同じやり方で、locで行番号と列名を指定して補完することもできますが、全ての欠損値を同じ値にする場合はfillnaを使うやり方のほうが簡単です。

リスト4-11 顧客の性別の欠損値を補完①

▶ソースコード

```
uriage_data["顧客の性別"].mode()
```

▶実行結果

```
0    女性
dtype: object
```

リスト4-12 顧客の性別の欠損値を補完②

▶ソースコード

```
uriage_data["顧客の性別"] = uriage_data["顧客の性別"].fillna("女性")
uriage_data
```

▶実行結果

	日付	曜日	商品名	価格	個数	顧客の性別	顧客の年齢
0	2021-04-01	木	ノート	100	1	男性	24.0
1	2021-04-02	金	鉛筆	80	5	女性	16.0
2	2021-04-03	土	マジック	200	1	男性	15.0
3	2021-04-04	日	マジック	200	2	女性	9.0
4	2021-04-05	月	ノート	100	2	女性	NaN
5	2021-04-06	火	ハサミ	400	1	女性	14.0
6	2021-04-07	水	ハサミ	400	2	女性	19.0

●顧客の年齢の欠損値を補完

最後に、「顧客の年齢」列の欠損値を修正しましょう。顧客の性別と同様に、顧客の年齢を推測することは困難であるため、データの「平均値」を使って欠損値を補完します。ここでは、全ての顧客の年齢を足し合わせて、顧客の人数で割った値を用います。

meanという命令を使うと、データの中の平均値を算出することができます。顧客の年齢の平均値は約16歳であることがわかります。ここでは、小数点以下を四捨五入した「16」を、fillna命令を用いて欠損値に代入しています。

以上の作業で、文房具の小売店のデータに対するデータクレンジングは完了です。データクレンジングにはとても長い時間が必要ですが、データを綺麗にすることによって、精度の高いAIを作ったり、統計学を用いた綿密な分析をしたりすることが可能となるのです。

リスト4-13 顧客の年齢の欠損値を補完①

▶ソースコード

```
uriage_data["顧客の年齢"].mean()
```

▶実行結果

```
16.166666666666668
```

リスト4-14 顧客の年齢の欠損値を補完②

▶ソースコード

```
uriage_data["顧客の年齢"]=uriage_data["顧客の年齢"].fillna(16)
uriage_data
```

▶実行結果

	日付	曜日	商品名	価格	個数	顧客の性別	顧客の年齢
0	2021-04-01	木	ノート	100	1	男性	24.0
1	2021-04-02	金	鉛筆	80	5	女性	16.0
2	2021-04-03	土	マジック	200	1	男性	15.0
3	2021-04-04	日	マジック	200	2	女性	9.0
4	2021-04-05	月	ノート	100	2	女性	16.0
5	2021-04-06	火	ハサミ	400	1	女性	14.0
6	2021-04-07	水	ハサミ	400	2	女性	19.0

演習問題①

本書のサポートサイト（10ページ参照）から「健康診断.xlsx」をダウンロードし、ファイルを読み込んだ結果を表示しなさい。

演習問題②

「年齢」「血圧」「肺活量」「体重」の平均値を表示しなさい。

演習問題③

「性別」「疾患の有無」の最頻値を表示しなさい。

演習問題④

欠損値に対して平均値や最頻値で穴埋めするデータクレンジングを行い、クレンジングした結果を表示しなさい。

第5章 データサイエンスのための確率統計

データサイエンスは、AIや統計を使って「数値」を計算することによって成り立っています。データサイエンスを積極的に活用していくためには、データサイエンスの根底にある数学を理解する必要があります。例えば、データサイエンスに使われているのがAI（人工知能）と聞くと、人間の脳をコンピュータでそのまま再現しているように思われがちですが、実際はそのようなことはありません。AIはデータの傾向を数学的に厳密に計算することで、人間が考えているような精度で物事を判断したり推論したりすることができているのです。つまり、AIとは数学の力を借りることで、あたかも人間が考えているように見えるように作られた知能機械であると言えます。本章では、AIの思考方法や統計学を理解するために必要な、確率的な物事の考え方について学びましょう。また、統計学を使ったデータサイエンスの第一歩として、基本統計量の算出方法について学びましょう。

5-1 直感と数学

私たちは普段の生活の中で、自分自身の直感にもとづいて、さまざまな物事を判断して行動しています。それでは、なぜ人間は自分の直感だけを信じないで、AIに物事を判断させようとしているのでしょうか。これは、人間の直感が数学的な正しさと乖離する場面があるからです。「誕生日のパラドックス」や「クーポン収集問題」を例に見ていきましょう。

誕生日のパラドックス

「教室に何人の学生がいれば、誕生日が同じ学生がいる確率が50%を超えるか」という問題を考えてみてください。この問題の答えを考えたときに、人間の直感的に、相当多くの人数が必要と感じます。この問題に対して、365日の半分の183人が必要と感じる人も多いのではないでしょうか。しかし、数学的な正しさはたったの23人となります。23人の学生が教室にいれば、少なくとも誕生日が同じ一組が存在する確率は50%を超えるのです。教室にいる学生の人数がさらに増えてくるとこの確率はもっと高まり、41人で90%を超え、70人で99%を超えることになります。

図5-1　誕生日のパラドックス

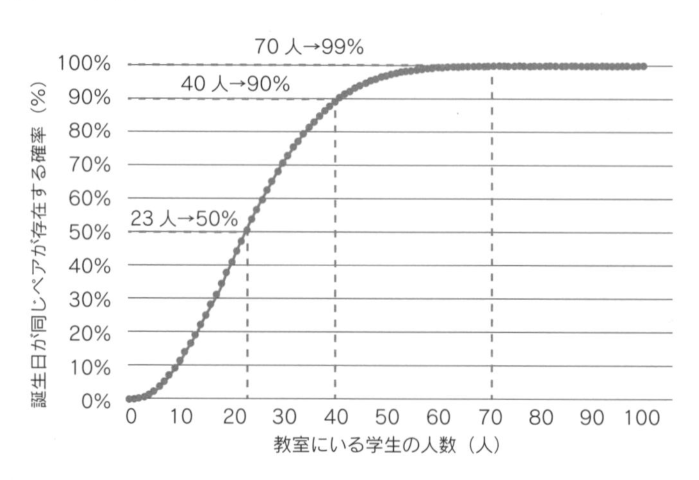

教室に複数人がいるときに、誕生日が同じペアが存在する確率は、人間の一般的な直感に反していることから「誕生日のパラドックス」と呼ばれています。人間の直感的には、にわかには信じがたい話なのですが、この答えは数学的に簡単に証明することできます。

教室に2人の学生がいるときに、2人の学生の誕生日が異なる確率を考えます。1人目の学生の誕生日は365日のどれでも構わないですが、2人目の学生の誕生日は「365－1＝364日」のどれかである必要があるため、2人目が1人目と異なる誕生日である確率は「364÷365」となります。同様に、教室に3人の学生がいるときに、3人目が1人目、2人目と異なる誕生日である確率は「363÷365」となります。3人が同時に異なる誕生日である確率は、「364÷365」と「363÷365」を掛け合わせることで求められます。そして、この計算を教室にいる人数の分だけ繰り返し、最後に「1」から引けば、教室の中で同じ誕生日の学生がいる確率を求めることができます。

誕生日のパラドックスは以下の数式で表現することができます。

$$P(n)=1-\frac{364}{365}\times\frac{363}{365}\times\frac{362}{365}\cdots\times\frac{365-n+1}{365}=1-\frac{365!}{365^n(365-n)!}$$

この数式の「365^n」は、365のn乗（365をn回掛け算する）という意味です。また、この数式の中には「!」という表記がありますが、これは「階乗」と呼ばれます。誕生日のパラドックスなどの確率の問題を考えるときには、

$$365\times364\times363\times\cdot\cdot\cdot3\times2\times1$$

という1ずつ減っていく掛け算がよく出てきます。1ずつ減っていく掛け算を全部書くのは大変であるため、階乗の表記を使うことで1ずつ減っていく掛け算を短く記述することができます。

$$365!=365\times364\times363\times\cdot\cdot\cdot3\times2\times1$$

演習 Pythonによる「誕生日のパラドックス」の計算

誕生日のパラドックスを自分の手で計算するのは大変なので、プログラミングを使ってコンピュータに計算させましょう。

Colaboratoryにログインした状態で、画面左上の「ファイル」の中にある「ノートブックを新規作成」をクリックして、新しいPythonプログラミングの画面を立ち上げてください。以降、リストの内容は「＋コード」をクリックして、新しい入力欄に入力するようにしてください。たとえば、リスト5-1とリスト5-2の内容は、異なる入力欄に入力して実行してください。

階乗の計算にはPythonの数学計算用ライブラリ「math」を使います。mathライブラリを使うために「import math」と入力します。その後、「n」という変数に教室にいる学生の人数を代入します。ここでは教室にいる学生の数を23人とします。

分子の「365!」を計算するには「math.factorial(365)」と記述します。

分母の「365^n」を計算するには「365 ** n」と記述します。

分母の「(365-n)!」を計算するには「math.factorial(365 - n)」と記述します。

最後に、これらの分母と分子を、掛け算「*」、割り算「/」、かっこ「()」の演算子を使って記述して、その結果を「1」から引くことで、誕生日のパラドックスの確率を計算することができます。変数nの数字を変えると、教室にいる学生の人数が変わった時の確率を計算することができますの、いろいろな数字を入れて試してみてください。

リスト5-1　誕生日のパラドックス

▶ソースコード

```
import math

n = 23
p = math.factorial(365) / (365 ** n * math.factorial(365 - n))
1 - p
```

▶実行結果

```
0.5072972343239854
```

演習　Pythonによる「クーポン収集問題」の計算

ガチャガチャ、食玩商品、ソーシャルゲームのアイテム課金などの「等確率でランダムに封入されているものについて、どのくらい買えば全種類手に入れられるのか」という問題も、人間の直感と数学的な正しさが乖離しやすい事例の代表格です。例えば、ガチャガチャの全100種類の景品を全種類集めるために、ガチャガチャを247回まわしたところ、92種類の景品を集めることができたとします。ガチャガチャをあと何回まわせば残りの8種類を揃えることができるでしょうか。人間の直感的にはあと少しで揃いそうなものですが、この問題の数学的な正しさは271回となります。ガチャガチャを247回まわして92種類集めたとしても、100種類を全て集めるためにはさらに271回まわさなければならず、まだ折り返し地点であるということです。ガチャガチャなどで最初は少額だけ支出するつもりが、いつの間にか高額になってしまう理由は、人間の直感が最初のうちに集まりやすいと錯覚してしまうためでもあります。

この問題は「クーポン収集問題」と呼ばれる数学の有名な問題ですので、この答えが導かれる過程は本書では割愛しますが、興味のある人は調べてみてください。

リスト5-2　クーポン収集問題

▶ソースコード

```
n = 100
temp = 0

for i in range(n):
  temp = temp + 1 / (i + 1)

N = n * temp
N
```

▶実行結果

```
518.737751763962
```

「誕生日のパラドックス」や「クーポン収集問題」以外にも、人間の直感と数学的な正しさが乖離しやすい場面はいくつも存在します。そのため、人間は自分の直感だけを信じないで、数学的な正しさを持つデータサイエンスやAIの力を借りて、物事をより正確に捉えようとしているのです。

5-2 数え上げ

すべての数学の基本は物事の「数え上げ」にあります。人間は普段の生活の中でさまざまな物事を数えています。例えば、公園にいる鳥の数を数えたり、トランプの手札の枚数を数えたり、もういくつ寝るとお正月になるかを数えたりしています。物事を数え上げるという行為は、自分が数えたいものを整数に対応付けるということです。整数に正しく対応付けられた物事は「データ」と呼ばれます。AIを作るためにはデータが必要不可欠であるため、AIを学ぶ人は物事の正しい数え方を身につける必要があります。

植木算

例えば、「長さ10メートルの道に、端から1メートル間隔で電柱を建てるときに、電柱は合計で何本必要であるか」という問題を考えてみてください。この答えは10本ではありません。正しい答えは11本となります。端から1メートル間隔で電柱を建てるということは、端からの距離が0,1,2,3,4,5,6,7,8,9,10の位置に建てるということです。10÷1として計算して答えを10本と間違えやすいですが、10÷1は電柱の本数ではなく電柱と電柱の間隔の個数を意味します。

この問題は「植木算」と呼ばれる有名な問題です。AIを作る際に、プログラミングの配列の機能を利用する場面で、この植木算の考え方は必要になります。未カウントやダブルカウントに注意しながらさまざまな物事を数えるという能力はデータサイエンティストには必須となりますので、日頃からいろいろな物に目を向けて、自分が数えたいものを整数に対応付ける練習をしてみてください。

図5-2　植木算

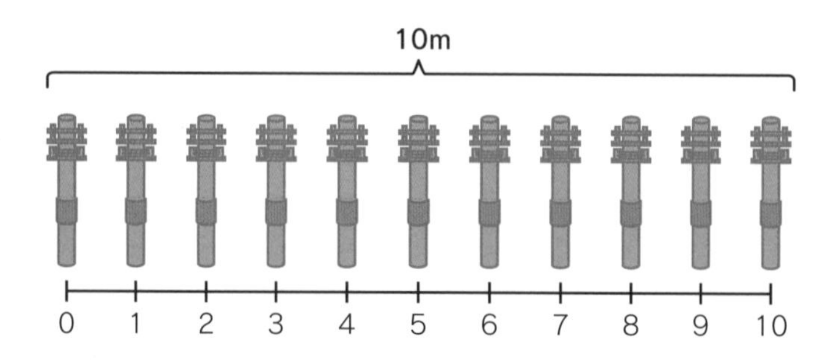

5-3 集合と場合の数

AIはさまざまな物事を確率的な事象として捉えています。人間がAIの考え方を理解するには、「確率」という数学をしっかりと理解する必要がありますが、確率の理解のためには「集合」と「場合の数」の理解が欠かせませんので、まずはこれらを学んでいきましょう。

集合

いくつかの物事から構成される集まりのことを「集合（Set）」と呼びます。そして、集合に含まれる中身のことを「要素（Element）」と呼びます。例えば、複数の大学生が集まってできている集合が「大学」であり、大学という集合の要素が「大学生」となります。また、集合から一部を抽出してできる集合のことを「部分集合（Subset）」と呼びます。例えば、大学生の集合から「文学部の学生」のみを抽出したり、「工学部の学生」のみを抽出したりしたものは部分集合となります。

場合の数

ある事象（出来事）が起こる可能性の総数のことを「場合の数」と呼びます。場合の数は、集合から特定の条件に該当する要素のみを抽出した部分集合の要素数で表されます。例えば、6人の大学生の集合Xがあったときに、集合Xから男性のみを抽出すると4人の大学生が抽出されるとき、集合Xから男性のみを抽出する場合の数は4となります。同様に、集合Xから女性のみを抽出すると2人の大学生が抽出されるとき、集合Xから女性のみを抽出する場合の数は2となります。

図5-3　場合の数

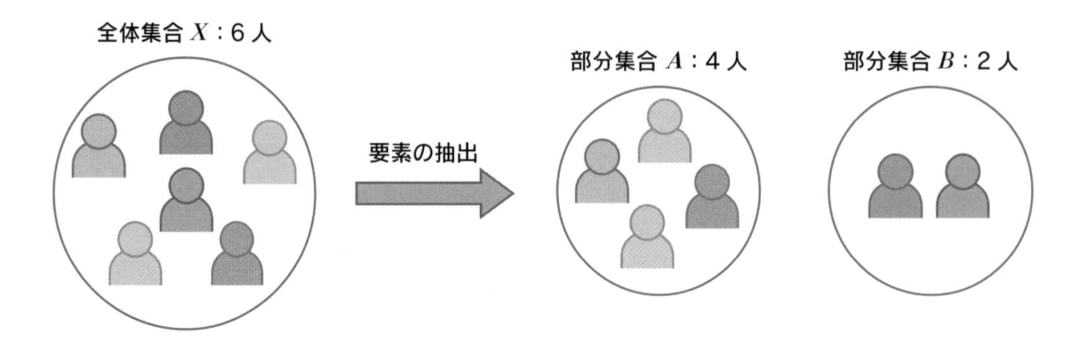

◎和の法則

2つの集合に分かれているものを数えるときに、場合の数には「和の法則 $(A \cup B)$」が成り立ちます。例えば、4人の男性と2人の女性が含まれる6人の大学生の集合 X を、男性の部分集合 A と、女性の部分集合 B に分けたとします。6人のそれぞれの大学生は部分集合 A、B のどちらか一方に必ず属します。部分集合 A、B に同時に属するような大学生は6人の中には存在しません。事象が2つの部分集合 A、B に同時に属さないとき、2つの部分集合 A、B の場合の数を足し合わせることが可能です。例えば、大学生は合計で何人になるかという問題を考えるときに、部分集合 A の場合の数が4、部分集合 B の場合の数が2ですので、これらを足し合わせると大学生の合計が6人であることを求められます。

図5-4　和の法則

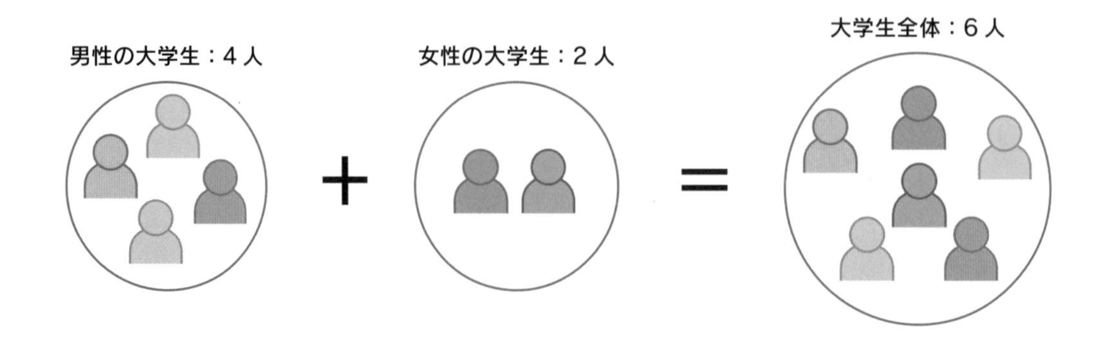

◎積の法則

2つの集合から要素のペアを作るときに、場合の数には「積の法則 $(A \cap B)$」が成り立ちます。例えば、文学部と工学部のそれぞれに対して、各学年の代表者を1人選ぶことを考えます。これは、学部（文学部、工学部）の部分集合Aの全ての要素と、各学年の代表者(1,2,3,4)の部分集合Bの全ての要素の組を作ることになります。このとき、選ばれる大学生は部分集合Aと部分集合Bの両方に必ず属します。部分集合Aに属するが部分集合Bに属さない、または、部分集合Bに属するが部分集合Aに属さない大学生は存在しません。2つの事象が部分集合A、Bに同時に属するとき、2つの部分集合A、Bの場合の数をかけ合わせることが可能です。例えば、文学部と工学部のそれぞれに対して、各学年の代表者を1人選ぶと合計で何人になるかという問題を考えるときに、部分事象Aの場合の数が2、事象Bの場合の数が4ですので、これらをかけ合わせることで選ばれる大学生の合計が8人であることを求められます。

図5-5 積の法則

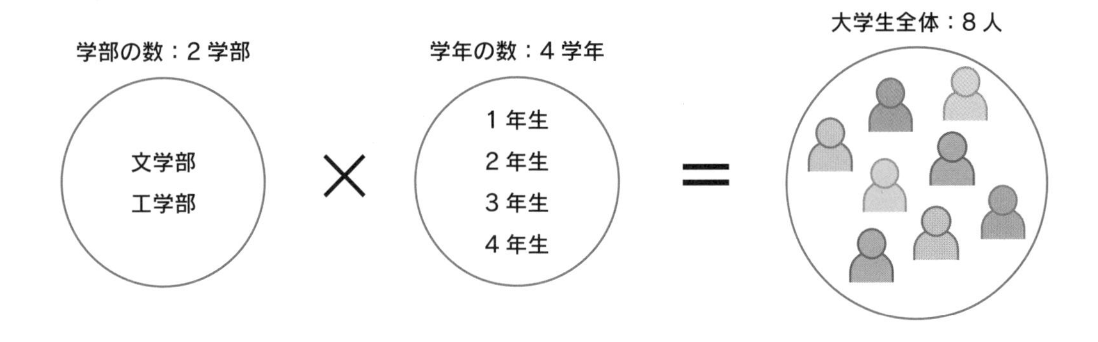

5-4 確率

確率の表し方

全ての事象の数に対する、ある事象の起こりうる場合の数の割合のことを「確率(Probability)」と呼びます。確率は事象の起こりやすさを示しており、0から1までの実数値で表現されます。「%」を用いて表現する場合は0%から100%の範囲となります。全ての事象の数が n 通りで、事象 A が起こり得る場合の数が r 通りの時の確率 $P(A)$ は以下の式で表されます。

$$P(A)=\frac{r}{n}$$

◎余事象

また、事象 A に対して「事象 A が起こらない」という事象を事象 A の「余事象」と呼び $\bar{A}$ と表します。また、余事象の確率 $P(\bar{A})$ は以下の式で表されます。

$$P(\bar{A})=1-P(A)$$

事象 A が起こる確率 $P(A)$ と、その余事象 $\bar{A}$ が起こる確率 $P(\bar{A})$ の和は必ず100%となります。

宝くじの当たる確率

例えば、1,000枚発行される宝くじの中で当たりが20枚だけ入っている場合、宝くじが当たるという事象 A の確率は $P(A)=20\div1000=\frac{1}{50}=2\%$ であり、宝くじが当たらないという事象 $\bar{A}$ の確率は $P(\bar{A})=980\div1000=\frac{49}{50}=98\%$ となります。このとき、確率の考え方で注意をしなければいけないことは、当たる確率が 2% の宝くじを50枚買ったとしても、宝くじが当たる確率は100％にはならないということです。1回の試行につき$\frac{1}{n}$の確率で発生する事象が、試行をm回繰り返したときに1回以上発生する確率pは以下の式で表されます。

$$p=1-\left(1-\frac{1}{n}\right)^m$$

n=50、m=50のとき、この値は約0.636=63.6％となります。つまり、2％の確率でしか当たらない宝くじを50枚購入したとしても当たる確率は100％にはならずに、約64％の確率でしか当たらないということです。この式の指数部分のmが大きくなると、確率pは大きくなっていきます。

例えば、2％の確率でしか当たらない宝くじを100枚購入すると確率pは約87％、150枚購入すると確率pは約95％となります。また、0.2％の確率でしか当たらない宝くじを1,000枚購入すると確率pは約86％、1,500枚購入すると確率pは約95％となります。

どちらの場合でも確率pはほぼ同じ値になりますが、購入が必要な宝くじの枚数がとても多くなることがわかります。当たる確率がとても低い宝くじやガチャガチャに挑む場合はこの点に注意して、お金や時間の無駄遣いをしないように注意しましょう。

5-5 基本統計量

データサイエンスで最初に行うことは、分析対象のデータがどのような特徴を持ったデータであるかを把握することです。このとき、統計学における「基本統計量」の算出が行われます。基本統計量とは、データの基本的な特徴を表す値のことで、「代表値（位置）」と「広がり（散布度）」に区分することができます。

代表値

代表値とは、データ全体の特徴を適当な1つの数値で表すときの値のことで、平均値、中央値、最頻値などがあります。

平均値とは、データの総和をデータの個数で割った値のことで、小学校の算数で教えられており、日常生活でもよく使われる代表値の1つです。テレビのニュースでも、平均年齢、平均年収、平均金額など、よく見かけることが多いです。

中央値とは、データを小さい順に並べたとき中央に位置する値のことです。例えば、100人の高校生の身長の中央値を知りたい場合は、100人を身長の低い順から並べて、ちょうど50番目の高校生の身長の値が中央値となります。

最頻値とは、データの中で最も頻繁に出現する値のことです。ECサイトの顧客の年齢を調べて、25歳の顧客の人数が最も多ければ、最頻値は25歳となります。最頻値は日常生活ではあまり馴染みのない代表値かもしれませんが、ビジネスの世界ではよく利用されています。例えば、ビジネスにおいては、「平均年齢の顧客をターゲットとした商品」を販売してもあまり売れませんが、「最頻年齢の顧客をターゲットとした商品」はヒットしやすいからです。

図5-6 大きさの代表値(平均値、中央値、最頻値)

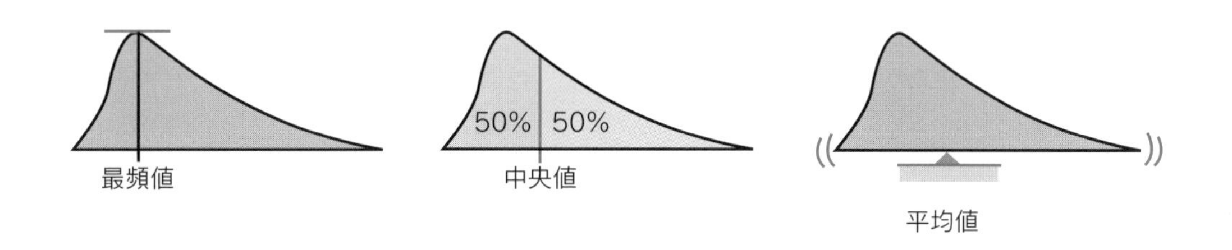

◎代表値の違い

日本の小学校では「平均値」が教えられていますので、日常生活の中でも平均値がよく利用されています。しかし、平均値には「分布に偏りのあるデータの大きさを表す場合は適さない」という弱点があります。

以下の図は、2018年の日本の世帯年収の分布を示すグラフです。日本の世帯年収の平均値は551.6万円ですが、中央値は423万円となり、2つの値に大きな差が生じています。これは、一部のお金持ちが平均値を底上げしてしまい、世帯年収の分布が偏っているためです。実際に、世帯年収の平均値が551.6万円に満たない世帯は全体の62.4%となっており、データ全体の特徴を平均値で表すには無理がありそうです。一方、中央値であれば、全世帯の「ちょうど真ん中」の値を示しているため、よりふさわしい代表値であると言えます。世帯年収のデータ以外にも、世の中には分布に偏りがあるデータが多数存在しているため、統計学を学んだ人は平均値だけでなく中央値を使う機会が増えてきます。

図5-7 分布に偏りのあるデータの大きさの代表値

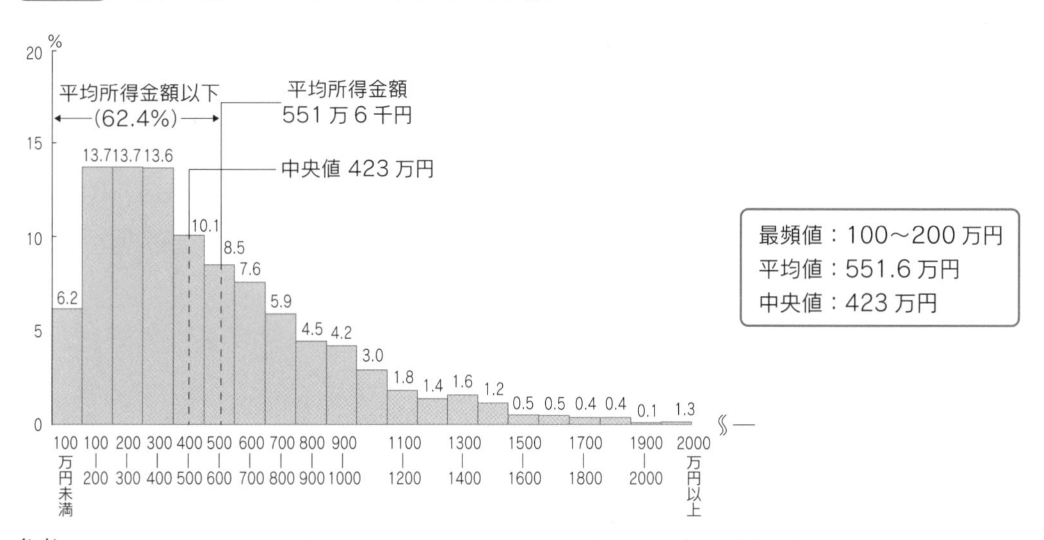

参考:https://www.mhlw.go.jp/toukei/saikin/hw/k-tyosa/k-tyosa18/dl/03.pdf

散布度

散布度とは、データの広がりを表す値で、分散、標準偏差、範囲、歪度、尖度などがあります。

◎分散

「分散」は散布度として最もよく利用されています。分散とは個々のデータが平均値からどのくらい離れているかを示す値のことです。例えば、5人の平均身長が150cmのとき、全員の身長が150cmの場合と、身長が150cmを超える人と超えない人が混ざっている場合では、同じ平均値であっても個々のデータのばらつきが異なると言えます。このばらつき具合を定量化したものが分散という値の意味になります。個々のデータのばらつきが大きい場合、分散の値は大きくなり、個々のデータのばらつきが小さい場合は分散の値は小さくなります。

◎分散の計算

分散の計算方法は、各データのばらつき具合を2乗して足し合わせて平均を取る、というものです。ばらつき具合を単純に足し合わせて平均を取とうと、＋側のばらつきと一側のばらつきが互いに打ち消してしまうため、各データのばらつき具合を2乗することになっています。

例えば、以下の図の5人の身長の分散は

$$((-3)^2+3^2+(-5)^2+5^2+0^2) \div 5=13.6$$

となります。このとき、分散では各データのばらつきを2乗しているため、単位はcmではなくcm^2となっていることに注意が必要です。このデータは平均身長から13.6 cmの広がりがあるのではなく、平均身長から13.6 cm^2の広がりがあるということです。

図5-8 分散

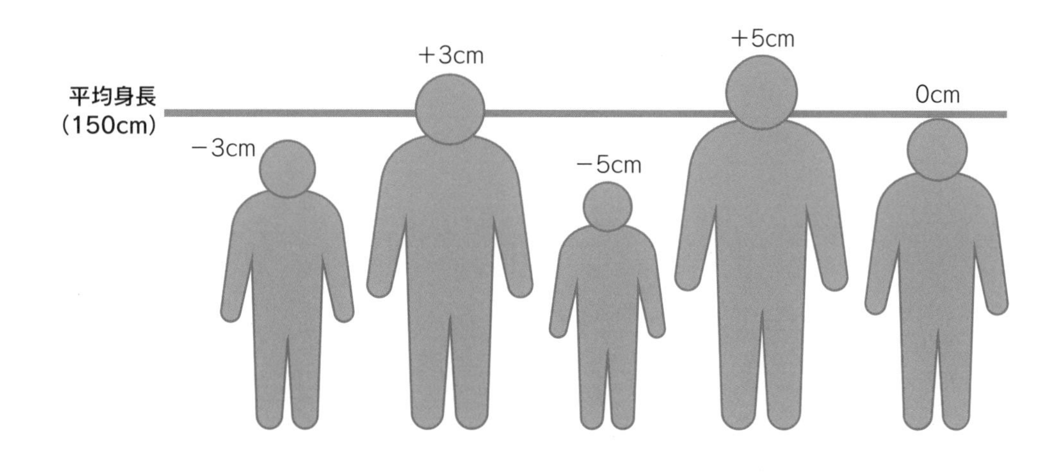

1
2
3
4
5
6
7
8
9
10
11
12
13
14

◎標準偏差

分散では単位が2乗されており、データの広がりを直感的に把握しにくいため、ばらつきの大きさを元の単位で表す「標準偏差」という散布度があります。標準偏差では分散の平方根をとることで、もとのデータと単位が同じになります。例えば、5人の身長の分散は13.6 cm^2となりますが、標準偏差では3.69 cmの広がりであることが示されます。5人の身長は、平均身長から3.69 cm程度の差があるということを意味しており、標準偏差のほうが人間にとって直感的に理解しやすくなります。

演習問題①

合格率20%の資格試験を10回受験したときに1度でも合格する確率を計算するプログラムをPythonで作成し、合格する確率を表示しなさい。

演習問題②

1個のランプは、光るか消えるかの2通りの状態がある。このランプを32個並べて設置するとき、ランプの点灯、消灯のパターンは全部で何通りかを計算するプログラムをPythonで作成し、点灯、消灯のパターンの数を表示しなさい。

演習問題③

トランプのカード52枚（ジョーカーはなし）を、一列に並べる並べ方は何通りかを計算するプログラムをPythonで作成し、一列に並べる並べ方は何通りかを表示しなさい。

（ヒント：3枚のカードを一列に並べるときの並べ方は、
1枚目のカードは3枚から選べるので3通り、
2枚目のカードは残りの2枚から選べるので2通り、
3枚目のカードは残りの1枚から選べるので1通りなので、
カード3枚の全ての並べ方 = 3×2×1 = 6通り）

演習問題④

体重が50kg、60kg、70kgの3人がいるときに、3人の体重の平均と分散の値を計算するプログラムをPythonで作成し、それらの値を表示しなさい。

第6章

統計的検定を用いたデータサイエンス

　ビッグデータ社会の到来により、世の中のデータ総量は増え続けています。データ総量が増え続ける世の中において、膨大なビッグデータを適切に分析して活用できるデータサイエンティストの市場価値は非常に高く、世界中の企業で引っ張りだこになっています。ビッグデータの活用ができる人材になるためには、データを正しく理解するための統計学の知識が必要です。データには必ずなんらかの誤差が含まれているので、データからある結論を下すためには、それが偶然的要因によるものでないことを、統計的検定によって確かめなければならないからです。統計的検定とは「ある結論を得るための数学的な手段」のことです。統計的検定を学ぶことで、データを正しく読み取り、客観的で正しい判断ができるようになります。本章では、統計的検定の考え方を理解し、Pythonを用いた統計的検定のやり方について学びましょう。

6-1 確率分布

統計的検定では「確率分布」の考え方がとても重要となります。ここでは、学習指導などでよく使われている「(学力) 偏差値」を例にとりながら、確率分布の仕組みを見ていきましょう。

偏差値の確率分布

偏差値とは、全ての学生の試験の結果を順番に並べたときに、ある学生の試験の結果が、全ての学生の試験の結果の「平均」からどのくらい離れているかを数値で示したものです。ある学生の試験の点数が全体の平均点と全く一緒になれば、偏差値の値は50となります。そして、平均点より高い点数を取れば偏差値は50より大きくなり、逆に、平均点より低い点数を取れば偏差値は50より小さくなります。

それでは、全国の学生からランダムに1人を抽出して、その学生の偏差値がどのような値になるかを調べてみましょう。すると、その学生の偏差値の値は50である確率が最も高くなり、その出現確率は約4%となります。学生の偏差値が50以外の値となることもありますが、偏差値の値が50から離れるほど、その出現確率は少しずつ小さくなっていきます。例えば、学生の偏差値の値が60 (あるいは40) である確率は約2.4%となり、70 (あるいは30) である確率は約0.5%となります。偏差値の値が80以上 (あるいは20以下) の学生が出現することは滅多になく、その確率は約0.04%となります。このとき、10の間隔で学生の偏差値の出現確率を一覧にまとめると以下のようになります。

図6-1 偏差値の確率分布

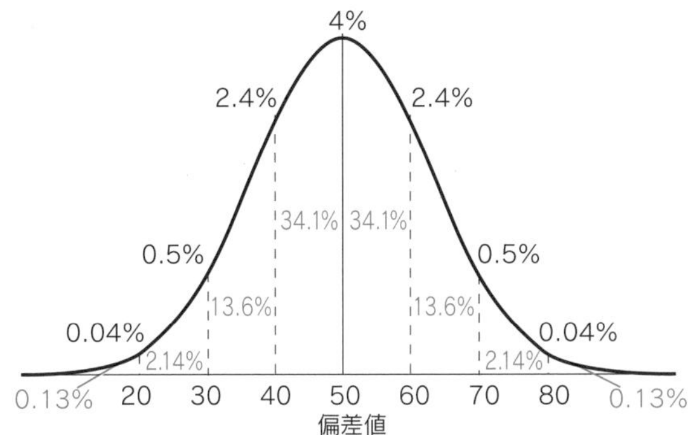

偏差値の範囲	全体の割合	100万人中
偏差値20未満	約0.13%	1,350人
偏差値20～30	約2.14%	21,400人
偏差値30～40	約13.6%	135,905人
偏差値40～50	約34.1%	341,345人
偏差値50～60	約34.1%	341,345人
偏差値60～70	約13.6%	135,905人
偏差値70～80	約2.14%	21,400人
偏差値80以上	約0.13%	1,350人

◎確率変数

この確率の集合が「確率分布」です。確率分布とは、何らかのデータが発生する確率の一覧のことを意味します。そして、確率に従って発生する何らかのデータのことを「確率変数」と呼びます。偏差値の例では、全国の学生からランダムに1人を抽出したときの学生の偏差値が確率変数となります。

◎正規分布

上記の表は10の間隔で学生の偏差値の出現確率を一覧にまとめたときの確率分布ですが、1の間隔で学生の偏差値の出現確率を一覧にまとめてグラフを描くと、偏差値50を中心とした山のような曲線を描くことができます。これは「正規分布」と呼ばれる確率分布の形状であり、実際のデータ分析のさまざまな場面で活用されています。偏差値以外にも、身長、体重、降ってくる雨粒の大きさなど、人間や自然に関するデータの確率分布は正規分布に従うことが知られています。

◎度数分布

手に入れたデータから確率分布を計算する方法にはいくつかあります。ここでは最も単純な「度数分布」を使う方法を説明します。

度数分布とは「値が同じものがいくつあるのか」をまとめたものです。例えば、全国の270万人の大学生から、ランダムに100万人を抽出したとき、100万人の大学生の偏差値の人数の分布、つまり、度数分布は上記の表の右側の値となります。度数分布が求まったら、次は、度数をサンプルサイズの100万で割ると確率分布を求められます。このように、データの度数分布を調べると、世の中のありとあらゆる事象に関する確率分布を求めることができるのです。

6-2 推測統計

確率分布の考え方に基づいて物事を予測する「推測統計」と呼ばれる手法について学びます。推測統計は少ないデータを用いて正確に予測するために重要な役割を果たしています。また、推測統計の手法の１つである統計的検定についても学びます。

データからの将来の予測

データの度数分布から確率分布が計算できることが分かりましたが、確率分布が分かると一体何が嬉しいのでしょうか。実は、確率分布があると世の中の未知の事象や、まだ見たことがない将来の結果を予測することができるようになります。

◎確率分布をつかった予測

確率分布に対する発想を切り替えて考えていきましょう。データから確率分布が計算できたと考えるのではなく、確率分布に従ってデータが発生したと考えるのです。例えば、偏差値の確率分布では、全国の学生からランダムに１人を抽出すると、約4%の確率で偏差値50のデータが発生すると考えるということです。

AIやデータサイエンス（統計）とは「入手したデータを分析して、まだ入手していないデータについて検討する方法を学ぶ学問」のことです。例えば、オンラインショップのお客さんの過去の購買データを分析して、将来の新しいお客さんの購買傾向を予測するのは、AIやデータサイエンス（統計）の代表的な応用例です。実際のデータ分析の過程では、過去のお客さんのデータを分析することによって、データから確率分布を計算します。そして、まだ入手ができない将来のお客さんのデータについて検討するために、「過去のお客さんのデータは、計算された確率分布に従って発生した」と考えます。そして「まだ入手できない将来のお客さんのデータも、同じ確率分布に従って発生するはずである」と考えるのです。すると、まだ入手できない将来のお客さんのデータを、確率分布を用いることで大量に生成できるので、将来のお客さんの購買傾向の予測ができるようになります。

◎少ないデータからの予測

この確率分布の考え方を応用すると、さまざまな物事を「少ないデータから予測」することができるようになります。例えば、選挙に関するニュース速報などで「〇〇氏が開票率1%で当選確実」という情報を目にしたことがあるのではないでしょうか。これは「投票者全員の票を調べずに、全体の1%の票しか調べていないが、〇〇氏が当選したことは間違いない」ということです。「たった1%では足りないのではないか？」と思われるかもしれませんが、確率分布の考え方があれば、仮に1万人の投票があった場合、ランダムに選ばれた96人分の投票結果が分かれば、1万票全体の動向が推計できるということです。この96人という数字は、許容誤差10%、信頼率95%という条件で求められる人数になります。つまり、誤差が10%くらい出る可能性はありますが、95%の確率でその推定結果は正しくなるという意味です。これは、確率分布の考え方に基づいて物事を予測する「推測統計」と呼ばれる手法になります。料理に例えるならば、お味噌汁の味見をするのに、鍋一杯のお味噌汁を飲みほさなくても、少しだけ飲めばお味噌汁の味は十分に分かるということを、数学的に実践しています。この推測統計は、現在の世の中のさまざまな事象を、より少ないデータを用いて正確に予測するために重要な役割を果たしています。

統計的検定の考え方

統計的検定とは、推測統計の手法の1つで、データ分析で得られた結果の差が「意味のある差かどうか」を判定する方法のことです。統計学では、意味のある差のことを「有意差（ゆういさ）」と呼びます。例えば、割引券を配布することでお店の売り上げが向上することがあります。このとき、割引券の配布の前後で、お店の売り上げという結果には差が見られたとしても、割引券を配布したおかげではなく、もしかすると偶然だったのかもしれません。データ分析の結果を勘や経験で判断するのではなく、数学的にどのくらい信憑性があるかを判断するのが統計的検定なのです。

◎平均年収のトリック

それでは、統計的検定の考え方を「平均年収のトリック」という具体例で見ていきましょう。あなたは現在就活中であり、以下の2社から内定をもらいました。A社は平均年収500万円、B社は平均年収1000万円を提示しています。あなたならA社、B社のどちらの会社を選ぶでしょうか？　ほとんどの人が、平均年収、つまり、年収の平均値を比較して、B社を選ぶと思います。B社に入社するほうが、A社に入社するよりも年収が500万円多い(ように見える)ので、特に疑問は抱かないかもしれません。しかし、統計的検定の必要性を知っている人は、平均年収だけを比較して、B社を選びません。A社、B社の平均年収に見られる差が、偶然ではなく必然、つまり、数学的に信頼性をおけるのかをきちんと調べてから、A社、B社のどちらに入社するかを選択するでしょう。

図6-2 平均収入の比較(統計的検定なし)

統計的に意味のない差 → 平均値の差が大きい

A社

平均年収： 500万円

B社

平均年収： 1,000万円

統計を学んだ人は、以下の図のように、年収の平均値、サンプルサイズ(データ数)、ばらつき(分散)、の3つを「同時に」考慮し、A社、B社の平均年収にみられる差が本当に意味のある差なのか(有意差があるか)を判断します。もしかすると、B社は社員が10人しかおらず、年収9100万円の社長1人と、年収100万円の社員9人で構成されているかもしれません。この場合も、平均年収を算出すると1000万円となります。しかし、あなたがB社に入社して年収1000万円をもらえる可能性はとても低いでしょう。B社の平均年収のデータは、サンプルサイズが少なく、ばらつきも大きいからです。一方、A社は社員が1000人おり、社員間の年収差も少ないので、A社に入社して年収500万円がもらえる可能性はかなり高いでしょう。このように、データ分析の結果を平均値だけで比較せず、平均値、サンプルサイズ、ばらつきの3つを同時に考慮する統計的検定の考え方を用いると、平均年収のトリックにも惑わされずに、冷静な判断を下せるようになります。

図6-3 平均収入の比較(統計的検定あり)

統計的に意味のある差
→ サンプルサイズが大きい
→ データのばらつき(分散)が小さい
→ 平均値の差が大きい

A社

平均年収： 500万円
社員数： 1000人
年収のばらつき： 小さい

B社

平均年収： 1,000万円
社員数： 10人
年収のばらつき： 大きい

統計的検定と背理法

統計的検定は、確率をもとに結論を導く方法です。ある事象が起きることを期待している時、偶然に事象が発生したのか、通常ではあまり発生しない事象が特別な理由（背景要因）で発生したのかを確認します。統計的検定は「最初に仮説を立て、実際に起こった結果を確率的に検証し、結論を導く」という手順で実施していきます。

統計的検定で結論を導くには「背理法（はいりほう）」という論証法を用います。背理法とは「最初に仮説を設定し、仮説が正しくないとした条件で考えて矛盾が起こった場合に、仮説が正しいと判断する」方法です。

◎帰無仮説の設定

このとき、統計的検定のために設定する仮説を「帰無仮説」と呼びます。通常、アンケート調査や科学実験では「差があること」を明らかにしたい場合が多いため、統計的検定を用いてデータから「差があること」を明らかにした場合は、「差がない」という帰無仮説を用意します。例えば、新しい風邪薬に効果がある（新しい風邪薬を飲むと病気が治る）ことを統計的検定で明らかにしたい場合は、自分の主張とは逆の「新しい風邪薬を投与しても病気は治らない」という帰無仮説を用意します。

そして、統計的検定では背理法を用いて「本来起こりえないようなことが起きた」という矛盾を立証していきます。「差がない」と仮定していたら、矛盾が生じた、それゆえ「差がある」という論理展開をするのが背理法の特徴です。

◎対立仮説の設定

帰無仮説とは反対の仮説を対立仮説と呼びます。「新しい風邪薬を投与しても病気は治らない」が帰無仮説の場合は、「新しい風邪薬を投与したら病気は治る」が対立仮説となります。対立仮説を統計的検定で証明することができれば、新しい風邪薬に効果があることに数学的な根拠が与えられるのです。

図6-4 背理法

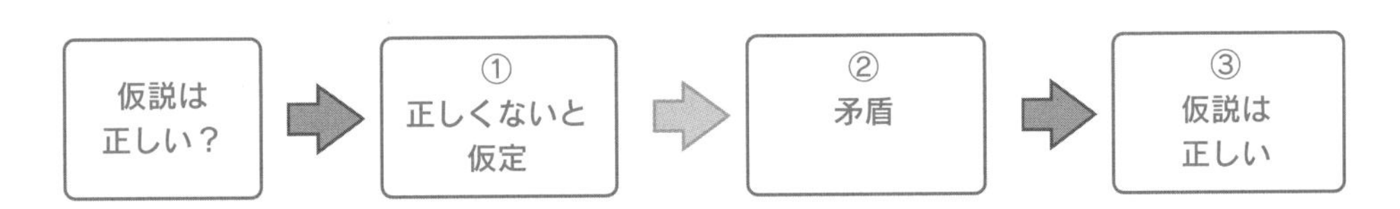

統計的検定の手順

それでは、統計的検定の具体的な手順をみていきましょう。ここでは、ポテトチップスの平均内容量が150グラムと言えるかを統計的検定で検証していきます。

◎ポテトチップスの平均内容量を検証する

あるポテトチップスのメーカーは、「自分たちの販売しているポテトチップスの平均内容量は150グラムである」と主張しています。あなたはこのポテトチップスが大好きなので毎日食べていますが、最近、ポテトチップスの内容量が少なくなった気がします。そこで、街中のスーパーやコンビニを訪れて100個のポテトチップスを無作為に選んで購入しました。すると、100個のポテトチップスの平均内容量は148グラムでした。

あなたは100個のポテトチップスを購入してこの事実を確かめたので、本来食べられるはずだったポテトチップスを200グラム（1.5袋分）も食べ損ねたという計算になります。しかし、あなたがこの事実をメーカーに伝えたところ「平均内容量に2グラムの差があることは偶然です」と言われてしまい、まったく相手にされませんでした。そこで、このポテトチップスの平均内容量が150グラムではないことを、統計的検定を用いて数学的に正しいと証明できれば、お詫びとして1.5袋分のポテトチップスをプレゼントしてくれるかもしれません。

◎有意水準の設定

ここで、ポテトチップスの平均内容量の確率分布は、本章の偏差値の説明で登場した正規分布という確率分布に従うものとします。また、「有意水準」を5%に設定して検定します。有意水準を5%に設定するということは、95%の確率で統計的検定の結果は正しくなるということを意味します。

◎統計的検定の手順①

今回の統計的検定では、メーカーの主張を帰無仮説、あなたの主張を対立仮説にします。つまり、「ポテトチップスの平均内容量が150グラムである」が帰無仮説、「ポテトチップスの平均内容量が150グラムではない」が対立仮説となります。

図6-5 統計的検定の手順①

◎統計的検定の手順②

背理法では、あなたの主張である対立仮説を証明するために、あえて、メーカーの主張である対立仮説を認めてみます。

図6-6 統計的検定の手順②

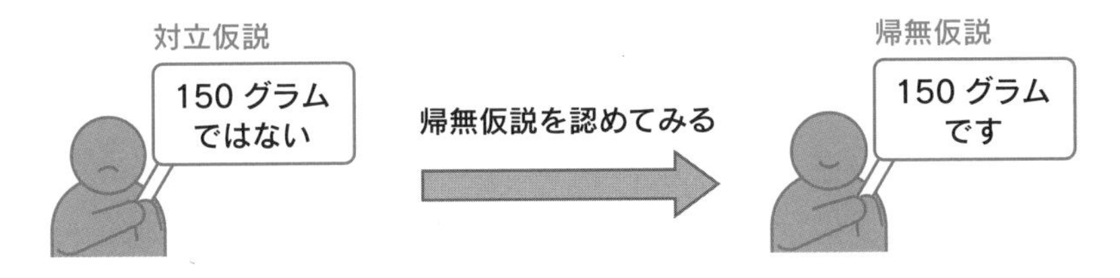

◎統計的検定の手順③

そして、メーカーの帰無仮説を認める時の平均内容量$\overline{X}$の確率分布を調べます。ポテトチップスの内容量の確率分布は正規分布なので、本章の偏差値の確率分布と形状が一致します。ポテトチップスの平均内容量は、メーカーの主張を信じるならば150グラムですので、正規分布の頂点は150グラムとなります。つまり、無作為にポテトチップスを購入すると150グラム付近のポテトチップスを購入する確率が最も高いということです。また、あなたが購入した100個のポテトチップスの平均内容量の広がりを調べたところ、不偏標準偏差は8グラムであることもわかりました。

不偏標準偏差は、統計的検定で使われる特別な標準偏差のことで、5章の標準偏差の計算式において、割る数を100から1引いて99として計算したものです。

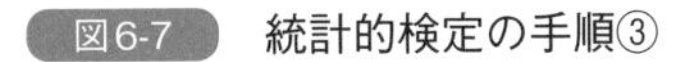
図6-7 統計的検定の手順③

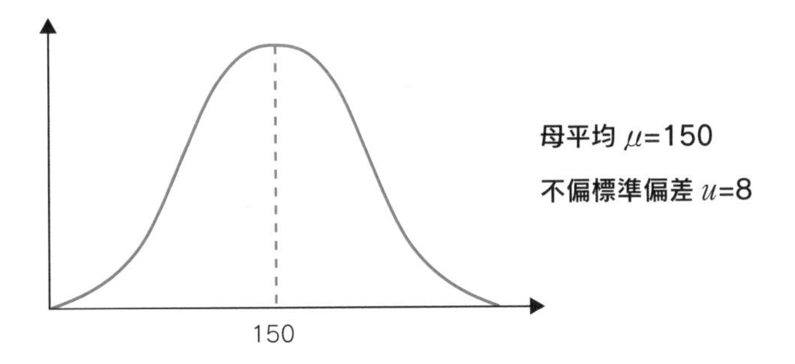

◎統計的検定の手順④

つづいて、あなたの対立仮説に有利な「棄却域」を設定していきます。棄却域とは、帰無仮説を正しいものとして求めた確率分布において、帰無仮説を認めない領域のことです。棄却域は以下の計算式で求めることができます。

$$\overline{X}-t_{\left(\frac{\alpha}{2},n-1\right)}\left(\frac{u}{\sqrt{n}}\right)\leq\mu\leq\overline{X}+t_{\left(\frac{\alpha}{2},n-1\right)}\left(\frac{u}{\sqrt{n}}\right)$$

とても難しそうな数式が登場しましたが、慌てずに1つずつ確認してみましょう。$\overline{X}$はメーカーの帰無仮説を認める時の平均内容量のことで$\overline{X}=150$です。αは有意水準のことで、今回は5%としたので$\alpha=0.05$です。nは統計的検定に用いるサンプルサイズ(データ数)のことで、あなたは100個のポテトチップスを購入したので$n=100$です。uは不偏標準偏差のことで、100個のポテトチップスから求めた不偏標準偏差が8グラムなので$u=8$です。最後に、tはt分布というの確率分布の計算式です。t分布は正規分布とよく似た形状の確率分布で、統計的検定によく用いられます。本書では、t分布の詳細な計算方法は割愛いたしますが、t分布に$\alpha/2$とn-1を代入すると1.98という値を得ることができます。t分布の計算式は複雑なので、実際に統計的検定を行う場合は、t分布の計算はExcelやPythonなどで自動的に求めることがほとんどです。棄却域の計算式にこれらの値を代入すると、棄却域は以下のように設定されます。ポテトチップスの平均内容量の値が148.4グラムより少ない、または、151.6グラムより多い場合は棄却域に含まれることがわかりました。

$$150-1.98\left(\frac{8}{\sqrt{100}}\right)\leq\mu\leq150+1.98\left(\frac{8}{\sqrt{100}}\right)$$
$$148.4\leq\mu\leq151.6$$

図6-8　統計的検定の手順④

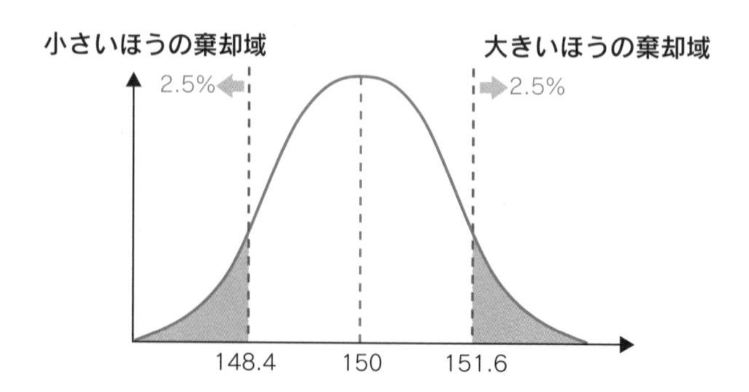

◎統計的検定の手順⑤

ここで求めた棄却域の意味は、メーカーの主張である「ポテトチップスの平均内容量は150グラムである」という帰無仮説を認めるならば、仮にあなたが100個のポテトチップスを無作為に購入して平均内容量を調べたとしても、95%の確率でポテトチップスの平均内容量は148.4グラム以上、かつ、151.6グラム以下になるということです。逆に言えば、あなたが100個のポテトチップスを無作為に購入して平均内容量を調べたときに、148.4グラムより少なくなる、または、151.6グラムより多くなる確率は5%しかないという意味です。

図6-9　統計的検定の手順⑤

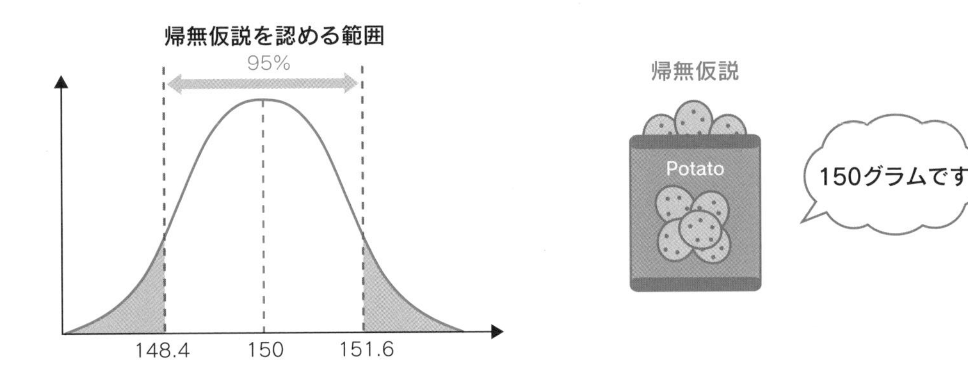

◎統計的検定の手順⑥

ところが、実際にあなたが100個のポテトチップスの平均内容量を調べたら148グラムとなっていました。つまり、5%の確率でしか起きないはずのことが、実際に発生してしまったということです。148グラムという結果を得られたことが偶然とは考えにくいため、何か意味があって必然的にこのような結果になったと言えます。これが、統計的に有意差があるという意味になります。

最終的に、メーカーの主張である「ポテトチップスの平均内容量は150グラムである」という帰無仮説は「棄却（ききゃく）」され、あなたの主張である「ポテトチップスの平均内容量は150グラムではない」が「採択（さいたく）」されます。統計的検定を用いてあなたの主張が数学的に正しいことを証明できたので、お詫びとして1.5袋分のポテトチップスをプレゼントしてくれることになりました。

図6-10　統計的検定の手順⑥

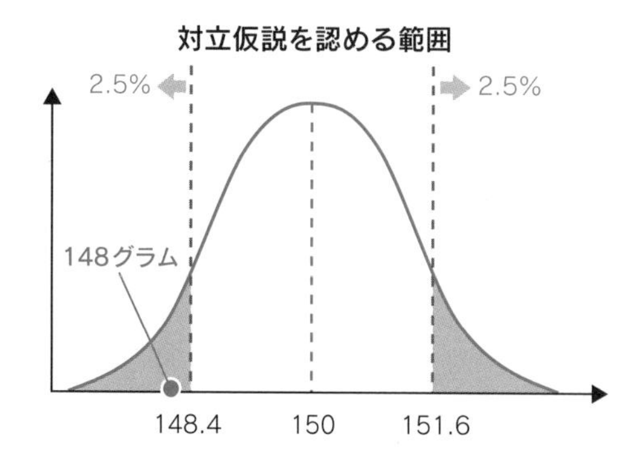

Pythonによる統計的検定

統計的検定における棄却域の計算は複雑なので、棄却域を手計算で求めると計算ミスが発生するかもしれません。一方、統計的検定の手順をPythonのプログラムとして作れば、計算ミスも発生せず、とても簡単に実行することができます。それでは、ポテトチップスの平均内容量に関する統計的検定の手順をPythonで作成して実行してみましょう。

● Pythonの起動と準備

Colaboratoryにログインした状態で、画面左上の「ファイル」の中にある「ノートブックを新規作成」をクリックして、新しいPythonプログラミングの画面を立ち上げてください。

統計的検定の計算には、Pythonの数値計算ライブラリ「numpy」と、数値解析ライブラリ「scipy」を使います。これらのライブラリを使うために「import numpy as np」と「from scipy import stats」と入力します。

その後、「alpha」という変数に、統計的検定の有意水準を代入します。ここでは有意水準を5%に設定して検定しますので0.05とします。

「sigma」という変数に、100個のポテトチップスから求めた不偏標準偏差の8を代入します。あなたは100個のポテトチップスを購入したので、統計的検定に用いる標本数を表す「n」という変数に100を代入します。

「df」は自由度という値で、標本数nから1を引いた値を代入します。

「X」という変数には、メーカーの帰無仮説を認める時の平均内容量として150を代入します。

「x」という変数には、あなたの対立仮説を認める時の平均内容量として148を代入します。

「se」は標準誤差という値で、不偏標準偏差を標本数nの平方根で割った値を代入します。

●プログラムの入力と実行

ここまでの手順で、統計的検定の棄却域を求める準備ができました。それでは、「interval = stats.t.interval(alpha = 1 - alpha, df = df, loc = X, scale = se)」と入力して、統計的検定の棄却域を計算して、「interval」という変数に代入しましょう。t分布の計算式は複雑ですが、stats.t.intervalという関数の中で自動的に計算してくれますので、計算ミスを起こさずに簡単に棄却域を求めることができます。

最後に、あなたの対立仮説を認める時の平均内容量である148という値が、棄却域に含まれるか、含まれないかをif文で判断して、統計的検定の結果を表示すれば実行終了です。

リスト6-1 統計的検定

▶ソースコード

```
import numpy as np
from scipy import stats

alpha = 0.05 # 有意水準
sigma = 8 # 不偏標準偏差
n = 100 # 標本数
df = n - 1 # 自由度
X = 150 # 帰無仮説
x = 148 # 標本平均
se = sigma / np.sqrt(n) # 標準誤差

interval = stats.t.interval(1 - alpha, df = df, loc = X, scale = se)
print("棄却域：" + str(interval))
if x < interval[0] or x > interval[1]:
  print("帰無仮説は棄却され、対立仮説が採択される")
  print("ポテトチップスの平均内容量は150グラムではない")
else:
  print("帰無仮説は受容され、対立仮説は採択されない")
  print("ポテトチップスの平均内容量は150グラムではない")
```

▶実行結果

```
棄却域：(148.41262643879304, 151.58737356120696)
帰無仮説は棄却され、対立仮説が採択される
ポテトチップスの平均内容量は150グラムではない
```

演習問題①

ある求人広告では、会社Aの平均年収は500万円と掲載されている。会社Aの社員を1000人ほど無作為に選んで実際の年収を調べたところ、1000人の年収の平均値は450万円、不偏標準偏差は50万円であった。会社Aの平均年収は500万円と言ってよいかを統計的検定で示しなさい。ここで、有意水準は5%、会社Aの平均年収の確率分布は正規分布に従うものとする。

演習問題②

ある風邪薬のパッケージには、この薬を飲むと90%の確率で風邪が治るという表示がある。実際に風邪にかかっている人を100人ほど無作為に選んで、この風邪薬を飲んでもらったところ、風邪が治った人の割合は87%、不偏標準偏差は2%であった。この薬を飲むと90%の確率で風邪が治ると言ってよいかを統計的検定で示しなさい。ここで、有意水準は5%、会社Aの平均年収の確率分布は正規分布に従うものとする。

第7章 A/Bテストを用いたデータサイエンス

私たちの生きる世界は変化がとても激しく、過去の勘や経験があまり役に立たなくなってきています。そのため、何かの問題を解決したいときは、勘や経験に基づいた従来のアイデアで解決を図るのではなく、解決のための新しいアイデアを実際に試してみて、本当に効果があるかをきちんと検証することが重要となります。COBOLというプログラミング言語を開発したGrace Hopperさんは「One accurate measurement is worth a thousand expert opinions（1回の正確な測定は、1,000人の専門家の意見に値する）」という名言を残しています。この名言は昔から知られているのですが、現代でも私たちは専門家と呼ばれる人たちの勘や経験を重視してしまうことが多いです。一方、あるアイデアの効果を客観的に正しく測定することができれば、本当は効果のないアイデアに惑わされることなく、実際に効果のあるアイデアを見つけ出して問題を解決できるようになるでしょう。本章では、これまでに学んだ統計的検定を応用し、アイデアの効果を数学的に検証するA/Bテストについて学びましょう。

7-1 A/Bテスト

A/Bテストとは2つのパターンを比較するテストのことです。「ある問題を解決するときに、AパターンとBパターンではどちらがより効果的であるか」を比べるため、A/Bテストと呼ばれています。ビジネスのマーケティングでよく行われている手法で、例えば、Webサイトのデザインや広告の内容を2パターン用意して、その後のアクセス数や契約成約率などのCV（コンバージョン、具体的な成果）に関するデータを統計的検定で比較します。そして、より成果が出ているほうのパターンを採用するというテスト手法です。

A/Bテストの有名な事例

A/Bテストの有名な事例をひとつ紹介します。2019年に開催されたデータサイエンス領域の世界最高峰の国際学術会議KDD2019では、「ビジネスの良いアイデアをどうやってみつけるか？」という議題に関するチュートリアル講演が行われました。この講演では、Microsoft社の検索エンジン「Bing」において、史上最も良かったと言われるビジネスのアイデアが紹介されています。

以下の図が、BingのWebサイトで最も良かったと言われている改善アイデアです。検索エンジンのWebサイトには、ユーザが検索したキーワードに合わせて広告を表示する「リスティング広告」という機能があります。Microsoft社のアイデアは、リスティング広告の説明文の冒頭の一部を、検索結果のタイトルに付けて表示するというものでした。とてもシンプルで誰でも思いつきそうなアイデアですが、このアイデアがBingの利益を12％も向上し、年間で100億円以上の改善をもたらしたそうです。

図7-1 Microsoft社の検索エンジン『Bing』

Control – Existing Display

WEB IMAGES VIDEOS MAPS SHOPPING LOCAL NEWS MORE
bing MS Beta flowers
358,000,000 RESULTS
Flowers at 1-800-FLOWERS® Ads
1800Flowers.com
Fresh Flowers & Gifts at 1-800-FLOWERS. 100% Smile Guarantee. Shop Now
FTD® - Flowers
www.FTD.com
Get Same Day Flowers in Hours! Buy Now for 25% Off Best Sellers.
Send Flowers from $19.99
www.ProFlowers.com
Send Roses, Tulips & Other Flowers. "Best Value" -Wall Street Journal.
proflowers.com is rated ★★★★★ on Bizrate (1307 reviews)
50% Off All Flowers
www.BloomsToday.com
All Flowers on the Site are 50% Off. Take Advantage and Buy Today!

Treatment – new idea called Long Ad Titles

WEB IMAGES VIDEOS MAPS SHOPPING LOCAL NEWS MORE
bing MS Beta flowers
358,000,000 RESULTS
FTD® - Flowers - Get Same Day Flowers in Hours! Ads
www.FTD.com
Buy Now for 25% Off Best Sellers.
Flowers at 1-800-FLOWERS® | 1800flowers.com
1800Flowers.com
Fresh Flowers & Gifts at 1-800-FLOWERS. 100% Smile Guarantee. Shop Now
Send Flowers from $19.99 - Send Roses, Tulips & Other Flowers.
www.ProFlowers.com
"Best Value" -Wall Street Journal.
proflowers.com is rated ★★★★★ on Bizrate (1307 reviews)
$19.99 - Cheap Flowers - Delivery Today By A Local Florist!
www.FromYouFlowers.com
Shop Now & Save $5 Instantly.

引用：Xiaolin Shi, Somit Gupta, Pavel Dmitriev, Xin Fu, "Challenges, Best Practices and Pitfalls in Evaluating Results of Online Controlled Experiments," in KDD 2019 Tutorial, pp.5, 2019.（https://sites.google.com/view/kdd2019-exp-evaluation/）

このアイデアは、数多くあったBingの改善アイデア候補の中の1つで、その中でも過小評価されており、半年間近く放置されていました。ある日、Microsoftのエンジニアが偶然にこのアイデアが残っていることを見つけ出し、「作ることが簡単そう」という理由でたまたま実装された結果、急激な利益向上がもたらされたそうです。つまり、リスティング広告の表示を改善するというアイデアが、年間で100億円以上の改善をもたらすことを誰も期待していなかったのです。

アイデアの評価

この事例を踏まえ、KDD2019のチュートリアル講演では「アイデアの価値は試してみて初めてわかる。アイデアの価値を事前に評価することはできない。」ということが繰り返し主張されています。これは優れた専門家が事前に評価しても同様であり、専門家の勘や経験で選ばれたアイデアは、実際に試してみると矛盾が多くあらわれると言われています。

現在の複雑化したビジネスでは、「どのようなアイデアが良い結果をもたらすか」を事前に知ることは困難です。つまり、アイデアの価値を正しく判断するためには、アイデアを実際に試してみて、その効果を客観的に評価する必要があるということです。アイデアがうまくいく「要因」を明らかにしてから「結果」を生じさせるよりも、アイデアを実施した「結果」から「要因」へ掘り下げていくほうがはるかに簡単です。このときに役に立つのがA/Bテストなのです。

7-2 「平均値の差の検定」と「独立性の検定」

A/Bテストではさまざまな統計的検定の手法が使われています。これから、A/Bテストでよく用いられる統計的検定の手法である「平均値の差の検定」と「独立性の検定」のやり方を見ていきましょう。

平均値の差の検定

統計的検定を応用して異なる2つのデータの平均値を比較することを「平均値の差の検定」と呼びます。前章で登場したt分布を利用することからt検定（ティーけんてい）とも呼ばれます。

例えば、以下の図のように、A大学とB大学の英語テストの得点の平均値を比較する場合を考えてみます。A大学よりもB大学のほうが平均点は100点高いですが、学生間の得点のばらつき（標準偏差）はA大学よりもB大学のほうが大きいです。このとき、A大学とB大学で英語の点数に「差がない」と判断する人もいれば、「差がある」と判断する人もいるでしょう。

判断する人の勘や経験にもとづいて導かれる結論は統計的に意味がないため、平均値の差の検定を行うことで、A大学とB大学の英語の平均点に統計的な有意差がみられるかを判断できます。

平均値の差の検定の良いところは、正しい手順をふめば誰がやっても必ず同じ結果が導かれ、数学的に正しい客観的な判断を下せることです。

図7-2　平均値の差の検定

Pythonによる検定の計算

平均値の差の検定を手計算で行おうとするとかなり難解ですが、Pythonを使うと簡単に行うことができますので、実際のデータを例に平均値の差の検定を行ってみましょう。

●データの準備

Colaboratoryにログインした状態で、画面左上の「ファイル」の中にある「ノートブックを新規作成」をクリックして、新しいPythonプログラミングの画面を立ち上げてください。

分析に利用するデータは「Kaggle」というデータサイエンティストが集まるWEBサイトで公開されている「タイタニック号の乗客の生存・死亡に関するデータです。

URL https://www.kaggle.com/competitions/titanic

タイタニック号は最初の航海で氷山と衝突して沈没した客船なのですが、搭載されている救命ボートの数が足りなかったため、優先的に助けられた乗客と、後回しにされて助からなかった乗客が存在します。どのような乗客が生存しやすいかを分析することが、本データセットの分析目的となっています。

このデータはデータサイエンスの練習用データなので、誰でも無料で使うことができます。KaggleのWebサイトからダウンロードできるデータセットに対して、ある程度のデータクレンジングを施したデータセット（titanic_clean.xlsx）を、本書のサポートサイト（10ページ参照）に用意しました。本書のサポートサイトから「titanic_clean.xlsx」を入手してColaboratoryにアップロードしてください。Colaboratoryにファイルをアップロードする方法は70ページを参照してください。

●データセットの読み込み

アップロードが終わったら、以下のリストのプログラムを実行してデータセットを読み込んでください。以降、リストの内容は「＋コード」をクリックして、新しい入力欄に入力するようにしてください。たとえば、リスト7-1とリスト7-2の内容は、異なる入力欄に入力して実行してください。

ファイルの読み込みにPandasライブラリを使うために「import pandas as pd」と入力します。その後、「read_excel」という命令を用いて、タイタニック号のファイルを読み込むことができます。

読み込んだ結果は「titanic」という変数に代入します。titanic変数の中身を確認すると、

「生存」列に乗客の生存・死亡の情報（0が死亡、1が生存）、「性別」列に乗客の性別（maleが男性、femaleが女性）、「年齢」列に乗客の年齢の情報が格納されています。それ以外の列にもいろいろな情報が格納されていますが、今回は使用しません。

リスト7-1　タイタニック号のデータの表示

▶ソースコード

```
import pandas as pd

titanic = pd.read_excel("titanic_clean.xlsx")
titanic
```

▶実行結果

	PassengerId	生存	Pclass	Name	性別	年齢	SibSp	Parch	Ticket	Fare	Cabin	Embarked
0	1	0	3	Braund, Mr. Owen Harris	male	22.0	1	0	A/5 21171	7.2500	NaN	S
1	2	1	1	Cumings, Mrs. John Bradley (Florence Briggs Th...	female	38.0	1	0	PC 17599	71.2833	C85	C
2	3	1	3	Heikkinen, Miss. Laina	female	26.0	0	0	STON/O2. 3101282	7.9250	NaN	S
3	4	1	1	Futrelle, Mrs. Jacques Heath (Lily May Peel)	female	35.0	1	0	113803	53.1000	C123	S

●平均値・標準偏差を求める

それでは、タイタニック号の男性の乗客と女性の乗客の平均年齢をそれぞれ調べて、平均年齢に有意差がみられるかを検定してみましょう。

まずは、タイタニック号の男性の乗客の年齢の平均値を調べましょう。「titanic[titanic["性別"] == "male"]」と入力すると、全ての乗客の中から、性別が男性の乗客のデータを抽出することができます。抽出した男性の乗客のデータは「male」という変数に代入します。「male["年齢"].mean()」と入力すると、男性の乗客の平均年齢を計算して表示することができます。タイタニック号の男性の乗客の平均年齢は30.141歳ということがわかりました。

リスト7-2 男性の乗客の年齢の平均値

▶ソースコード

```
male = titanic[titanic["性別"] == "male"]
male["年齢"].mean()
```

▶実行結果

```
30.141
```

つづいて、タイタニック号の男性の乗客の年齢の広がりを調べます。「male["年齢"].std()」と入力すると、男性の乗客の年齢の標準偏差を計算して表示することができます。タイタニック号の男性の乗客の年齢の標準偏差は13.051歳ということがわかりました。

リスト7-3 男性の乗客の年齢の標準偏差

▶ソースコード

```
male["年齢"].std()
```

▶実行結果

```
13.051
```

タイタニック号の女性の乗客の年齢についても、平均値と標準偏差を同様に調べましょう。男性の乗客を調べたときのプログラムとほとんど変わりませんので、以下のように入力して実行してください。タイタニック号の女性の乗客の平均年齢は27.930歳、標準偏差は12.860歳ということがわかりました。

リスト7-4 女性の乗客の年齢の平均値

▶ソースコード

```
female = titanic[titanic["性別"] == "female"]
female["年齢"].mean()
```

▶実行結果

```
27.930
```

リスト7-5　女性の乗客の年齢の標準偏差

▶ソースコード

```
female["年齢"].std()
```

▶実行結果

```
12.860
```

●男性と女性の年齢の平均値の比較

Pythonで調べた結果からは、男性のほうが女性よりも平均年齢が高いですが、男性のほうが女性よりも広がり(標準偏差)が大きいことがわかります。

男性と女性の年齢の平均値を棒グラフにして比較してみると以下のようになります。縦軸を0から始めない棒グラフと、縦軸を0から始める棒グラフの2種類を用意しましたが、どちらの棒グラフを相手に見せるかによって、受け取る側の印象も大きく変わってしまいます。

このグラフを見て、読者の皆さんなら、タイタニック号の乗客の年齢は性別によって「差がない」、あるいは、「差がある」のどちらの判断を下すでしょうか？　どちらの判断を下したとしても、このままでは主観的な判断となってしまい、客観的な判断とは言えません。「グラフだけではデータの意味を正しく理解できない」ということが、データサイエンスに統計的検定が必要とされる理由なのです。

図7-3　男性と女性の年齢の平均値の比較(縦軸が0から始まっていない)

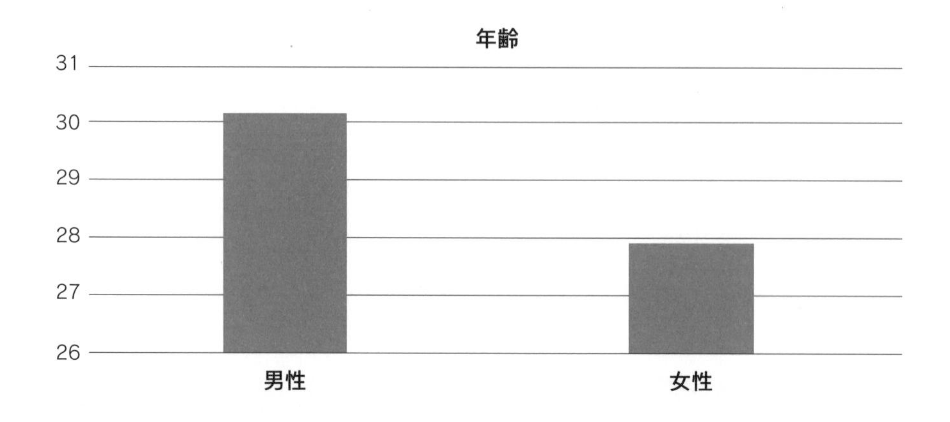

1 2 3 4 5 6 7 8 9 10 11 12 13 14

図7-4 男性と女性の年齢の平均値の比較（縦軸が0から始まっている）

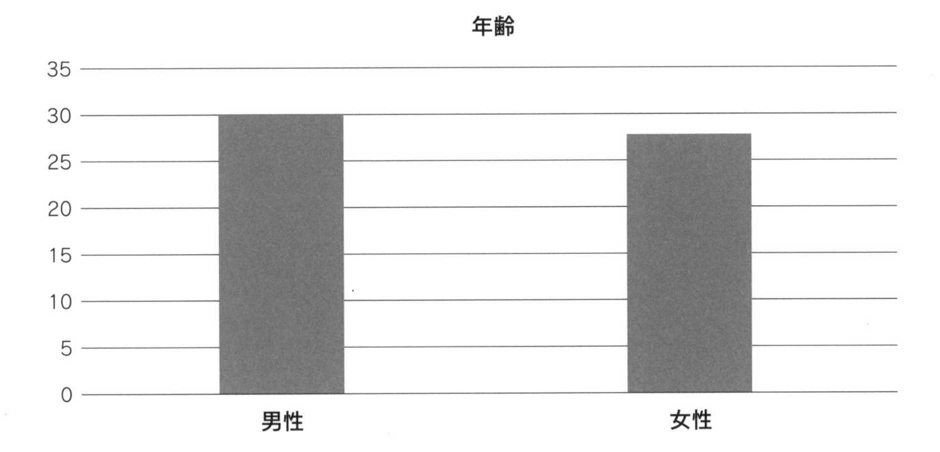

●平均の差の検定

それでは、タイタニック号の男性の乗客と女性の乗客の平均年齢に有意差がみられるかを検定します。

平均値の差の検定には、数値解析ライブラリ「scipy」を使いますので「from scipy import stats」と入力します。そして、「stats.ttest_ind(male["年齢"], female["年齢"], equal_var = False)」と入力すると、平均値の差の検定を行うことができます。平均値の差の検定を手計算で行うととても複雑ですが、Pythonを使うとたったの1行で行うことができるのです。また、「equal_var = False」というオプションをつけることで、ウェルチのt検定を行うことを指定しています。

リスト7-6 平均値の差の検定

▶ソースコード

```
from scipy import stats
stats.ttest_ind(male["年齢"], female["年齢"], equal_var = False)
```

▶実行結果

```
Ttest_indResult(statistic=2.4385417703959376,
pvalue=0.015012913204062747)
```

●p値を用いた平均値の差の検定

平均値の差の検定の結果を確認すると、「pvalue=0.015012913204062747」という値を確認することができます。この値は「p値（ピーち）」と呼ばれ、平均値の差の検定で使用するものです。

平均値の差の検定では、帰無仮説を「2つの平均値に差がない」、対立仮説を「2つの平均値に差がある」として検定を行います。そして、p値≧有意水準αであれば「帰無仮説を受容する（2つの平均値に差がない）」、p値＜有意水準αであれば「対立仮説を採択する（2つの平均値に差がある）」とします。

以下の図は、有意水準αが5%のときのt分布の棄却域と、今回求めたp値の関係を示したものです。棄却域は両側に2.5%ずつ設定され、求めたp値を2で割った値が棄却域に入っていますので、対立仮説が採択されます（p値＜有意水準α）。

つまり、タイタニック号の男性の乗客と女性の乗客の年齢には、5%未満の確率でしか発生しない平均値の差が見られました。この結果を偶然得られたとは考えにくいため、何か意味があって必然的にこのような結果になったと言えます。

これが、統計的に有意差があるということであり、最終的に、「タイタニック号の男性の乗客と女性の乗客の平均年齢には差がある」ということを数学的に証明することができました。

図7-5　p値を用いた平均値の差の検定

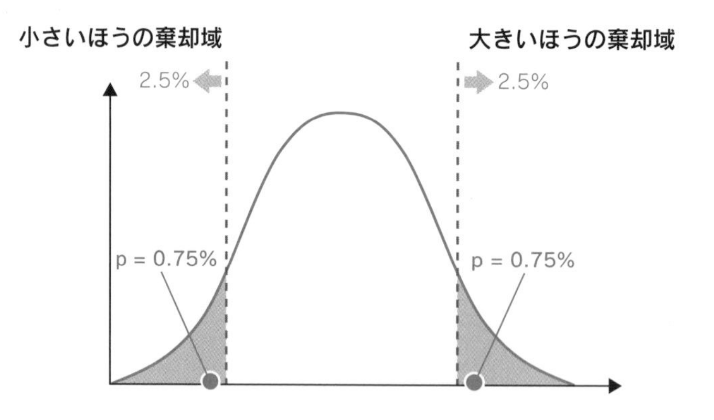

平均値の差の検定は、さまざまな分野のアイデアの効果を検証するA/Bテストに利用することができます。例えば、Webページのデザインを変えると閲覧数が増えるかどうか、薬を飲むと血圧が下がるかどうか、プログラミングを勉強すると給料が上がるかどうか、などを、勘や経験ではなく、数学的な信ぴょう性をつけて客観的に結論付けることができます。ぜひ、皆さんも自分の仕事や卒業研究などに平均値の差の検定を活用してみてください。

7-3 アンケート調査による データの分析

３章で説明したアンケート調査は、データサイエンスのさまざまな場面で行われています。アンケート調査で得られるデータには、質的データと量的データの２種類がありますので、これらの違いについて説明します。

◎飲酒と喫煙に関するアンケート調査

以下のアンケートは、飲酒と喫煙の関係に関するアンケート調査票です。このような調査を行うと、お酒を飲むと答える人の中には、タバコを吸うと答える人が多いという傾向が見られることがあります。

図7-6　飲酒と喫煙に関するアンケート調査票

Q1　お酒は飲みますか？
0：はい　　1：いいえ

Q2　タバコは吸いますか？
0：はい　　1：いいえ

◎牛乳と身長の関係に関するアンケート調査

以下のアンケートは、牛乳と身長の関係に関するアンケート調査票です。このような調査を行うと、牛乳をたくさん飲む人の中には、身長が高い人が多いという傾向が見られることがあります。

図7-7　牛乳と身長に関するアンケート調査票

Q1　１日の牛乳を飲む量はどのくらいですか？
（　　　　）ミリリットル

Q2　身長はいくつですか？
（　　　　）センチメートル

◎アンケート調査を質的データと量的データに分類

どちらのアンケート調査票でも、2つのデータの関係性を調べられるという点は似ていますが、大きく異なる点があることに気づきます。それは、アンケート調査票の回答方式の違いです。

飲酒と喫煙に関するアンケート調査票は、質問に対して「はい」「いいえ」という選択肢で回答するようになっています。このアンケート調査票で得られるデータは、分類（カテゴリ）として測定できるもので、0、または、1という整数で表現される離散的な値を得ることができます。このような離散的なデータを「質的データ」と呼びます。

一方、牛乳と身長に関するアンケート調査票は、質問に対して具体的な数値を回答するようになっています。このアンケート調査票で得られるデータは、数量として測定できるもので、実数（小数）で表現される連続的な値を得ることができます。このような連続的なデータを「量的データ」と呼びます。

図7-8　2つのデータの関係性

単純集計とクロス集計

平均値の差の検定は2つの平均値を比較する方法ですので、量的データの関係性を調べることができます。しかし、平均値の差の検定は、質的データの関係性を調べることができません。そこで必要となってくるのが「独立性の検定」です。独立性の検定を行うためには、2つの質的データを「クロス集計表」という形式に変換する必要があります。ここでは、クロス集計表とはどういうものなのか、また、クロス集計表を作成するための「単純集計」と「クロス集計」のやり方を具体例で見ていきましょう。

◎自動車の購入に関するアンケート調査

あなたは自動車の販売代理店で営業として働いているとします。以下のアンケートは、販売代理店に来場したお客さんに実施している自動車の購入に関するアンケート調査票です。このアンケート調査票は、試乗した自動車の色と、試乗した自動車を購入したかどうかを尋ねる内容になっています。

このアンケート質問票は、回答方式が分類(カテゴリ)を選ぶようになっているため、質的データを取得することができます。

図7-9 自動車の購入に関するアンケート調査票

Q1 白い自動車と黒い自動車のどちらを試乗しましたか？
0：白い自動車 1：黒い自動車

Q2 試乗した自動車を買いましたか？
0：はい 1：いいえ

◎単純集計の実行

たくさんのアンケート調査票を集めたとしても、そのままでは内容を把握することができません。そこで、アンケート調査票を集めたら「単純集計」を行って、各質問項目の分類(カテゴリ)が発生した回数を調べる必要があります。単純集計とは、1つ1つの質問ごとに、どの回答選択肢を何人が選んだのかを集計して、その結果を見やすくまとめることです。

例えば、「Q2 試乗した自動車を買いましたか？」という質問に対し、「はい」と回答した人が10人、「いいえ」と回答した人が90人という形で集計します。単純集計を行うことで、アンケート調査の結果の全体感を把握することができます。

◎クロス集計の実行

アンケート調査票の単純集計が終わったら、次は「クロス集計」を行うことで、アンケート調査の結果をさらに深堀して分析していきます。クロス集計とは、単純集計で得られた全体の回答傾向が、性別や年齢別などの「属性」によってどのように異なってくるのかを調査することです。例えば、単純集計で得られた全体の回答傾向が、男性と女性で回答傾向が異なるか、年齢によって回答傾向が異なるか、などを調査します。クロス集計は、難しい数学が必要なく、データサイエンスの最も基本的な手法です。

世の中の事象は単一の要因で決まることは少なく、複数の要因が複雑に絡まり合って発生するため、単純集計だけではデータが持つ本質的な特徴をとらえることは困難です。一方、クロス集計でデータの全体傾向と属性別の傾向を比較することで、データが持つ本質的な特徴をとらえることができます。

クロス集計の結果は、単純集計と合わせて結果を読み解いていく時の基本的な情報であり、仮説検証のために有効な分析手法となります。例えば、「白い自動車より黒い自動車のほうがよく売れる」という仮説を持っているのであれば、「Q1　白い自動車と黒い自動車のどちらを試乗しましたか」と「Q2 試乗した自動車を買いましたか？」の回答傾向をクロス集計することで、自分の仮説が正しいかを調べることができます。

図7-10　単純集計とクロス集計

◎不完全なクロス集計①

それでは、自動車の購入に関するアンケート調査票からクロス集計をやってみましょう。試乗した自動車の色によって、購入者数がどのように変化するかを調査してみます。

クロス集計を行ったところ、白い自動車を試乗して購入した人は30人、黒い自動車を試乗して購入した人は60人となりました。この結果だけを見て「今後は黒い自動車に力を入れて営業活動をすると良さそうだ」と考えてしまうのは、データサイエンスの初心者が陥りやすい罠と言えます。このクロス集計は不完全なのですが、何の情報が足りないのでしょうか。

図7-11 不完全なクロス集計①

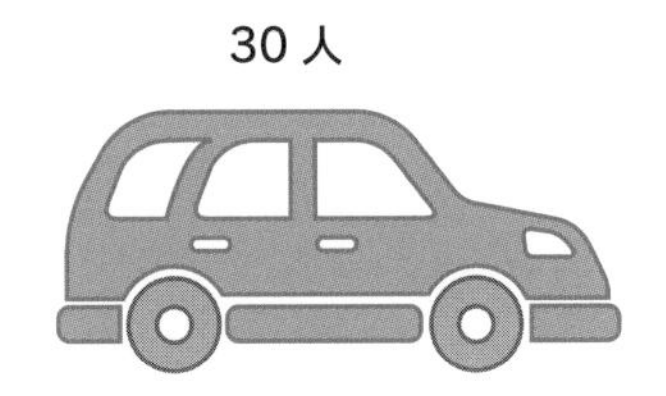

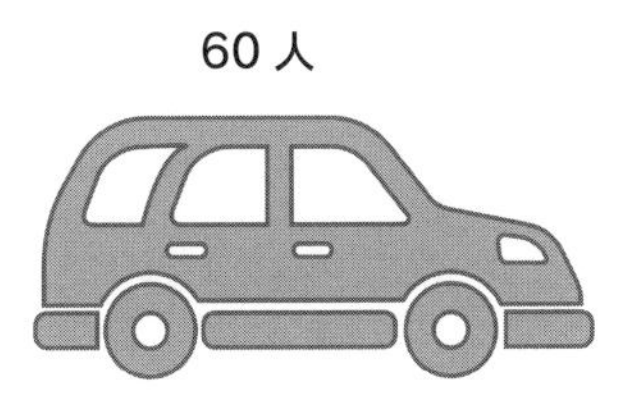

このクロス集計の結果は「購入しなかった人」のデータが含まれていないことが問題です。購入した人と購入しなかった人の比率を考えると、どちらの色の自動車であっても購入する確率は50%となります。

図7-12 購入しなかった人の情報がない

◎不完全なクロス集計②

それでは、クロス集計の結果を比率に変換して表示したらどうでしょうか。

クロス集計で購入する確率を調べたところ、白い自動車を試乗して購入する確率は10%、黒い自動車を試乗して購入する確率は50%となりました。一見するとこの結果から「今後は黒い自動車に力を入れて営業活動をすると良さそうだ」と判断しても良さそうですが、このクロス集計はまだ不完全です。今度は一体何の情報が足りないのでしょうか？

図7-13 不完全なクロス集計②

このクロス集計の結果は「サンプルサイズ（標本数）」のデータが含まれていないことが問題です。白い自動車は100人中10人が購入したので購入する確率は10%という計算となりますが、黒い自動車は2人中1人が購入したので購入する確率は50%という計算となります。黒い自動車に関するサンプルサイズが圧倒的に不足していることがわかります。黒い自動車に関するサンプルをもっとたくさん集めると、クロス集計の結果は逆転するかもしれません。

図7-14 サンプルサイズ（標本数）の情報がない

◎クロス集計表の作成

クロス集計を行う際に、ここまでに述べたような問題に陥らずにデータを分析するためには、クロス集計の結果を「クロス集計表」という表形式にまとめることが有効です。

クロス集計表とは、質問項目を1つの表の表頭と表側に分け、それぞれの分類（カテゴリ）が交わる場所に、表頭と表側の両方に該当する回答数やその回答比率を記載した表のことです。クロス集計の結果をクロス集計表にまとめることで、比較したいデータに含まれる比率や標本数をひと目で確認することができます。

1 2 3 4 5 6 7 8 9 10 11 12 13 14

しかし、以下のクロス表を見るだけでは主観的な判断しかできません。このクロス集計表を見て、「白い自動車より黒い自動車のほうがよく売れる」と判断した営業のAさんは、黒い自動車に力を入れて営業活動を行うかもしれません。一方、「白い自動車も黒い自動車も売れる確率はあまり変わらない」と判断した営業のBさんは、白い自動車と黒い自動車の両方に対して、平等に営業活動を行うかもしれません。

そこで、クロス集計表にまとめた分析結果に、統計的有意差があるかを確認する方法が「独立性の検定」となります。

表7-1 クロス集計表

	買った人	買わなかった人
白い車	10	90
黒い車	15	100

演習 Pythonによる独立性の検定

それでは、Pythonで独立性の検定をやってみましょう。タイタニック号の乗客の生存・死亡に関するデータにおいて、「性別」と「生存」の関係性を確かめるための独立性の検定を行います。

独立性の検定ではカイ2乗分布を利用することからカイ2乗検定(カイ2じょうけんてい)とも呼ばれます。独立性の検定におけるカイ2乗の統計量の計算式はかなり複雑なので、本書では説明を割愛しますが、Pythonを使うと簡単に求めることができます。

●データの準備

ファイルの読み込みにPandasライブラリを使うために「import pandas as pd」と入力します。その後、「read_excel」という命令を用いて、タイタニック号のファイルを読み込みます。読み込んだ結果は「titanic」という変数に代入します。ここまでは先ほどの手順と同じです。

●クロス集計表の作成

次に、「性別」と「生存」に関するクロス集計表を作成します。「cross_table = pd.crosstab(titanic["性別"], titanic["生存"])」と入力して、性別と生存に関するクロス集計表が作成し、「cross_table」という変数に代入します。cross_table変数の中身を確認すると、性別と生存に関するクロス集計表が表示されます。女性は死亡81人、生存233人であるのに対し、男性は死亡468人、生存109人となっています。男性に比べると女性のほうが生存する確率が高いことがわかります。実際に史実では、タイタニック号はイギリスの船であり、多数のイギリス人が乗っていました。イギリスの紳士たちは「レディファースト」の文化を重んじ、自分の命は二の次にして、優先的に女性を助けたそうです。

リスト7-7 性別と生存に関するクロス集計

▶ソースコード

```
import pandas as pd

titanic = pd.read_excel("titanic_clean.xlsx")
cross_table = pd.crosstab(titanic["性別"], titanic["生存"])
cross_table
```

▶実行結果

生存	0	1
性別		
female	81	233
male	468	109

このクロス集計表を棒グラフにすると以下のようになります。このグラフを見て「タイタニック号の沈没事故では女性のほうが生存しやすい」と結論付けてしまっても良いように思えますが、データサイエンスではきちんと独立性の検定を行って、数学的にも正しいという根拠を明確にしなければなりません。

図7-15 男性と女性の生存者・死亡者数の比較

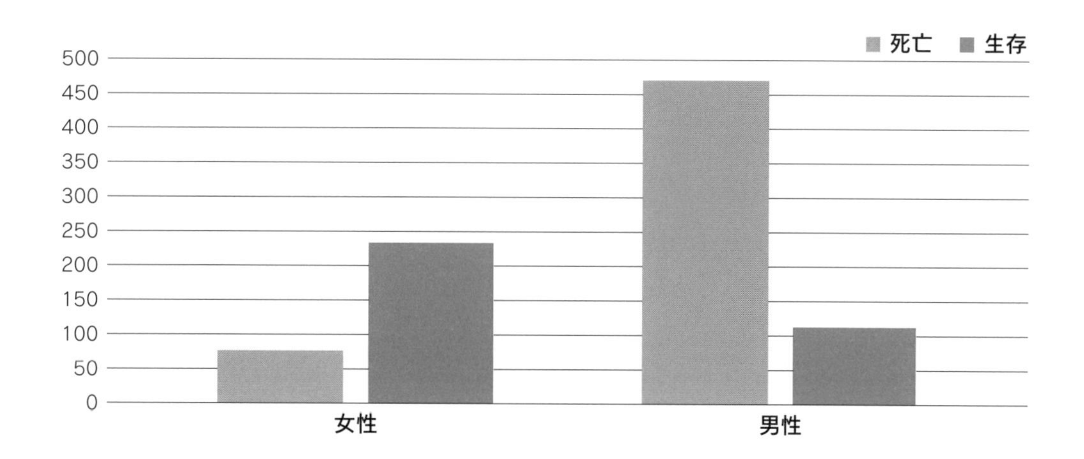

●カイ2乗値の理論値の計算

それではここから、独立性の検定を行います。独立性の検定では、関係性を調べたい2つの項目に関係がないことを「独立」、関係があることを「連関」と呼びます。そして、帰無仮説を「2つの項目は独立である」、対立仮説を「2つの項目は連関がある」として検定を行います。

まず、カイ2乗値の理論値を求める必要があります。カイ2乗値の理論値の計算には、数値解析ライブラリ「scipy」を使いますので「from scipy import stats」と入力します。今回の検定では有意水準αは5%としていますので、変数alphaに0.05を代入します。変数dfは「自由度」と呼ばれるもので、クロス集計表の行数と列数に応じた値を代入します。

具体的にはr行、c列のクロス集計表の場合、$(r-1)\times(c-1)$の計算で求まる値が自由度です。今回は2行2列のクロス集計表なので$1\times1=1$として、変数dfに1を代入します。そして、「stats.chi2.ppf(1 - alpha, df)」と入力すると、カイ2乗値の理論値として3.841という値を求めることができます。

リスト7-8　カイ2乗値の理論値

▶ソースコード

```
from scipy import stats
alpha = 0.05
df = 1
stats.chi2.ppf(1 - alpha, df)
```

▶実行結果

```
3.841
```

●カイ2乗値の算出値の計算

次に、先ほどのクロス集計表を用いてカイ２乗値の算出値を求めます。「stats.chi2_contingency(cross_table, correction = False)」と入力すると、いくつかの数字が表示されますが、一番左の数字がカイ２乗値の算出値を表しています。カイ２乗値の算出値として263.05という値が求まりました。

「correction = False」というオプションは、「イェーツの連続修正」を行うかどうかを指定しています。少し専門的な話になりますが、クロス集計表の集計結果に５を下回る数値がある場合は、イェーツの連続修正を行わないと独立性の検定を正しく行うことができません。クロス集計表の集計結果に５を下回る数値がある場合は、「correction = True」としてイェーツの連続修正を行ってください。今回のクロス集計表には５を下回る数値はありませんので、イェーツの連続修正は行わなくても問題ありません。

リスト7-9　カイ2乗値の算出値

▶ソースコード

```
stats.chi2_contingency(cross_table, correction = False)
```

▶実行結果

```
Chi2ContingencyResult(statistic=263.05057407065567, pvalue=
3.711747770113424e-59, dof=1, expected_freq=array([[193.47474747,
120.52525253], [355.52525253, 221.47474747]]))
```

●独立性の検定の実行

カイ２乗値の理論値と算出値が求まったら、クロス集計表に対して独立性の検定を行うことができます。理論値≧算出値 であれば「帰無仮説を受容する（2つの項目は独立である）」、理論値＜算出値 であれば「対立仮説を採択する（2つの項目は連関がある）」とします。今回の理論値は3.841、算出値は263.051ですので、理論値＜算出値となり、対立仮説を採択します（性別と生存には連関がある）。

以下の図は、有意水準αが5%のときのカイ２乗分布の棄却域と、今回求めた理論値と産出値の関係を示したものです。カイ２乗分布は、t分布とは異なった形状をしています。棄却域は右側に5%が設定され、棄却域の境界部分がカイ２乗値の理論値の3.841となります。一方、カイ２乗値の算出値の263.051は右側の棄却域に入っていますので、対立仮説が採択されます（理論値＜算出値）。

つまり、タイタニック号の性別と生存に見られる関係性には、5%未満の確率でしか発生しない連関が見られました。この結果を偶然得られたとは考えにくいため、何か意味があって必然的にこのような結果になったと言えます。

これが、統計的に有意差があるということであり、最終的に、「「タイタニック号の沈没事故では女性のほうが生存しやすい」ということを数学的に証明することができました。

図7-16 カイ２乗値を用いた独立性の検定

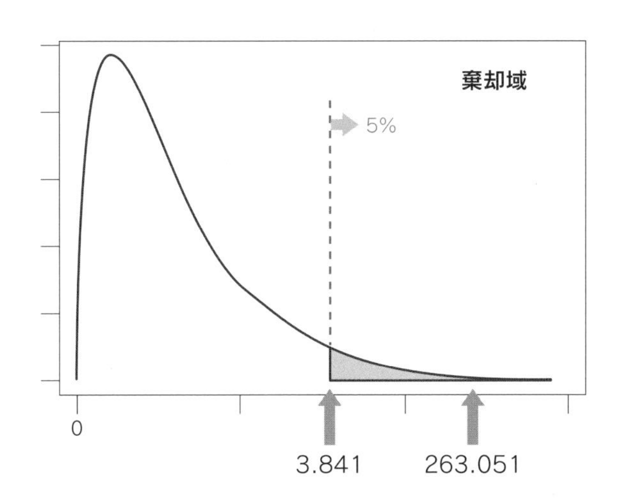

平均値の差の検定だけでなく、独立性の検定も使えるようになると、データサイエンスのレベルを１段階高めることができます。これまで「グラフを見てデータを理解する」ことしかできなかった人が、「グラフから分かることが本当に正しいのかを検証できる」ようになります。基本的なA/Bテストの能力を身に着けることは、データサイエンティストの

登竜門であると言われていますので、今後もさまざまなデータに対してA/Bテストの練習をしてみてください。

演習問題①

「game.xlsx」は、10代と20代の学生に対して、1日あたりのビデオゲームのプレイ時間が何時間であるかと、ビデオゲームのプレイ動画を動画投稿サイトで配信しているか（0：配信していない、1：配信している）について調査した時のデータである。本書のサポートサイト（10ページ参照）から「game.xlsx」をダウンロードし、10代の学生と20代の学生の間で、1日あたりのビデオゲームのプレイ時間の平均値に有意差があるかを検定しなさい。

演習問題②

ビデオゲームをプレイする「年齢」と動画投稿サイトでの「配信」の関係に連関が見られるかを検定しなさい。

（ヒント：クロス集計表の集計結果に5を下回る数値があるため、イェーツの連続修正を行うこと）

第8章 データサイエンスのためのアルゴリズム

　ここではAIの根幹をなす「アルゴリズム」について学びましょう。アルゴリズムという用語はあまり聞きなれない言葉かもしれませんが、簡単に説明すると、何らかの問題を解くときの「解き方」のことを指します。特に、「機械学習」と呼ばれるアルゴリズムを用いて何らかの問題を解くコンピュータプログラムのことを、私たちはAIと呼んでいます。画期的な機械学習のアルゴリズムが発明されると、AIがこれまでに解けなかった難しい問題を解けるようになり、社会を大きく進歩させることができます。例えば、自動車の自動運転や、がんの悪性度判定などの難しいタスクにAIが使われるようになったのは、機械学習のアルゴリズムが進化したおかげです。本章では、アルゴリズムのイメージや必要性をつかんだあと、実際の社会で利用されている探索問題のアルゴリズムをPythonで実装してみましょう。

8-1 ソフトウェアとアルゴリズム

ソフトウェアの性能を示す指標やアルゴリズム工学について学びます。

ソフトウェアの性能を示す3つの指標

世の中にはさまざまな「機能」を持つソフトウェアが存在していますが、ソフトウェアには「機能」以外にもう1つ重要な観点があります。それは、ソフトウェアの「性能」です。例えば、自動車を購入する時は、道路を走るという機能だけでなく、最高速度や燃費といった性能を考慮することが一般的です。ソフトウェアも同様に、機能だけでなく性能のことを考慮する必要があります。ソフトウェアの性能とは、ソフトウェアが処理結果を返すための力のことで、代表的な指標として以下の3種類があります。

- スループット：単位時間あたりに処理結果を返した件数
- レスポンスタイム：処理結果を返すまでにかかった時間
- リソース：処理結果を返すために必要な資源（CPU、メモリなど）

優れたソフトウエアとは

高いスループットと短いレスポンスタイムを、より少ないリソースで達成できるソフトウェアは「優れたソフトウェア」と言えるのですが、鉄道の路線案内アプリを例としてもう少し具体的に見ていきましょう。

◎経路を調べる路線アプリの計算

路線案内アプリとは、出発駅から到着駅までの経路を調べて、運賃が最も安い経路や、移動時間が最も短い経路を表示する機能を持つアプリのことです。路線案内アプリが経路を調べるためには、とても複雑な計算処理が必要となります。

例えば、2018年3月31日時点において、首都圏で交通ICカード（Suica）を利用可能なJR東日本の鉄道駅は637駅ありますので、JR東日本の出発駅と到着駅の組み合わせ数は637×636＝約40万通りとなります。さらに、指定された出発駅と到着駅に対して、運行状況、経由駅、他社路線への乗り換えなどのさまざまな条件を考慮すると、何億通りもの経路が存在します。

これらの全ての経路を順番に調べて最適な経路を得るためには、最新のコンピュータを利用したとしても、数時間以上のとても長い計算時間が必要です。しかし、今から乗る電車の経路を調べたい時に、その結果が数時間後に返ってくるような路線案内アプリは、レスポンスタイムが悪いためほとんど使い物になりません。

路線案内アプリの性能を向上するにはどうすればよいでしょうか？　一番簡単なやり方は、スーパーコンピュータなどの高性能なハードウェアを用意して路線案内アプリの経路計算を行い、スループットやレスポンスタイムを向上する方法です。しかし、この方法では莫大なお金がかかりますので、路線案内アプリの利用者の増加に合わせてハードウェアを増やし続けるやり方には限界があります。ハードウェアの力だけに頼るのではなく、ソフトウェア単体で性能を向上する工夫が必要なのです。

図8-1　東京近郊路線図

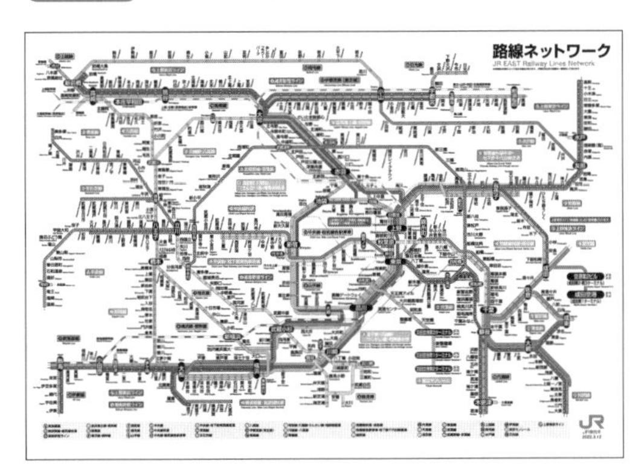

出典：JR東日本東京近郊路線図（車内掲出版）PDFより　https://www.jreast.co.jp/map/

図8-2　スーパーコンピュータ「富岳」

出典：理化学研究所HPより
https://www.riken.jp/pr/news/2022/20220530_2/

アルゴリズム工学

そこで、世の中に存在する複雑な問題を、ハードウェアの力に頼るのではなく、ソフトウェアを工夫することで効率的に解くための手法を探求する学問として「アルゴリズム工学」が誕生しました。アルゴリズムとは、特定の問題を解く手順を単純な計算や操作の組み合わせとして定義したもののことです。アルゴリズムを工夫することで、より少ないハードウェアのリソースを用いて、ソフトウェアのスループットやレスポンスタイムを何百倍にも速くすることができます。

◎「人参の飾り切り」アルゴリズム

アルゴリズムはしばしば「人参の飾り切り」に例えられます。星形の人参を作りたいときに、人参を輪切りにしてから星形にするA方式と、人参を星形にしてから輪切りにするB方式があります。

A方式の場合は包丁を数百回入れないといけませんが、B方式の場合は包丁を数十回入れるだけで星型の人参を作ることができます。どちらの方式も、最終的な結果は同じになりますが、最終的な結果に行き着くまでの手間が異なるのです。

先ほどの路線案内アプリの場合も「ダイクストラ法」という最短経路を求めるアルゴリズムを用いれば、数時間かかっていた計算を1秒以内に短縮することが可能になり、実用的な路線案内アプリを実現することができます。

図8-3 「人参の飾り切り」アルゴリズム

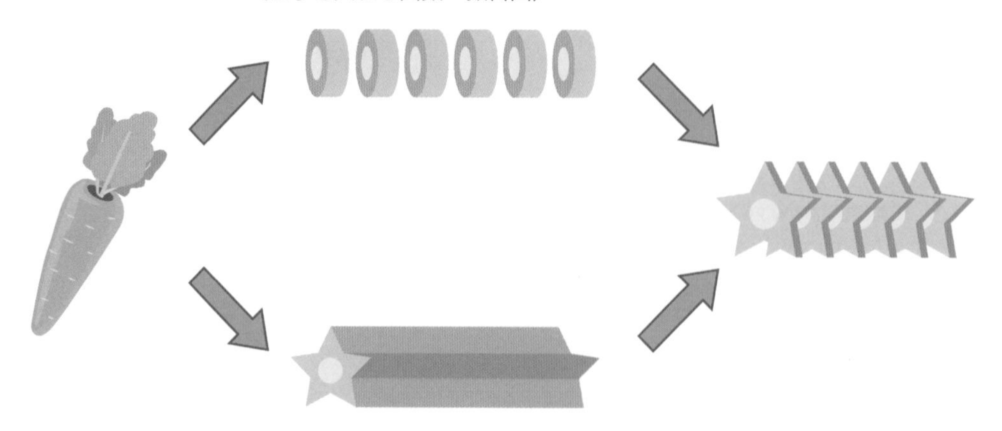

8-2 組み合わせ爆発

最初は簡単そうに見えていた問題が、実はとても複雑な問題であったことに後から気づくこともあります。ここでは「組み合わせ爆発」について学びましょう。

組み合わせ爆発とは

組み合わせ爆発とは、最初は少ないと思っていた数が、まるで爆発を起こしたかのように急激に増加する現象のことです。自分が取り組んでいる問題に組み合わせ爆発が潜んでいないか、十分に注意する必要があります。

組み合わせ爆発が含まれている問題の場合、コンピュータを使えば簡単に解けると思って計算を始めてみても、すぐにその問題は解けないほどの大きな規模に膨れ上がってしまい、いつまで待っても計算が終わらないという事態に陥ります。

◎紙を42回折ると月に届く

組み合わせ爆発の大きさを理解するために、「紙を何回折ると月に届く高さになるか」という問題を考えてみましょう。紙の厚さは一般的な紙幣と同じ0.1mmとしたときに、紙を何回折れば月に届く高さになるでしょうか。0.1mmの薄さの紙を繰り返し折って月の高さ（約38万km）にするためには、直感的には数百万回折る必要があると思われます。

しかし、この答えはたったの「42回」となります。紙を42回半分に折っていくだけで、月に届く高さに達するということです。

この問題には組み合わせ爆発が潜んでいます。実際に本物の紙を42回折ることはできませんが、計算をしながら42回で本当に月に届くのかを確かめてみましょう。0.1mmの紙を1回折ると0.2mmになります。そして、0.2mmの紙をもう一度折る、つまり、最初から数えて2回折ると紙の厚さは0.4mmとなります。このように、紙を折るごとに厚さは2倍になっていきます。

14回折ると薄い紙が人間の身長（163.84cm）と同じくらいになります。20回折ると東京スカイツリーの高さを超え、26回折ると富士山の高さを超えます。そして、42回折るとついに約44万kmの高さに達することになります。紙を42回折るだけで、地表から約38万kmの高さにある月に届くということが確認できました。

図8-4 紙を42回折ると月に届く

組み合わせ爆発を攻略するAI

実際の世の中には、組み合わせ爆発が潜んでいる問題が多数存在しています。そのような場合であっても、AIはアルゴリズムを上手に使いこなすことで、人間以上の精度で組み合わせ爆発が潜む問題にも対処することができるようになります。

◎三目並べの組み合わせ

例えば、「三目並べ（英名：Tic Tac Toe）」というゲームがあります。三目並べは、3×3のマス目に○（先手）と×（後手）のマークを交互に埋めていき、縦、横、斜めのいずれかで同じマークが3つ並ぶと勝利するという2人対決のゲームです。3×3＝9のマス目に「○」「×」「未配置」の3種類のいずれかが入ると考えると、全部で3の9乗（19,683）の局面の組み合わせが存在します。

このくらいの組み合わせ数であれば、AIは数分以内に全ての局面の組み合わせを把握し、ゲームの決着までの手を先読みしながら、絶対に負けない最善手を指し続けることが可能です。実際に、全ての組み合わせを把握したAI同士を戦わせると、お互いの手を完全に読み切ってしまうため、先行、後攻のいずれの場合も、必ず引き分けになることが知られています。

◎ボードゲームの巨大な組み合わせ爆発

それでは、三目並べよりもさらに複雑な「将棋」や「囲碁」などのボードゲームの場合はどうでしょうか。実は、将棋や囲碁には巨大な組み合わせ爆発が潜んでいます。

駒の位置などの局面には、将棋の場合は約10の220乗、囲碁の場合は約10の360乗の組み合わせ数が存在することが知られています。

宇宙に存在する全ての原子を数えても10の80乗程度ですから、将棋や囲碁を攻略するための計算量がいかに大きいものかがわかると思います。将棋や囲碁は人間にとっても非常に難しい知能スポーツですが、それはAIにとっても同じことなのです。

図8-5 将棋と囲碁の組み合わせ数

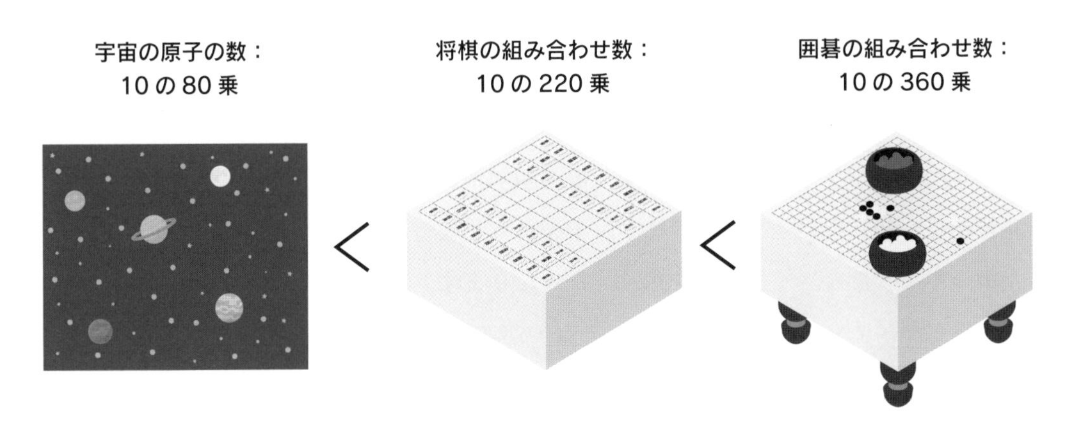

問題が取りうる状態の組み合わせ数のことを「空間」と呼びます。将棋や囲碁などの組み合わせ爆発を含む問題は巨大な空間を持っているのですが、AIが巨大な空間に立ち向かうためには、いくつかの対処法が存在します。

◎総当たりアルゴリズム

まず考えられるのは、スーパーコンピュータなどの高性能なハードウェアを用意して、巨大な空間の全てを探索するという方法です。この方法を「総当たりアルゴリズム（Brute force algorithm）」と呼びます。しかし、この方法は問題の空間がある程度大きくなると対処できなくなってしまいます。仮に、地球上の全てのコンピュータを総動員したとしても、将棋や囲碁の局面を全て読み切るためには、何億年もの月日が必要となるからです。

◎近似アルゴリズム

そこで、現実的な対処法は、巨大な空間のどこかにある「完全な正解」を探すのではなく、「完全な正解に限りなく近い解」を探すという方法です。この方法を「近似アルゴリズム (Approximation algorithm)」と呼びます。将棋や囲碁を実際にプレイする際には、お互いに有限の持ち時間が定められています。限られた時間の中では厳密な最善手がわからなくても、なるべく短い時間で役立つ解を見つけ出すほうが実用的であるということです。

◎確率的アルゴリズム

もうひとつの有効なやり方は、問題を「確率的に」解くという方法です。この方法を「確率的アルゴリズム (Probabilistic algorithm)」と呼びます。

確率的アルゴリズムでは、問題の解を求めるときに「疑似乱数」を使用します。疑似乱数とは、コンピュータを使って生成されるランダムな数値のことで、例えるならば、ルーレットを回して偶然でた結果を使うようなものです。

確率的アルゴリズムをうまく利用すると、組み合わせ爆発が潜んでいる難しい問題であっても、短い時間で解くことができることがあります。ただし、広大な空間の中で完全な正解が見つかるかどうかは運次第です。確率的アルゴリズムでは、いつまで待っても完全な正解が見つからないこともあります。そのような場合は、一定の時間内に探すことができた解の中で、なるべく良い解を選ぶことになります。

確率的に解くという考え方は、そのときの運次第という印象を受けるため、いいかげんなアルゴリズムであるように感じますが、実用上はとても有効に機能することが知られています。2016年には「モンテカルロ木探索」という確率的アルゴリズムを搭載した「AlphaGo」という名前のAIが、当時の囲碁の世界チャンピオンに勝利を納めています。

最近の研究では、組み合わせ爆発が含まれる問題であっても、確率的アルゴリズムを上手に工夫することができれば、AIが人間と同等以上の性能を発揮できることがわかってきました。そのため、AIの確率的アルゴリズムは、現在でも世界中の研究者によってさかんに研究されています。

8-3 探索問題

ここでは、コンピュータシステムのあらゆる場面で登場する「探索問題」について説明します。

探索問題とは

探索問題とは、複数のデータの中から、特定の条件を満たすデータを探す問題です。例えば、「1,2,3,4,5,6,7,8,9,10」という10種類の数値が入ったデータがあるときに、「7」という値を持つ数値が存在するかどうかを確かめるという問題です。

探索問題で扱うデータは、数値だけでなく文字列なども可能です。WEBページの検索エンジンで「犬」というキーワードで検索したときに、何十億ものWEBページの中から、「犬」というキーワードを含むWEBページを短い時間で探すためには、探索問題を効率的に解くためのアルゴリズムが必要です。

AIの機械学習においても、「AIはどの状態になれば最も賢くなるか」という状態空間の探索が行われており、AIと探索問題はとても密接な関係があります。ここでは、「線形探索(Linear search)」と「二分探索(Binary search)」という2つの探索アルゴリズムを説明します。1から15までの数値を含むデータの中から特定の数値を探す問題を例にとって、これらの2つのアルゴリズムの動作を見ていきましょう。

線形探索

線形探索とは「先頭から順番に全てを調べていく」という最も単純なアルゴリズムです。1から15までの数値を含むデータが小さい順番に並んでいる場合、「3」という数値を探索するためには、先頭から順番に「1」、「2」と調べていって、3回目に「3」を見つけることができます。最後の数値まで調べても見つからない場合は「見つからなかった」ものとみなします。線形探索の場合、最悪のケースでは「15」という数値を見つけるために15回の探索が必要となります。

図8-6　線形探索

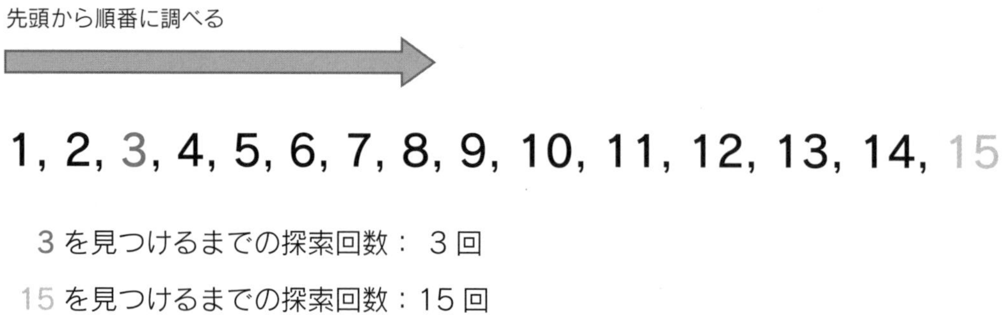

先頭から順番に調べる

1, 2, 3, 4, 5, 6, 7, 8, 9, 10, 11, 12, 13, 14, 15

3 を見つけるまでの探索回数： 3 回

15 を見つけるまでの探索回数：15 回

Pythonによる線形探索

● 準備

それでは、Pythonで線形探索のプログラムを作ってみましょう。

Colaboratoryにログインした状態で、画面左上の「ファイル」の中にある「ノートブックを新規作成」をクリックして、新しいPythonプログラミングの画面を立ち上げてください。

以降、リストの内容は「＋コード」をクリックして、新しい入力欄に入力するようにしてください。たとえば、リスト8-1とリスト8-2の内容は、異なる入力欄に入力して実行してください。

線形探索を行う前に、線形探索で検索する数値が格納されたデータを作成する必要があります。2章で学んだPythonの関数の仕組みを使って、指定した個数の数値が格納されたデータを生成するsortedlist関数を作りましょう。

● sortedlist関数の定義

sortedlist関数では、関数の「引数」と「戻り値」いう機能を新たに使っています。引数とは、関数に渡す「値」のことで、関数の外部と値をやりとりするための特別な変数です。また、戻り値とは、関数が処理を終了する際に、呼び出し元に対して渡す値のことです。

以下のコードを実行すると、sortedlist関数を定義することができます。sortedlist関数では、sizeという引数で指定した個数の数値が、0から昇順に格納されたデータを作成し、戻り値として呼び出し元に返します。sortedlist関数の内部では、Pythonのリスト(List)という仕組みとfor文を使って、指定した個数の数値を0から順番に生成しています。

リスト8-1 sortedlist関数の定義

▶ソースコード

```
def sortedlist(size):
  lst = []
  for i in range(size):
    lst.append(i)
  return lst
```

▶実行結果

```
表示なし
```

sortedlist関数を定義したら、生成する数値の個数を引数で個数を指定して実行してみましょう。以下のコードを実行すると、引数に10を指定していますので、0から9までの合計10個の数値が格納されたデータが生成されていることがわかります。

リスト8-2 sortedlist関数の実行

▶ソースコード

```
sortedlist(10)
```

▶実行結果

```
[0, 1, 2, 3, 4, 5, 6, 7, 8, 9]
```

● linear_search関数の定義

それでは、線形探索で特定の値を検索するlinear_search関数を作成しましょう。linear_search関数では、sortedlistという引数で数値が格納されたデータを、valueという引数で検索したい数値を関数に渡します。linear_search関数の内部では、数値が格納されたsortedlist引数を、for文を使って先頭から順番に1個ずつ取り出してguess変数に代入していきます。そして、guess変数とvalue引数の数値をif文で比較し、一致したら「見つかった」ことを表示します。sortedlist引数の最後の数値まで調べても一致しない場合は「見つからなかった」ことを表示します。

リスト8-3 linear_search関数の定義

▶ソースコード

```
def linear_search(sortedlist, value):
  for i in sortedlist:
    guess = i
    if guess == value:
      print(value, "は見つかりました")
      return
  print(value, "は見つかりませんでした")
```

▶実行結果

```
表示なし
```

● 線形探索の実行

linear_search関数を定義したら、大量の数値が格納されたデータの中から特定の値を検索してみましょう。sortedlist関数のsize引数に100000000を指定して、合計100000000個の数値が格納されたデータを作成します。そして、linear_search関数の引数に、数値が格納されたデータと、検索したい数値を指定して線形探索を実行してみます。

linear_search関数では、検索したい数値を0から順番に探索するので、検索したい数値が小さい場合はあまり時間がかかりません。一方、検索したい数値を77777777などの大きい数値にすると、linear_search関数の実行が終わるまでに長い時間がかかることがわかります。また、線形探索では、検索したい数値を100000000以上のさらに大きな数値にすると、最後の数値まで探索が必要となります。

リスト8-4 linear_search関数の実行

▶ソースコード

```
my_list = sortedlist(100000000)
linear_search(my_list, 77777777)
```

▶実行結果

```
77777777 は見つかりました
```

●実行時間の計測

linear_search関数の実行にどのくらいの時間がかかるかを計測してみましょう。Pythonでプログラムの実行時間を計測する方法はいろいろありますが、ここでは、プログラム実行前と実行後の現在時刻を取得して、2つの時刻の差分を調べるという方法で実行時間を計測してみます。Pythonで現在時刻を取得するために、「import datetime」と入力してdatetimeライブラリをインポートします。そして、「now = datetime.datetime.now()」と入力して実行すると、実行した時点の現在時刻がnow変数に代入されます。

リスト8-5 現在時刻の取得

▶ソースコード

```
import datetime

now = datetime.datetime.now()
print(now)
```

▶実行結果

```
2022-08-17 15:33:48.911219
```

以下のプログラムでは、linear_search関数の実行前の現在時刻をstart変数に代入し、実行後の現在時刻をend変数に代入しています。end変数に代入された時刻と、start変数に代入された時刻の差分が、linear_search関数の実行時間となります。linear_search関数の実行時間を確認すると、100000000個の数値から77777777を検索するためには、3.8467秒の時間がかかっていることが分かります。実行時間はColaboratoryの状況によって変わってくるため同じ値にはならないと思いますが、皆さんも検索する値を77777777以外にもいろいろ試してみて、実行時間がどのように変わるかを確かめてみてください。

リスト8-6 linear_search関数の実行時間

▶ソースコード

```
import datetime

my_list = sortedlist(100000000)

start = datetime.datetime.now()
linear_search(my_list, 77777777)
end = datetime.datetime.now()

elapsed_time = end - start
print("実行時間:", elapsed_time)
```

▶実行結果

```
77777777 は見つかりました
実行時間: 0:00:03.846700
```

二分探索

二分探索とは「選択肢を半分にしながら真ん中のデータを調べていく」というアルゴリズムです。真ん中の数値が探したい数値よりも大きい場合は、選択肢を左半分に絞り込みます。また、真ん中の数値が探したい数値よりも小さい場合は、選択肢を右半分に絞り込みます。このように選択肢の絞り込みを行いながら、常に真ん中の数値を調べるという方法です。例えば、1から15までの数値を含むデータから「3」という数値を検索するときに、1回目の探索では真ん中の数値は「8」です。真ん中の数値が探したい数値よりも「大きい」ため、選択肢を左半分に絞り込みます。2回目の探索では真ん中の数値は「4」です。真ん中の数値が探したい数値よりも「大きい」ため、選択肢を左半分に絞り込みます。3回目の探索では真ん中の数値は「2」です。真ん中の数値が探したい数値よりも「小さい」ため、選択肢を右半分に絞り込みます。選択肢が1個だけになったとき、選択肢に残った数値と探している数値が一致すれば「見つかった」、一致しなければ「見つからなかった」ものとして、探索を終了します。二分探索を用いて、1から15までの数値を含むデータの中から「3」を見つける場合の探索回数は3回となります。同様に「15」という数値を見つける場合の探索回数も3回となります。

図8-7 二分探索（「3」を探索する場合）

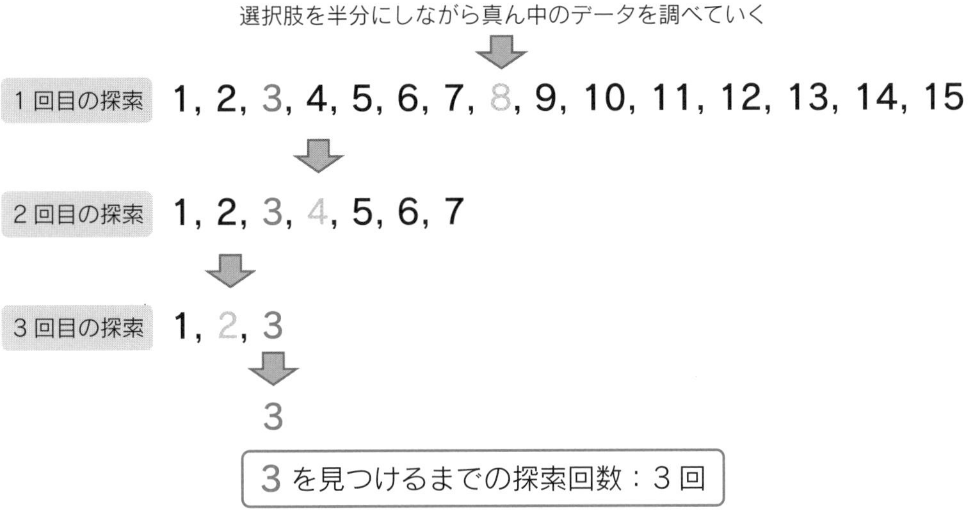

選択肢を半分にしながら真ん中のデータを調べていく

1回目の探索 1, 2, 3, 4, 5, 6, 7, 8, 9, 10, 11, 12, 13, 14, 15

2回目の探索 1, 2, 3, 4, 5, 6, 7

3回目の探索 1, 2, 3

3

3を見つけるまでの探索回数：3回

図8-8 二分探索（「15」を探索する場合）

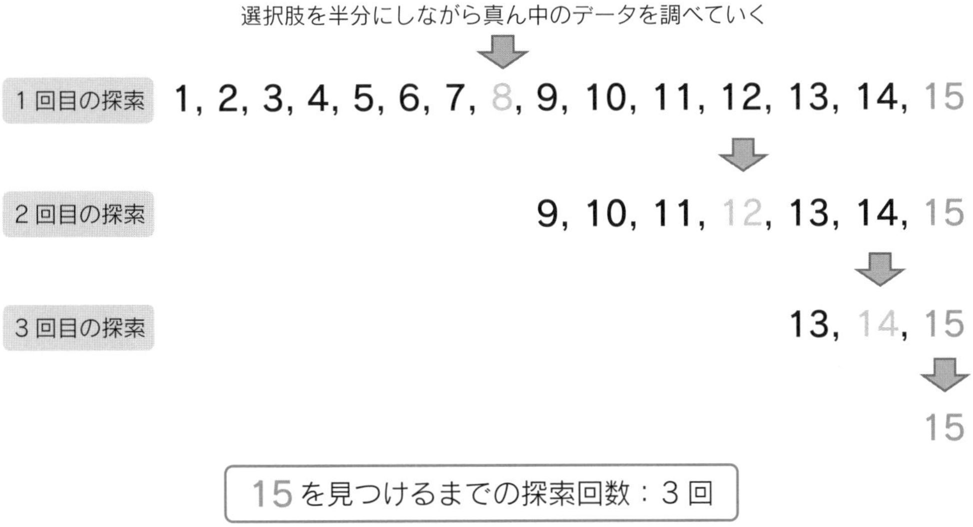

選択肢を半分にしながら真ん中のデータを調べていく

1回目の探索 1, 2, 3, 4, 5, 6, 7, 8, 9, 10, 11, 12, 13, 14, 15

2回目の探索 9, 10, 11, 12, 13, 14, 15

3回目の探索 13, 14, 15

15

15を見つけるまでの探索回数：3回

二分探索は、データの数が多くなるほど威力を発揮します。例えば、1から65,536までの数値を含むデータの中から特定の数値を探す問題では、線形探索では最大65,536回の探索が必要ですが、二分探索では最大16回の探索で特定の値を見つけることができます。世界のWEBサイトは約16億ページありますが、二分探索であれば最大30回の探索で目的のWEBページを探し出すことができるのです。

演習 Pythonによる二分探索

●binary_search関数の定義

それでは、二分探索で特定の値を検索するbinary_search関数を作成しましょう。binary_search関数では、linear_search関数と同様に、sortedlistという引数で数値が格納されたデータを、valueという引数で検索したい数値を関数に渡します。

binary_search関数の内部では、low 変数に数値が格納されたデータの先頭の値を、high 変数に数値が格納されたデータの末尾の値を代入しています。そして、Pythonのwhile文という仕組みを使って、選択肢が1個だけになるまで、選択肢を半分にしながら真ん中のデータを調べていくことを繰り返しています。

リスト8-7 binary_search関数の定義

▶ソースコード

```
def binary_search(sortedlist, value):
  low = sortedlist[0]
  high = sortedlist[-1]

  while low <= high:
    mid = (low + high) // 2
    guess = sortedlist[mid]
    if guess == value:
      print(value, "は見つかりました")
      return
    if guess > value:
      high = mid -1
    if guess <= value:
      low = mid + 1

  print(value, "は見つかりませんでした")
```

▶実行結果

```
表示なし
```

●二分探索の実行

binary_search関数を定義したら、大量の数値が格納されたデータの中から特定の値を検索してみましょう。sortedlist関数のsize引数に100000000を指定して、合計100000000個の数値が格納されたデータを作成します。そして、binary_search関数の引数に、数値が格納されたデータと、検索したい数値を指定して二分探索を実行してみます。

binary_search関数では、選択肢を半分にしながら真ん中のデータを調べていくので、データに含まれる数値の個数が大きくなったり、検索したい数値が大きくなったりしてもあまり時間がかかりません。sortedlist関数の実行に時間がかかっているので、linear_search関数よりbinary_search関数の検索速度が速いと感じないかもしれませんが、実際にはlinear_search関数よりもかなり効率的に特定の値を検索しています。

リスト8-8 binary_search関数の実行

▶ソースコード

```
my_list = sortedlist(100000000)
binary_search(my_list, 77777777)
```

▶実行結果

```
77777777 は見つかりました
```

●実行時間の計測

それでは、binary_search関数の実行時間を計測してみましょう。以下のプログラムを実行すると、binary_search関数の実行時間は0.002594秒であることがわかります。100000000個の数値から77777777を検索するためには、線形探索では3.8467秒の時間が必要でしたが、二分探索では0.002594秒となり、検索速度が劇的に改善されていることがわかります。線形探索と二分探索のどちらを使っても、最終的な検索結果は同じになりますが、最終的な結果に行き着くまでの効率が大きく異なるのです。

AIの進化の歴史は、アルゴリズムの進化の歴史といっても過言ではありません。新しいAIのアルゴリズムが発見されれば、AIにできることが増えてその可能性はますます広がっていきます。AIはアルゴリズムが支えているということを理解しながら、今後のデータサイエンスにAIを活用していってください。

リスト8-9 binary_search関数の実行時間

▶ソースコード

```
import datetime
my_list = sortedlist(100000000)

start = datetime.datetime.now()
binary_search(my_list, 77777777)
end = datetime.datetime.now()

elapsed_time = end - start
print ("実行時間:", elapsed_time)
```

▶実行結果

```
77777777 は見つかりました
実行時間: 0:00:00.002594
```

演習問題①

sortedlist関数で作成したデータを「偶数」と「奇数」に分けて表示するプログラムを作成しなさい。

演習問題②

sortedlist関数で作成したデータの「最大値」と「最小値」を表示するプログラムを作成しなさい。

第9章

回帰AIを用いたデータサイエンス

本章では、教師あり学習の「回帰（Regression）」と呼ばれる出力形式について学びます。回帰とは、あるデータから特定の数値を推定することです。例えば、明日の降水確率が何%になるかを予想したり、1年後の株価がいくらになっているかを予想したりすることができます。回帰のAIは応用範囲が広く、物事の要因と結果を定式化できるため、ビジネスの現場で最もよく使われているAIです。本章では、回帰AIの仕組みについて学んだあと、単回帰分析と重回帰分析という2つの回帰アルゴリズムを用いて、回帰AIで数値を予想してみましょう。

9-1 回帰(Regression)

教師あり学習は、どのようなデータを入力し、どのような分析結果を出力させるかによって、いくつかの形式に分かれます。ここでは「回帰(Regression)」と呼ばれる出力形式について学びましょう。

回帰とは

回帰という出力形式では、「どのカテゴリに属するか」ではなく、「どのような数値になるか」を出力することができます。例えば、お弁当の訪問販売において、顧客の情報、商品の情報、環境の情報によって、1日のお弁当の販売個数が変化することが予想されます。回帰のAIを用いることで、1日のお弁当の販売個数を正確に予想し、廃棄商品の削減と、利益の向上につながる行動を取ることができるのです。

回帰の出力では、出力される数値は「連続値」となります。連続値とは、時間や行動によって連続的に変化するデータのことです。連続値は、お弁当の販売数のように整数の場合もあれば、身長のように小数の場合もあります。

図9-1　回帰(Regression)

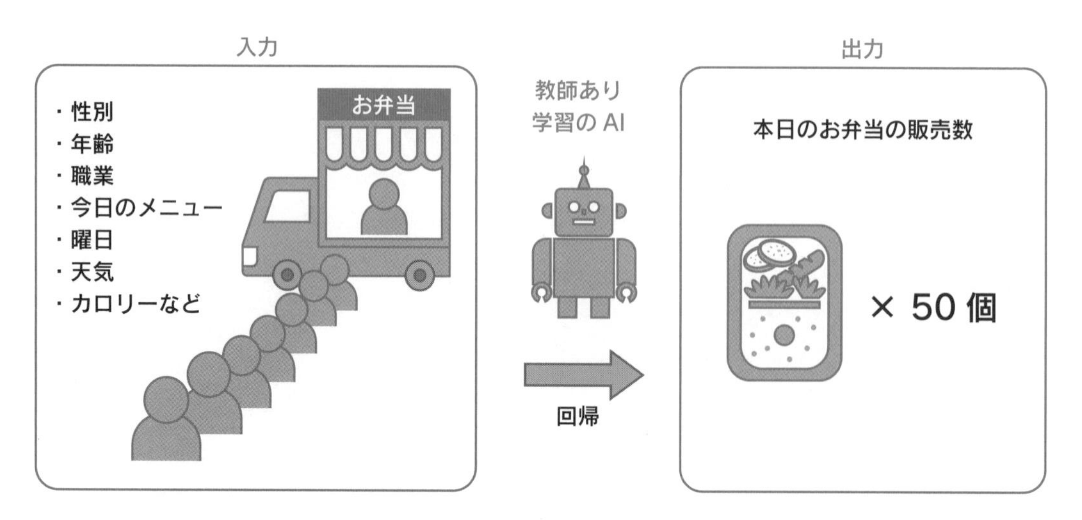

回帰分析

回帰AIを作るためには、結果となる数値と要因となる数値の関係を調べて、それぞれの量的データの関係性を明らかにします。2つの量的データにどのような関係があるかを読み解くことを「回帰分析」と呼びます。

例えば、年齢と収入の関係を調べて「年齢が高い人ほど収入も多い」という事実を発見したり、喫煙歴と寿命の関係を調べて「喫煙歴が長いと寿命が短い」という事実を発見したりします。

◎回帰直線

回帰分析は量的データの分析であるため、以下の図のように散布図として描画することができます。そして、回帰分析では、関係性のある2つの量的データを要因と結果の関係式として定式化します。関係式は「$y=a+bx$」という1次式となり、この直線のことを「回帰直線」と呼びます。回帰AIは、回帰直線を使うことで、「xが変化したとき、yはどのように変化するか」を予測することができるようになります。例えば、xを気温、yをアイスコーヒーの売り上げとしたときに、傾きaと切片bの値が具体的に決まっていれば、「$y=a+bx$」という1次式に気温xの値を代入することで、アイスコーヒーの売り上げyを求めることができます。

図9-2 回帰直線

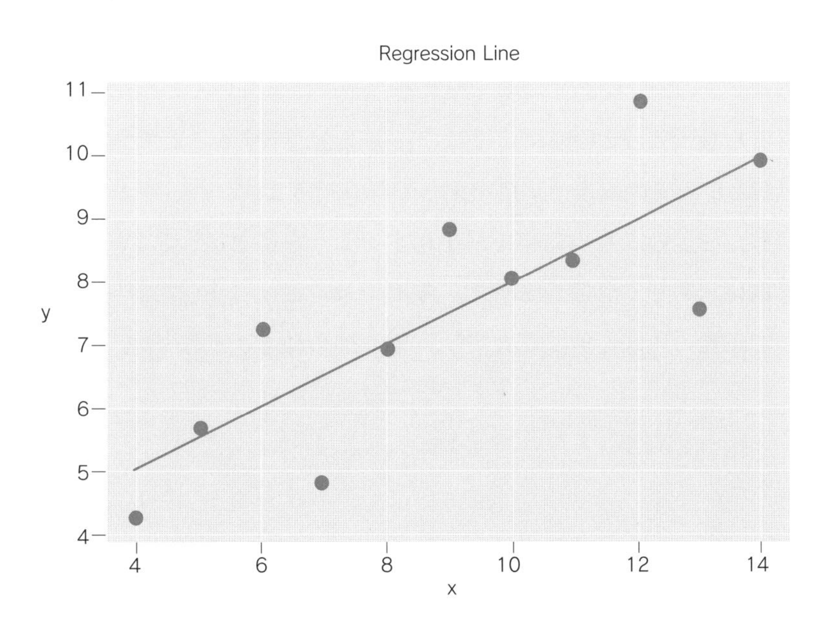

最小二乗法

2つの量的データを散布図で図示したときに、「$y=a+bx$」という1次式で1本の直線を引こうとすると、傾きaと切片bの値によって、さまざまな直線を引くことができます。このとき、2つの量的データの関係を数学的に最も近似できる直線を引く方法を「最小二乗法」と呼びます。

図9-3　最小二乗法

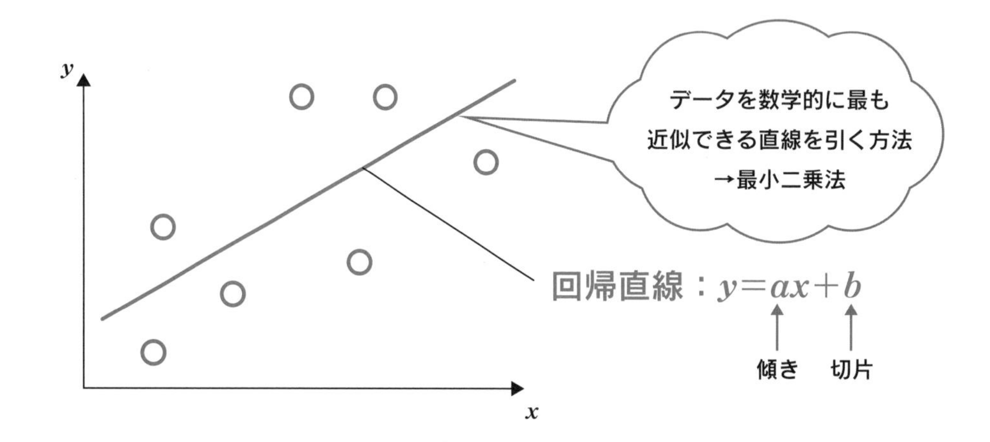

◎偏差の最小化

以下の図は、回帰直線と各データの偏差（誤差）を表しています。最小二乗法は、回帰直線と各データの偏差の総和を最小にするような回帰直線を引くことが目的です。しかし、偏差は正の偏差と負の偏差があるため、偏差を単純に足していくと、正負の偏差がお互いに距離を打ち消しあってしまいます。そこで、偏差を二乗することで負の符号がなくなるため、回帰直線とデータの偏差の距離を正しく評価できます。

最小二乗法は、偏差の二乗の総和を最小化するような傾きaと切片bを、データを与えるだけで自動的に求めてくれる方法です。本書では、最小二乗法の証明は省略しますが、偏微分を使って正規方程式を解くことで、回帰直線の傾きaと切片bを求めることができます。

図9-4　偏差の最小化

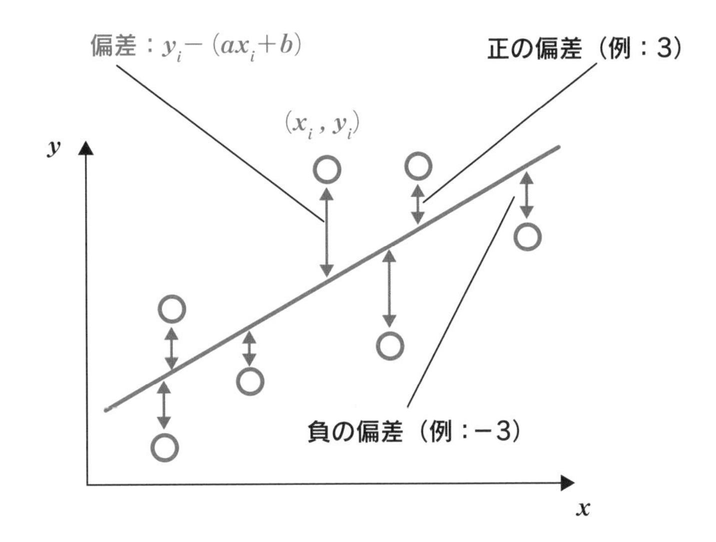

過学習

教師あり学習は、機械学習の中で最もよく利用される学習方式ですが、教師あり学習でAIを作る際には、「過学習（Overfitting）」という現象が発生しないように注意する必要があります。過学習とは、AIが学習データだけに最適化されてしまい、汎用性がない状態に陥ることのことです。過学習をしたAIは、学習データに過剰に適合しているため、学習データに対しては精度が異常に高くなります。しかし、学習データと異なるデータに対しては、AIの精度がとても低くなってしまいます。例えば、画像分類のAIを作る際に、「りんご」と「犬」の画像ばかりを学習させ、「みかん」と「猫」の画像をほとんど学習させなかったとします。すると、AIの実運用の場面では、「りんご」と「犬」の画像をとても高い精度で分類できますが、「みかん」や「猫」の画像を正しく分類することができません。また、自動車の自動運転をAIで制御する場合、実際の公道の道路状況は毎日必ず異なります。テスト走行時のデータに過剰適合してしまった自動運転のAIでは、本番の公道走行において安全な運転をすることができないのです。このように、過学習してしまったAIは、実運用の場面ではまったく使い物にならないという課題が生じます。

図9-5　過学習（Overfitting）

1.「犬」と「りんご」が多い画像データで学習する

2.「猫」を「犬」、「みかん」を「りんご」という間違った予測をしてしまう

汎化

AIが学習データから学習した知性を、未知のデータに対しても適用できるようにすることを汎化（Generalization）と呼びます。

AIを実世界に応用させるためには、学習データには無かった未知のデータに対しても、分類や回帰を正しく実行できる必要があります。そこで、教師あり学習のAIを作る際に、集めたデータを全て学習データにするのではなく、集めたデータの一部分をテストデータとして取っておき、テストデータを除いた学習データだけで教師あり学習のAIを作成するのです。そして、作成したAIを使って、学習に使わなかったテストデータに対して精度の高い予測をすることができれば、汎化性能の高いAIを作れたということを確認できるのです。

汎化性能を向上するにはさまざまな手法がありますが、最も効果的なのは、なるべく偏りの少ないデータをたくさん集めることです。他にも、正則化やドロップアウトなどの手法がありますが、少々、専門的となるため本書では割愛いたします。

図9-6　汎化（Generalization）

過去の販売データから学習

教師あり学習の AI

汎化

未来の販売データを正しく予測

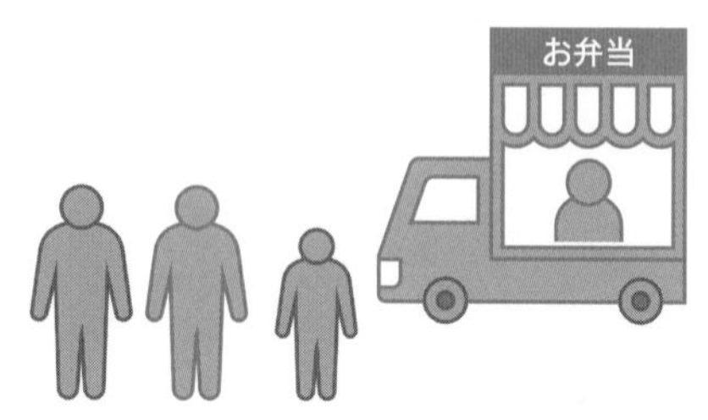

9-2 回帰分析

「回帰分析」によって2つの量的データにどのような関係があるかを読み解くことができます。ここではPython使った回帰分析を学びます。

Pythonによる回帰AIの作成

●データの準備

分析に利用するデータはBoston Housingデータセットです。

URL http://lib.stat.cmu.edu/datasets/boston

1970年代後半の米国マサチューセッツ州にあるボストンの住宅価格に関するデータが格納されています。米国国勢調査局が収集した情報から抽出、加工されたデータセットです。このデータセットには、ボストンにある506件の住宅の価格が、住宅の築年数や町の犯罪率などのデータとともに格納されています。

表9-1　Boston Housingデータセットに含まれるデータ

変数	説明
CRIM	犯罪発生率
ZN	25,000平方フィート以上の住宅区画の割合
INDUS	非小売業種の土地面積の割合
CHAS	チャールズ川沿いかを表すダミー変数
NOX	窒素酸化物の濃度
RM	平均部屋数
AGE	1940年より前に建てられた建物の割合
DIS	5つのボストンの雇用施設への重み付き距離
RAD	高速道路へのアクセスのしやすさ
TAX	10,000ドルあたりの不動産税率
PTRATIO	生徒と教師の割合
B	黒人の割合
LSTAT	低所得者の割合
MEDV	住宅価格の中央値(1,000単位)

The Boston house-price data of Harrison, D. and Rubinfeld, D.L. 'Hedonic prices and the demand for clean air', J. Environ. Economics & Management, vol.5, 81-102, 1978. Used in Belsley, Kuh & Welsch, 'Regression diagnostics ...', Wiley, 1980. N.B. Various transformations are used in the table on pages 244-261 of the latter.

このデータはデータサイエンスの練習用データなので、誰でも無料で使うことができます。カーネギーメロン大学のWebサイトからダウンロードできるデータセットに対して、ある程度のデータクレンジングを施したデータセット（boston_clean.xlsx）を、本書のサポートサイト（10ページ参照）に用意しました。本書のサポートサイトから「boston_clean.xlsx」を入手してColaboratoryにアップロードしてください。Colaboratoryにファイルをアップロードする方法は70ページを参照してください。

●データセットの読み込み

アップロードが終わったら、以下のリストのプログラムを実行してデータセットを読み込んでください。以降、リストの内容は「＋コード」をクリックして、新しい入力欄に入力するようにしてください。たとえば、リスト9-1とリスト9-2の内容は、異なる入力欄に入力して実行してください。

リスト9-1　ファイルの読み込み

▶ソースコード

```
import pandas as pd

df = pd.read_excel('boston_clean.xlsx')
df.head()
```

▶実行結果

	CRIM	ZN	INDUS	CHAS	NOX	RM	AGE	DIS	RAD	TAX	PTRATIO	B	LSTAT	MEDV
0	0.00632	18.0	2.31	0.0	0.538	6.575	65.2	4.0900	1.0	296.0	15.3	396.90	4.98	24.0
1	0.02731	0.0	7.07	0.0	0.469	6.421	78.9	4.9671	2.0	242.0	17.8	396.90	9.14	21.6
2	0.02729	0.0	7.07	0.0	0.469	7.185	61.1	4.9671	2.0	242.0	17.8	392.83	4.03	34.7
3	0.03237	0.0	2.18	0.0	0.458	6.998	45.8	6.0622	3.0	222.0	18.7	394.63	2.94	33.4
4	0.06905	0.0	2.18	0.0	0.458	7.147	54.2	6.0622	3.0	222.0	18.7	396.90	5.33	36.2

●散布図の作成

「MEDV」の列には、住宅の価格が1,000ドル単位で格納されています。部屋の数が多い住宅ほど、住宅価格も高くなることが予想されます。そこで、住宅の部屋数「RM」と住宅価格の「MEDV」の値を散布図で可視化して関係性を確認してみましょう。以下のプログラムを入力して実行すると、住宅の部屋数と住宅価格の関係を示す散布図を描画することができます。

リスト9-2 部屋数と住宅価格の関係を表す散布図

▶ソースコード

```
import matplotlib.pyplot as plt

plt.scatter(df['RM'],
            df['MEDV'])
plt.title('Scatter Plot of RM vs MEDV')
plt.xlabel('Average number of rooms')
plt.ylabel('Prices ($1000)')
plt.grid()
plt.show()
```

▶実行結果

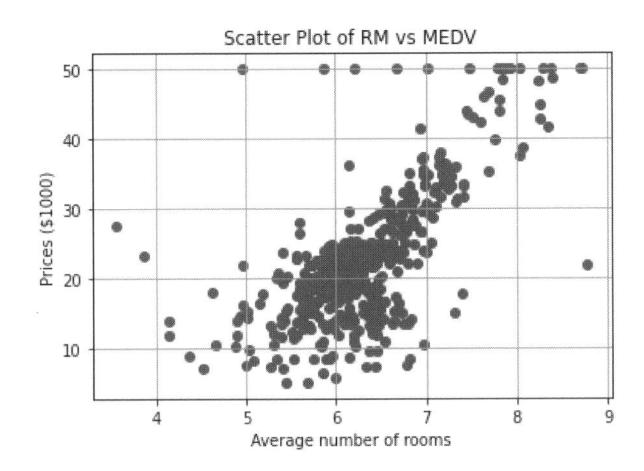

●単変量解析による予測

散布図を確認すると、住宅の部屋数が多くなるにつれて、住宅価格が上昇する傾向があることがわかります。そこで今回は、住宅の部屋数を表す「RM」列のデータを使って、住宅価格の「MEDV」を予想する回帰のAIを作成したいと思います。

1種類の説明変数を用いて目的変数を予測することを「単変量解析」と呼びます。

Boston Housingデータセットには合計506件の住宅に関するデータがありますが、506件の住宅の全てを学習データにしてしまうと、作成したAIの汎化性能を評価することができません。そこで、「train_test_split」という命令を使って、506件の住宅のうち、70%(354件)を学習データ、残りの30%(152件)をテストデータとするようにデータを分割します。

リスト9-3 学習データとテストデータの分割(単回帰)

▶ソースコード

```
x = df[['RM']]
y = df['MEDV']

from sklearn.model_selection import train_test_split
x_train, x_test, y_train, y_test = train_test_split(
    x, y, train_size = 0.7, test_size = 0.3, random_state = 0)
```

▶実行結果

```
表示なし
```

●単回帰分析による教師あり学習

354件の学習データを使って住宅価格を予測する回帰のAIを作成します。ここでは単変量解析の1種である「単回帰分析」というアルゴリズムを使います。単回帰分析は、1つの説明変数を使って目的変数の値を「直線的に」予測するアルゴリズムです。以下のプログラムを実行すると、Pythonの機械学習ライブラリの「scikit-learn」をインポートして、単回帰分析による教師あり学習が実行されます。

リスト9-4 単回帰分析による教師あり学習

▶ソースコード

```
from sklearn.linear_model import LinearRegression
model = LinearRegression()
model.fit(x_train, y_train)
print('intercept = ', model.intercept_)
print(pd.DataFrame({"Name":x_train.columns,
```

```
                    "Coefficients":model.coef_}).sort_
values(by='Coefficients'))
```

▶実行結果

```
intercept =  -35.99434897818352
  Name  Coefficients
0   RM      9.311328
```

●予想結果の可視化

単回帰分析の場合は、説明変数（RM：部屋数）と目的変数（MEDV：住宅価格）の関係性を2次元のグラフで表すことができます。以下のプログラムを実行する、AIによる住宅価格の予測結果をグラフに可視化して確認することができます。

単回帰分析で作成されるAIは、部屋数と住宅価格の関係性を直線で表しています。この直線を使うことで、住宅の部屋数に応じた住宅価格を予測することができるのです。

リスト9-5　予測結果の可視化

▶ソースコード

```
import matplotlib.pyplot as plt

plt.scatter(x_train, y_train, color = 'blue')
plt.plot(x_train, model.predict(x_train), color = 'red')
plt.title('Regression Line')
plt.xlabel('Average number of rooms')
plt.ylabel('Prices ($1000)')
plt.grid()
plt.show()
```

▶実行結果

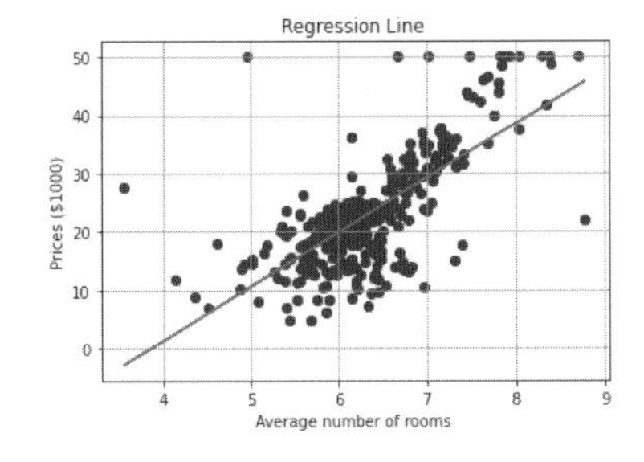

●住宅価格の予測精度の確認

以下のプログラムを実行すると、学習データとテストデータに対する住宅価格の予測精度を確認できます。表示される数値は、「決定係数」と呼ばれるもので、1に近いほど予測精度が高いことを示しています。作成した回帰AIを用いた予測では、学習データの決定係数は0.50、テストデータの決定係数は0.43となっています。単回帰分析で住宅価格を予測する回帰AIを作ることができましたが、決定係数が0.6を下回る回帰AIはあまり使い物にならないため、回帰AIの予測精度をもう少し向上する必要があります。

リスト9-6 価格予測の決定係数

▶ソースコード

```
from sklearn.metrics import r2_score
print('r^2 (train): ', r2_score(y_train, model.predict(x_train)))
print('r^2 (test): ', r2_score(y_test, model.predict(x_test)))
```

▶実行結果

```
r^2 (train):  0.5026497630040827
r^2 (test):  0.43514364832115193
```

●回帰AIによる住宅価格の予想

それでは、単回帰分析で作成した回帰AIを使って、部屋数が「10」のときの住宅価格を予想してみましょう。以下のプログラムを実行すると、部屋数が「10」のときの住宅価格を回帰AIで予想することができます。「10」という数値を変更すると、部屋数に応じた住宅価格を予想してくれますので、いろいろな値で試してみてください。

リスト9-7 作成したAIを用いた住宅価格の予測

▶ソースコード

```
df_pred = pd.DataFrame([10], columns=['RM'])
x_pred = df_pred[['RM']]

y_pred = model.predict(x_pred)
print(y_pred[0])
```

▶実行結果

```
57.11893165433501
```

9-3 重回帰分析

部屋数の情報のみを利用して住宅価格の予想を行う単回帰分析では、予測精度に限界があります。そこで、1つの目的変数を、複数の説明変数で予測する「重回帰分析」という手法を行うことで、さらなる精度向上を図りたいと思います。複数の説明変数を用いて目的変数の予測を行うことを「多変量解析」と呼びます。単回帰分析などの単変量解析よりも、重回帰分析などの多変量解析のほうが、AIの予測精度が向上することが多く、多変量解析はAIが最も得意とする分析手法の1つです。

単回帰分析と重回帰分析

以下の図は、単回帰分析と重回帰分析の回帰AIを図示したものです。単回帰分析では1次式で表現される「回帰直線」が引かれます。一方、2つの説明変数を使った重回帰分析では3次元グラフの「平面」で表現される回帰AIとなります。3つ以上の説明変数を使った重回帰分析は3次元グラフに可視化できなくなりますが、4次元以上の空間に一般化された「超平面」と呼ばれ、より精度の高い回帰AIを作成することも可能です。

図9-7　単回帰分析と重回帰分析

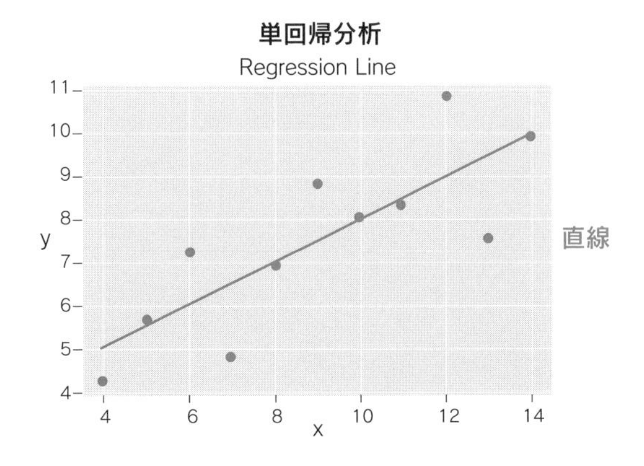

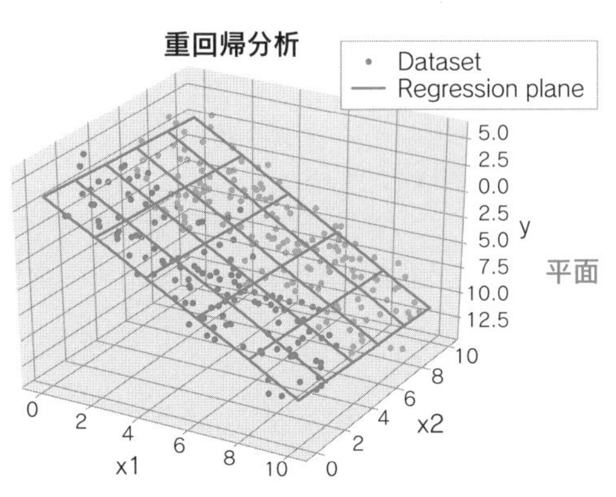

演習 Pythonによる重回帰分析

●データの分割と標準化

それでは、重回帰分析で住宅価格の予想を行ってみましょう。「x = df.drop('MEDV', axis = 1)」と入力すると、住宅価格(MEDV)の列を除いた全ての列の説明変数を利用することができます。

重回帰分析では、複数の説明変数が持つ数字の「単位」が異なります。例えば、気温の「1度」と、時間の「1分」は、人間にとっては異なる意味を持つ数値だとわかりますが、AIにとっては同じ「1」という数値に見えてしまいます。単位や大きさが異なるデータをそのまま重回帰分析で学習させると、回帰AIによる予測結果が値の大きな説明変数に引っ張られ、値の小さな説明変数の影響が小さくなってしまいます。そこで、重回帰分析では「標準化」という操作が必要になります。標準化は、以下の数式のように、各説明変数の平均μ、標準偏差σを使って、各説明変数の平均を0、分散を1にするという操作です。

$$x^i_{new} = \frac{x^i - \mu}{\sigma}$$

scikit-learnライブラリの「StandardScaler」という機能で標準化を行うことで、説明変数の単位や大きさに影響されない回帰AIを作ることができます。最後に、「train_test_split」を使って、506件の住宅のデータを学習データとテストデータに分割します。

リスト9-8 学習データとテストデータの分割と標準化

▶ソースコード

```
x = df.drop('MEDV', axis = 1)
y = df['MEDV']

from sklearn.preprocessing import StandardScaler

scaler = StandardScaler()
scaler.fit(x)
x_std = scaler.transform(x)
x_std = pd.DataFrame(x_std)
x_std.columns = x.columns

x_train, x_test, y_train, y_test = train_test_split(
    x_std, y, train_size = 0.7, test_size = 0.3, random_state = 0)
```

▶実行結果

```
表示なし
```

●重回帰分析による教師あり学習

重回帰分析を行うためのプログラムは、単回帰分析を行うときのプログラムと同じですが、以下に再掲します。13種類の説明変数を考慮した回帰AIが作成されていることがわかります。部屋数(RM)や高速道路へのアクセスのしやすさ(RAD)の値が大きくなると住宅価格が上がりやすく、逆に、低所得者の割合(LSTAT)やボストンの雇用施設への距離(DIS)の値が大きくなると住宅価格が下がりやすいようです。

リスト9-9 重回帰分析による教師あり学習

▶ソースコード

```
from sklearn.linear_model import LinearRegression

model = LinearRegression()
model.fit(x_train, y_train)
print('intercept = ', model.intercept_)
print(pd.DataFrame({"Name":x_train.columns,
                    "Coefficients":model.coef_}).sort_
values(by='Coefficients'))
```

▶実行結果

```
intercept =  22.456310064174723
       Name  Coefficients
12    LSTAT     -3.472390
7       DIS     -3.156010
10  PTRATIO     -2.201201
4       NOX     -1.878980
9       TAX     -1.864133
0      CRIM     -1.042425
6       AGE     -0.280793
2     INDUS      0.077731
11        B      0.621511
3      CHAS      0.637211
1        ZN      1.036041
8       RAD      2.106322
5        RM      2.708767
```

● 価格予測の決定係数

重回帰分析の決定係数を確認すると、学習データの決定係数は0.76、テストデータの決定係数は0.67となっています。単回帰分析では、学習データの決定係数は0.50、テストデータの決定係数は0.43となっていたので、重回帰分析では単回帰分析よりも高い精度の回帰AIを作ることができました。重回帰分析に代表される多変量解析は回帰AIの真骨頂ですので、皆さんもいろいろなデータを入手して、複数の説明変数を使った回帰AIの作成にチャレンジしてみてください。

リスト9-10　価格予測の決定係数

▶ソースコード

```
from sklearn.metrics import r2_score

print('r^2 (train): ', r2_score(y_train, model.predict(x_train)))
print('r^2 (test): ', r2_score(y_test, model.predict(x_test)))
```

▶実行結果

```
r^2 (train):  0.7645451026942548
r^2 (test):  0.6733825506400195
```

演習問題①

「icecoffee.xlsx」は、ある喫茶店のアイスコーヒーの売り上げに関するデータである。1行のデータは喫茶店の営業日1日分の情報を表していて、「temperature」列には気温、「price」列にはアイスコーヒー1杯あたりの値段設定、「icecoffee」列には何杯売れたかという情報が格納されている。本書のサポートサイト（10ページ参照）から「icecoffee.xlsx」をダウンロードし、「気温」からアイスコーヒーの売り上げを予想する単回帰分析のAIを作成しなさい。

演習問題②

「気温」と「価格」からアイスコーヒーの売り上げを予想する重回帰分析のAIを作成しなさい。

第10章

分類AIを用いたデータサイエンス

本章では、教師あり学習の「分類（Classification）」と呼ばれる出力形式について学びます。分類は区別を付けたい数値情報を判断して仕分けたり、音声、画像、動画を特定のカテゴリに識別することに役立ちます。まず、分類AIの仕組みについて学んだあと、決定木とランダムフォレストという2つの分類アルゴリズムを用いて、Pythonで分類のデータ分析をしてみましょう。

10-1 分類AI

分類とは、入力データを事前に定義された複数のクラスに分けることです。私たちは日常生活の中で、さまざまな物事をクラスに分類しています。例えば、分類するクラスは犬、猫のような違いがはっきりしているものから、ラーメンの大盛り、中盛り、小盛りなどの区切りが曖昧なものまであります。人間にとって分類が難しい場合であっても、分類AIであれば対象の特徴を認識して正しいクラスに分類してくれます。

ノーフリーランチ定理

分類AIについて説明する前に、AIにおけるノーフリーランチ定理(No Free Lunch Theorem、無料のランチはない)について説明します。

ノーフリーランチ定理とは、あらゆる問題を効率よく解けるような"万能"のAIは存在しない(理論上、実現不可能)、ということを主張する定理です。

図10-1 ノーフリーランチ定理(No Free Lunch Theorem)

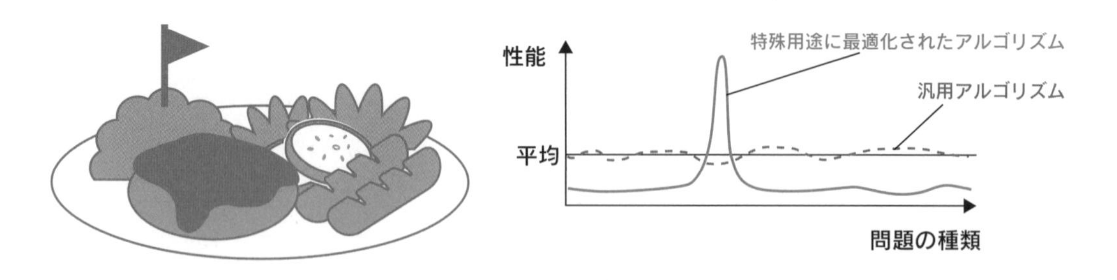

データサイエンスでは、問題解決のためのデータを揃え、それらのデータに統計学やAIを適用し、得られた結果に基づいて問題を解決していきます。一方、ノーフリーランチ定理でも示されているように、あらゆる問題を解決する万能の統計学やAIは存在しません。

そのため、解決したい問題の性質によって利用すべき手法は異なります。また、利用するデータの性質によっても適用できる手法は異なるのです。

データサイエンティストはこれまでに学んだ統計学や回帰AIだけでなく、分類AIやクラスタリングAIなど、さまざまな分析手法の特徴を把握し、自らが行う問題解決に際して、適切な手法を選択できる力量が必要となるのです。

図10-2 AIの学習モデルの選択

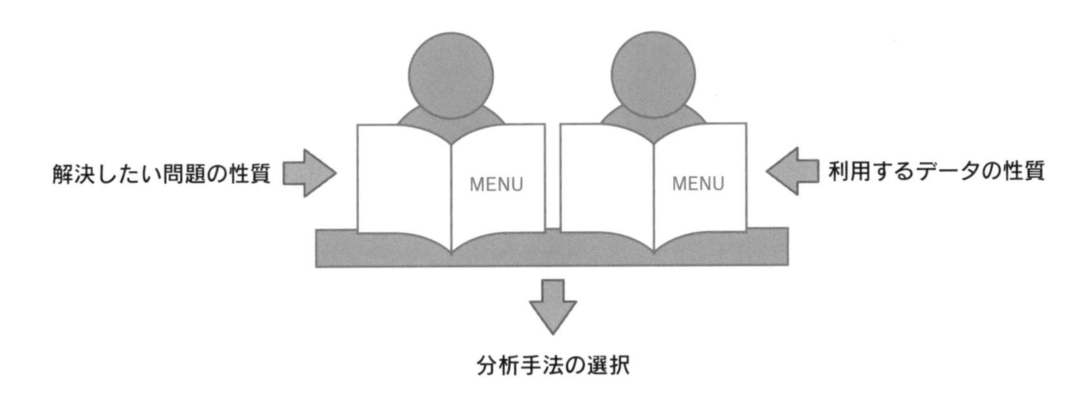

2値分類と多値分類

分類(Classification)の特徴は、あるデータが「どのカテゴリに属するか」という結果を出力することです。

例えば、お弁当屋さんの訪問販売において、顧客の情報(年齢、性別、職業など)、お弁当の商品情報(今日のメニュー、カロリーなど)、環境の情報(気温や天気など)を入力データとして、ある地域でお弁当の訪問販売をした場合に、顧客がお弁当を購入する見込みがあるかを予測します。顧客が「購入する」「購入しない」のどちらのカテゴリに属するかをAIに判断させるわけです。

本来、人間が勘や経験で行っていた物事の判断を、人間の代わりにAIに実行させることが可能となり、実際のビジネス現場でよく利用されている出力形式となります。

お弁当屋さんの訪問販売の例では、顧客が購入する場合は「1」、購入しない場合は「0」という2種類の「離散値」を出力させます。離散値とは、整数として表現されるデータのことです。

分類AIには、2種類の分類をさせるだけでなく、3種類以上の分類をさせることもできます。顧客を「購入する」「購入しない」という２種類に分類するようなケースを「2値分類」、入力画像を「犬」「猫」「鳥」の３種類以上に分類するようなケースを「多値分類」と呼びます。

図10-3　２値分類

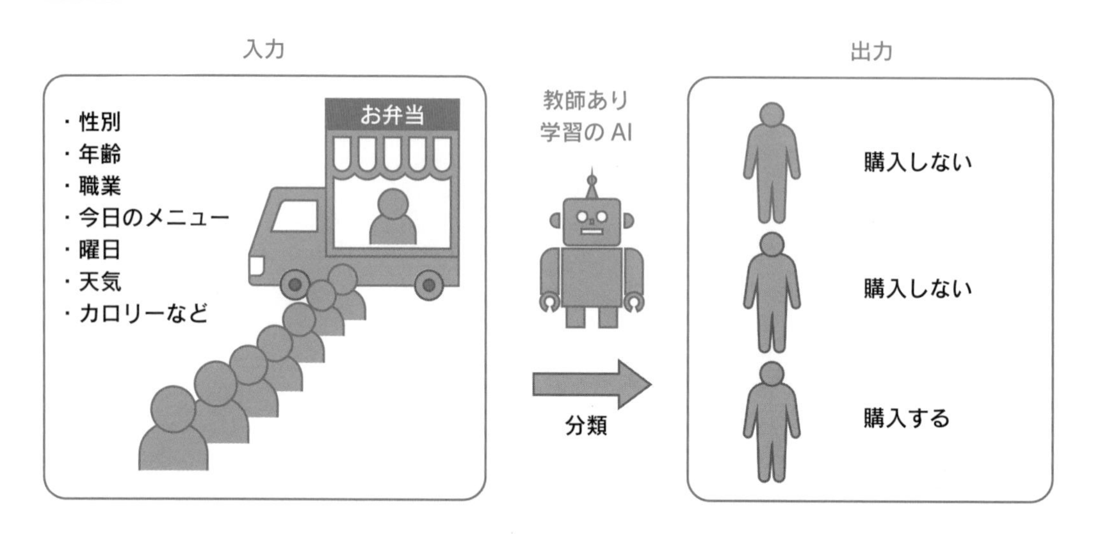

図10-4　多値分類

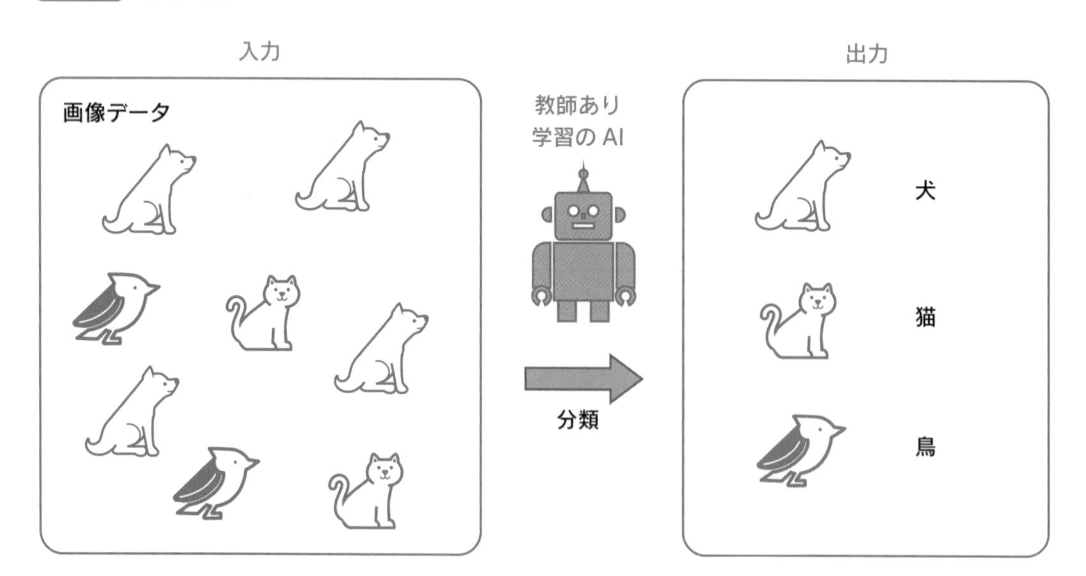

10-2 決定木

ここでは、分類AIによく用いられる「決定木」という機械学習アルゴリズムについて説明します。

決定木とは

決定木とは、データに基づいた意思決定を行うときに用いられる分析手法のことです。段階的にデータを分割していき、以下の図のような樹形図の分析結果を出力します。

決定木の利点は、意思決定のプロセスを人間が解釈することが容易になるということです。例えば、遊園地に行くか、どこにも行かないか、という意思決定を行うときに、天気やお小遣いの残金に応じて、どのように意思決定が変化するかを視覚的に理解することができます。

図10-5　決定木

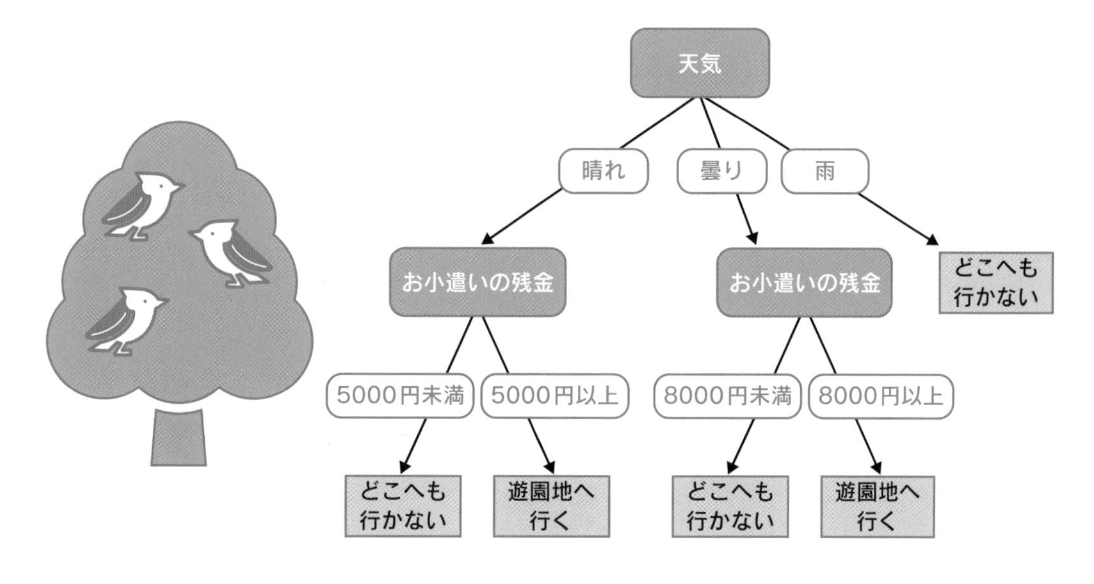

◎意思決定の自動化

人間には個性があり、意思決定の基準も人によってさまざまです。また、将来の結婚相手や就職先を決めるような大事な意思決定は、遊園地に行くか行かないかを決めることよりも難しく複雑になります。意思決定のプロセスが複雑になるほど、最終的な意思決定に自信が持てなくなり、時には失敗することもあるでしょう。そこで、自分に代わって誰かに上手な意思決定を行ってほしい時があります。そうした時に役に立つのが決定木です。

決定木は、意思決定の樹形図がなるべく小さくなる（意思決定が単純になる）ような意思決定プロセスを自動的に生成してくれます。さらに、決定木は学習データからさまざまな意思決定プロセスを学ぶことで、以下の図の樹形図の「？」の部分を、なるべく全員が幸せになれるように公平に決めることができます。

図10-6　意思決定の自動化

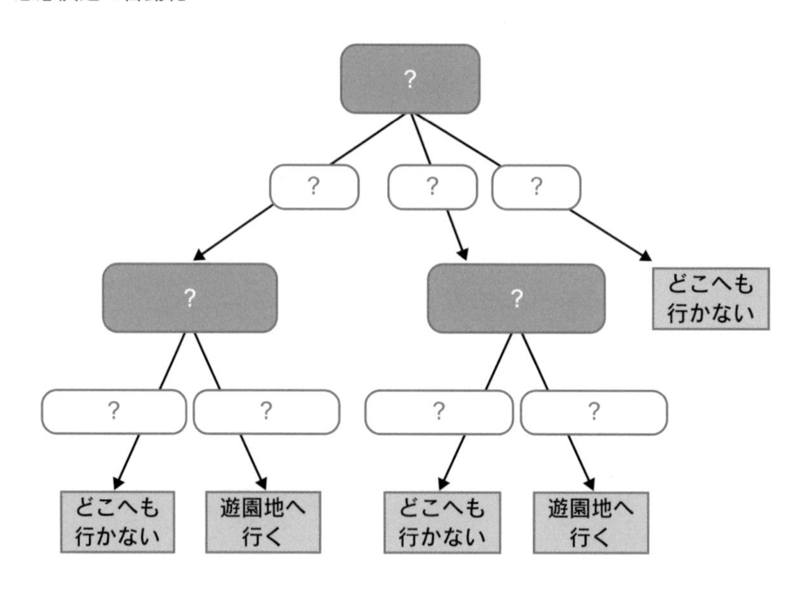

◎情報利得が小さい決定木

決定木が「？」の部分を決めるときには、どれだけ上手に分割できたかを数値化した「情報利得」という値を用います。

例えば、男性100人と女性100人の集団を男女に分ける決定木があるときに、「？」の部分を「肉が好きか、嫌いか」という判断基準に置き換えたとすると、左の「肉が好き」と答えた集団は男性70人、女性70人、右の「肉が嫌い」と答えた集団は男性30人、女性30人に分かれたとします。

左の集団も右の集団も男女の割合は50%となっており、「肉が好きか、嫌いか」という質問は、男女を分けるには有用でないとわかります。このような判断基準による決定木は、情報利得の値も小さくなります。

図10-7　情報利得が小さい決定木

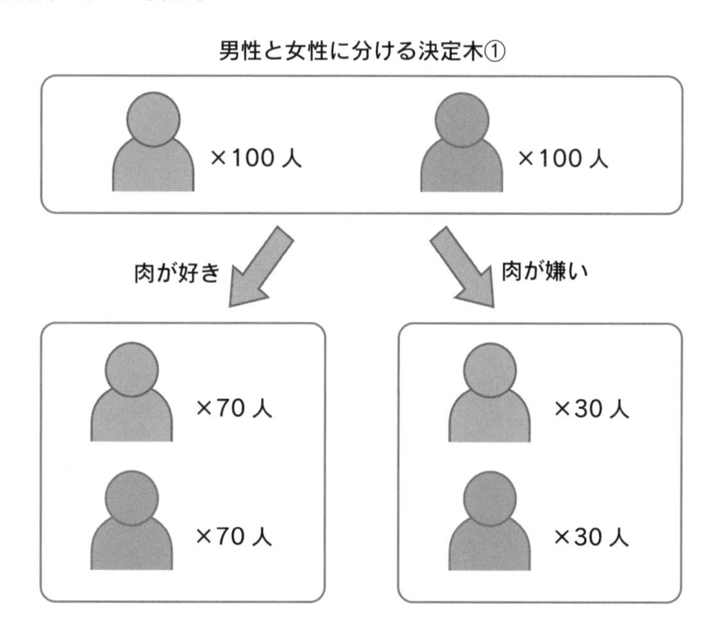

◎情報利得が大きい決定木

一方、「？」の部分を「化粧品に興味があるか、ないか」という判断基準に置き換えたとすると、左の「化粧品に興味がある」と答えた集団は男性２人、女性98人、右の「化粧品に興味がない」と答えた集団は男性98人、女性２人に分かれたとします。

左の集団は女性が98%、右の集団は男性が98%となっており、「化粧品に興味があるか、ないか」という質問は、男女を分けるのに有用であることがわかります。

このような判断基準による決定木は、情報利得の値が大きくなります。決定木はさまざまな判断基準の中から、情報利得が大きくなる判断基準を優先的に「？」に設定していくことで、意思決定の樹形図がなるべく小さくなるように意思決定プロセスを単純化した決定木を作ることができます。

図10-8　情報利得が大きい決定木

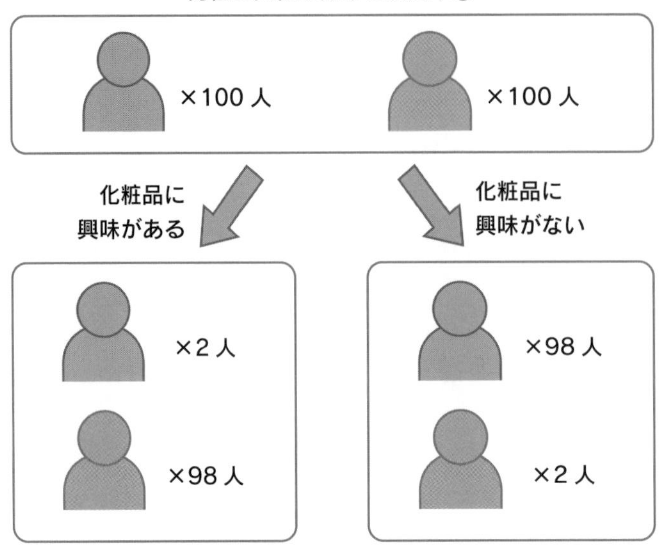

◎決定木の「枝刈り」

決定木が過学習をしないように汎化性能を高めることを「枝刈り（Pruning）」と呼びます。例えば、りんごなどの果樹では、よりおいしい果物を作るために、あえて実のついた枝を剪定することがあります。収穫量が減ってしまってもったいない気がしますが、残った実に栄養が集中するようになるため、おいしい果物を作ることができるようになります。

図10-9　果樹の枝刈り

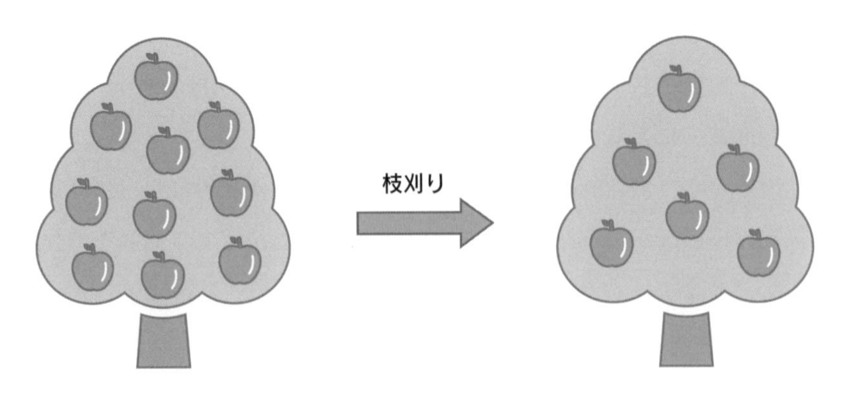

決定木は、学習データが完全に分類されるまで決定木をどんどん成長させていきます。例えば、先ほどの男性100人と女性100人の集団を男女に分ける決定木は、男女が完全に分かれるまでさまざまな判断基準を付け加えていき、複雑に分岐しながら大きくなって

いきます。一見すると、学習データを完全に分類できる決定木のほうが良さそうに見えますが、学習データを完全に分類できるということは、「その学習データしか分類できず、未知のデータに対応できない」という過学習の状態に陥りやすくなります。そこで、決定木で決定木を作る際は、決定木がある程度成長したら成長を止めてしまう「剪定（枝刈り）」が必要となるのです。

図10-10 決定木の枝刈り

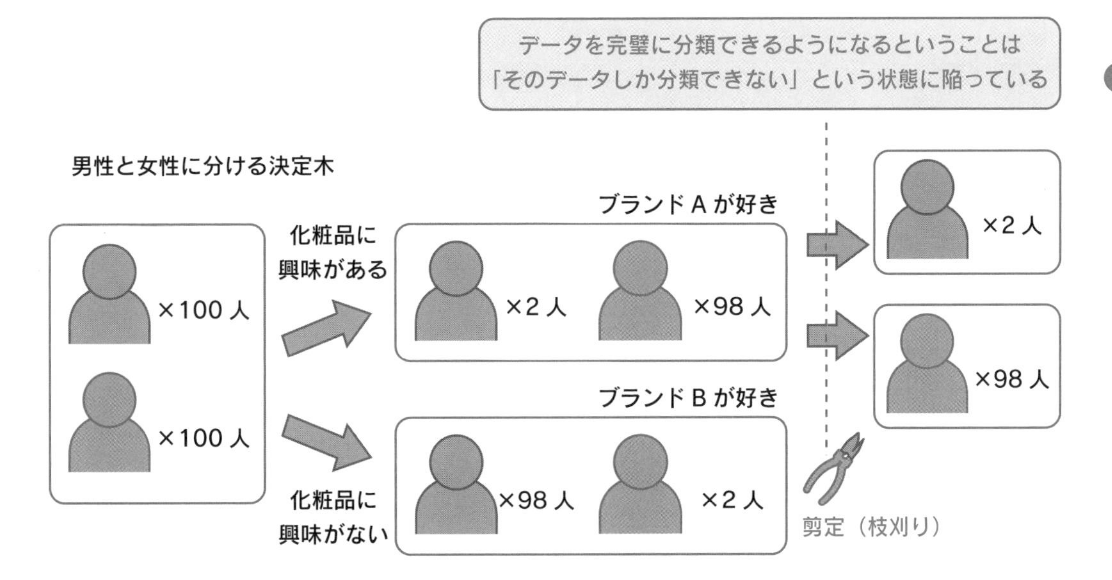

演習 Pythonによる分類AIの作成（2値分類）

乳がんの悪性、良性を見分けることができる分類のAIをPythonで作成しましょう。

●データの準備

分析に利用するデータはウィスコンシン大学のBreast Cancerデータセットです。

URL https://archive.ics.uci.edu/ml/datasets/Breast+Cancer+Wisconsin+(Diagnostic)

データセットに含まれる特徴量は、乳房塊の微細針吸引物（FNA）のデジタル化画像から計算され、画像中に存在する細胞核のさまざまな特徴を捉えたものです。569人のデータが含まれていて、typeという列にMalignant（0、悪性）とBenign（1、良性）の診断結果が格納されています。また、乳がんの特性を表す30種類の説明変数が格納されています。

表10-1　Breast Cancerデータセットに含まれるデータ

変数名	説明
type	0 = malignant：悪性、1 = benign：良性
mean radius	平均半径
mean texture	テクスチャをグレースケールにした際の平均
mean perimeter	平均外周の長さ
mean area	平均面積
mean smoothness	平均なめらかさ（半径の分散）
mean compactness	外周長さ^2 / 面積 - 1.0で示すコンパクトさ平均
mean concavity	輪郭の凹部の重要度の平均
mean concave points	輪郭の凹部の数の平均
mean symmetry	対称性
mean fractal dimension	フラクタル次元の平均
radius error	半径誤差
texture error	テクスチャの誤差
perimeter error	外周の誤差
area error	面積の誤差
smoothness error	なめらかさの誤差
compactness error	コンパクトさの誤差
concavity error	輪郭の凹部の重要度の誤差
concave points error	輪郭の凹部の数の誤差
symmetry error	対称性の誤差
fractal dimension error	フラクタル次元の誤差
worst radius	半径最悪値
worst texture	テクスチャ最悪値
worst perimeter	外周の長さ最悪値
worst area	面積の最悪値
worst smoothness	なめらかさの最悪値
worst compactness	コンパクトさの最悪値
worst concavity	輪郭の凹部の重要度の最悪値
worst concave points	輪郭の凹部の数の最悪値
worst symmetry	対称性の最悪値
worst fractal dimension	フラクタル次元の最悪値

W.N. Street, W.H. Wolberg and O.L. Mangasarian. Nuclear feature extraction for breast tumor diagnosis. IS&T/SPIE 1993 International Symposium on Electronic Imaging: Science and Technology, volume 1905, pages 861-870, San Jose, CA, 1993.

このデータはデータサイエンスの練習用データなので、誰でも無料で使うことができます。カリフォルニア大学のWebサイトからダウンロードできるデータセットに対して、ある程度のデータクレンジングを施したデータセット（breast_cancer_clean.xlsx）を、本書のサポートサイト（10ページ参照）に用意しました。本書のサポートサイトから「breast_cancer_clean.xlsx」を入手してColaboratoryにアップロードしてください。Colaboratoryにファイルをアップロードする方法は70ページを参照してください。

●データの読み込み

アップロードが終わったら、以下のリストのプログラムを実行してデータセットを読み込んでください。以降、リストの内容は「＋コード」をクリックして、新しい入力欄に入力するようにしてください。たとえば、リスト10-1とリスト10-2の内容は、異なる入力欄に入力して実行してください。

リスト10-1 Breast Cancerデータセットの読み込み

▶ソースコード

```
import pandas as pd

df = pd.read_excel('breast_cancer_clean.xlsx')
df
```

▶実行結果

	type	mean radius	mean texture	mean perimeter	mean area	mean smoothness	mean compactness	mean concavity	mean concave points	mean symmetry
0	0	17.99	10.38	122.80	1001.0	0.11840	0.27760	0.30010	0.14710	0.2419
1	0	20.57	17.77	132.90	1326.0	0.08474	0.07864	0.08690	0.07017	0.1812
2	0	19.69	21.25	130.00	1203.0	0.10960	0.15990	0.19740	0.12790	0.2069
3	0	11.42	20.38	77.58	386.1	0.14250	0.28390	0.24140	0.10520	0.2597
4	0	20.29	14.34	135.10	1297.0	0.10030	0.13280	0.19800	0.10430	0.1809
...	...	...	...	...	...	...	...	...	...	...
564	0	21.56	22.39	142.00	1479.0	0.11100	0.11590	0.24390	0.13890	0.1726
565	0	20.13	28.25	131.20	1261.0	0.09780	0.10340	0.14400	0.09791	0.1752
566	0	16.60	28.08	108.30	858.1	0.08455	0.10230	0.09251	0.05302	0.1590
567	0	20.60	29.33	140.10	1265.0	0.11780	0.27700	0.35140	0.15200	0.2397
568	1	7.76	24.54	47.92	181.0	0.05263	0.04362	0.00000	0.00000	0.1587

569 rows × 31 columns

ean try	...	worst radius	worst texture	worst perimeter	worst area	worst smoothness	worst compactness	worst concavity	worst concave points	worst symmetry	worst fractal dimension
19	...	25.380	17.33	184.60	2019.0	0.16220	0.66560	0.7119	0.2654	0.4601	0.11890
12	...	24.990	23.41	158.80	1956.0	0.12380	0.18660	0.2416	0.1860	0.2750	0.08902
69	...	23.570	25.53	152.50	1709.0	0.14440	0.42450	0.4504	0.2430	0.3613	0.08758
97	...	14.910	26.50	98.87	567.7	0.20980	0.86630	0.6869	0.2575	0.6638	0.17300
09	...	22.540	16.67	152.20	1575.0	0.13740	0.20500	0.4000	0.1625	0.2364	0.07678
...	...	...	...	...	...	...	...	...	...	...	...
26	...	25.450	26.40	166.10	2027.0	0.14100	0.21130	0.4107	0.2216	0.2060	0.07115
52	...	23.690	38.25	155.00	1731.0	0.11660	0.19220	0.3215	0.1628	0.2572	0.06637
90	...	18.980	34.12	126.70	1124.0	0.11390	0.30940	0.3403	0.1418	0.2218	0.07820
97	...	25.740	39.42	184.60	1821.0	0.16500	0.86810	0.9387	0.2650	0.4087	0.12400
87	...	9.456	30.37	59.16	268.6	0.08996	0.06444	0.0000	0.0000	0.2871	0.07039

●学習データとテストデータの分割

「x = df.drop(['type'], axis = 1)」という命令を実行すると、乳がんの悪性、良性を表す「type」列以外の全ての列を説明変数にすることができます。また、Breast Cancerデータセットには合計569人の診断データがありますが、569人のデータを全て学習データにしてしまうと、作成したAIの汎化性能を評価することができません。そこで、「train_test_split」という命令を使って、569人の診断データのうち、70%(398人)を学習データ、残りの30%(171人)をテストデータとするようにデータを分割します。

リスト10-2 学習データとテストデータの分割

▶ソースコード

```
from sklearn.model_selection import train_test_split

x = df.drop(['type'], axis = 1)
y = df['type']

x_train, x_test, y_train, y_test = train_test_split(
    x, y, train_size = 0.7, test_size = 0.3, random_state = 0)
```

▶実行結果

```
表示なし
```

●決定木による教師あり学習(枝刈りなし)

398人の学習データを使って乳がんの悪性、良性を判断する分類のAIを作成します。ここでは、さきほど説明した決定木のアルゴリズムを用います。

今回の決定木は30個の説明変数を全て使うため、前章で説明した「多変量解析」となります。本来、多変量解析の場合は「標準化」が必要となりますが、決定木は標準化が必要ない特別な機械学習アルゴリズムですので、標準化のプログラムを実行する必要はありません。

以下のプログラムを実行すると、Pythonの機械学習ライブラリの「scikit-learn」をインポートして、決定木による教師あり学習が実行されます。最初は枝刈りを行わないで学習を進めてみます。

リスト10-3 決定木による教師あり学習

▶ソースコード

```
from sklearn.tree import DecisionTreeClassifier
model = DecisionTreeClassifier()
model.fit(x_train, y_train)
```

▶実行結果

```
DecisionTreeClassifier()
```

●決定木の可視化（枝刈りなし）

それでは、学習が終わった決定木の樹形図を可視化してみましょう。以下のコードを実行すると、決定木の樹形図を可視化しながら、意思決定のプロセスを確認することができます。

一番上の四角の枠は初期状態を表しており、学習データの中には悪性が149人、良性が249人いることがわかります(value = [149,249])。そして、輪郭の凹部の数の最悪値(worst concave points)が0.142以下の場合は左側、そうでなければ右側に分岐していることがわかります。この樹形図を最下層まで辿っていくと、決定木がどのような考え方で最終的な分類結果を導いたかを確認することができます。

決定木は、数あるAIの中でも「AIの中身がどのようになっているか(何を考えているか)」が最もわかりやすいAIであると言われ、「ホワイトボックスAI」とも呼ばれています。

リスト10-4 決定木の可視化（枝刈りなし）

▶ソースコード

```
from sklearn.tree import export_graphviz
import pydotplus
from six import StringIO
from IPython.display import Image
dot_data = StringIO()
export_graphviz(model, out_file=dot_data,
                feature_names=x_train.columns,
                class_names=['No','Yes'],
                filled=True, rounded=True)
graph = pydotplus.graph_from_dot_data(dot_data.getvalue())
Image(graph.create_png())
```

▶実行結果

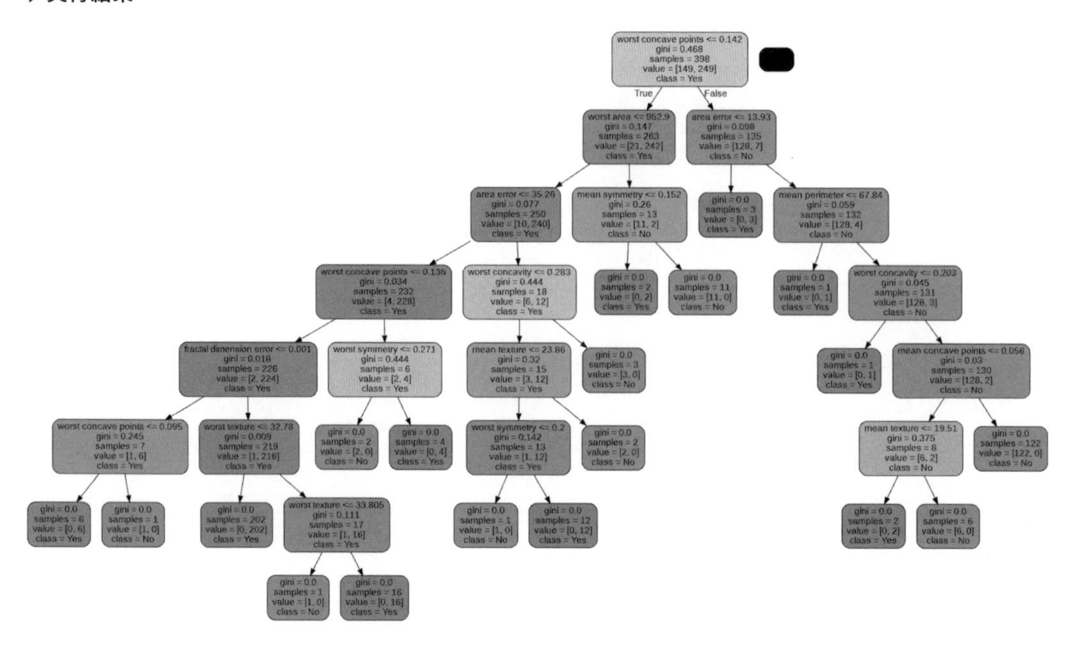

●特徴量重要度の可視化

決定木のもう1つの利点は、複数の説明変数の中でどの説明変数が予測に役立ったのかを表す「特徴量重要度」を可視化できるという点です。以下のプログラムを実行すると特徴量重要度を可視化することができます。

乳がんの悪性、良性を分類するうえでは、先ほどの輪郭の凹部の数の最悪値（worst concave points）の値が突出して有用であることが分かります。逆に、分類にほとんど役立たない説明変数は、学習データから除外しても問題ありません。

リスト10-5　特徴量重要度の可視化

▶ソースコード

```
import numpy as np
from matplotlib import pyplot as plt

n_features = len(x_train.columns)
plt.barh(range(n_features), model.feature_importances_, align =
'center')
plt.yticks(np.arange(n_features), x_train.columns)
plt.xlabel("importance")
plt.ylabel("feature")
```

▶実行結果

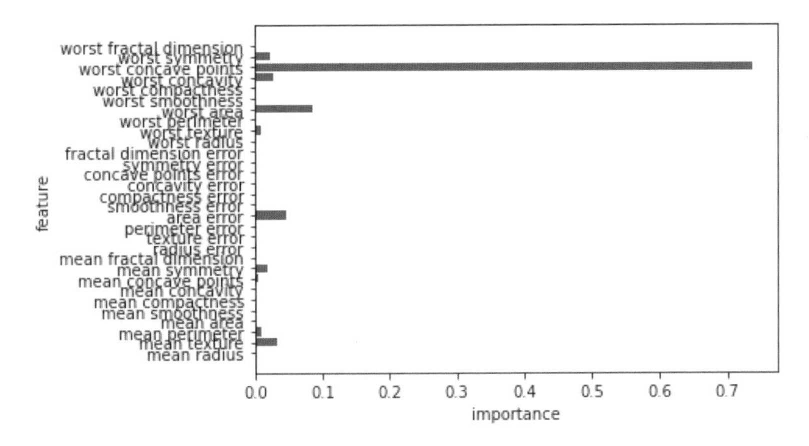

●学習データとテストデータに対する分類精度(枝刈りなし)

枝刈りをしていない決定木による分類結果の正解率を評価してみましょう。以下のプログラムを実行すると、学習データとテストデータに対する決定木の分類精度を確認することができます。この決定木は枝刈りを行っていませんので、学習データを完全に分類できるようになるまで決定木を成長させていきます。結果として、学習データに対する正解率は100%となっています。一方、学習には使わなかったテストデータに対する正解率は90%を超えています。

リスト10-6 学習データとテストデータに対する分類精度(枝刈りなし)

▶ソースコード

```
print('正解率(train):{:.3f}'.format(model.score(x_train, y_train)))
print('正解率(test):{:.3f}'.format(model.score(x_test, y_test)))
```

▶実行結果

```
正解率(train):1.000
正解率(test):0.930
```

演習 決定木による教師あり学習(枝刈りあり)

枝刈りを行うことで決定木の分類精度がどのように変化するかを確認してみましょう。以下のプログラムを実行すると、決定木の深さを3層まで(max_depth = 3)として、枝刈りを行いながら決定木の学習を進めることができます。

リスト10-7　決定木の枝刈り

▶ソースコード

```
from sklearn.tree import DecisionTreeClassifier
model = DecisionTreeClassifier(max_depth = 3)
model.fit(x_train, y_train)
```

▶実行結果

```
DecisionTreeClassifier(max_depth=3)
```

決定木の可視化（枝刈りあり）

以下のプログラムを実行して、枝刈りを行った決定木の樹形図を確認してみます。可視化した決定木は、深さが3層までとなっていることがわかります。枝刈りを行わなかった決定木と比較して、枝の数がずいぶんと減ってスッキリしてしまいましたが、本当に枝刈りをした決定木のほうが汎化性能は向上するのでしょうか。

リスト10-8　決定木の可視化（枝刈りあり）

▶ソースコード

```
from sklearn.tree import export_graphviz
import pydotplus
from six import StringIO
from IPython.display import Image
dot_data = StringIO()
export_graphviz(model, out_file=dot_data,
                feature_names=x_train.columns,
                class_names=['No','Yes'],
                filled=True, rounded=True)
graph = pydotplus.graph_from_dot_data(dot_data.getvalue())
Image(graph.create_png())
```

▶実行結果

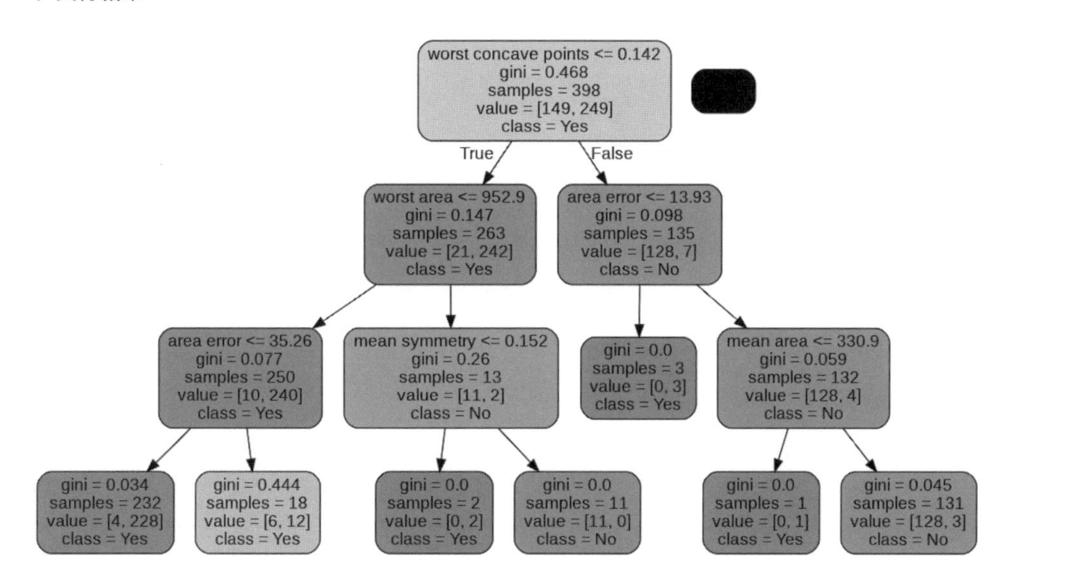

演習 学習データとテストデータに対する分類精度（枝刈りあり）

枝刈りを行った決定木による分類結果の正解率を評価してみましょう。以下のプログラムを実行すると、学習データとテストデータに対する決定木の分類精度を確認することができます。枝刈りを行った決定木は、学習データに対する正解率は96.7%と下がってしまいましたが、テストデータに対する正解率は94.7%に向上していることがわかります。きちんと枝刈りを行うことで、決定木の汎化性能を改善できることが確認できました。決定木はとても過学習しやすいため、読者の皆さんも決定木でAIを作るときは枝刈りを忘れないように心がけましょう。

リスト10-9 学習データとテストデータに対する分類精度（枝刈りあり）

▶ソースコード

```
print('正解率(train):{:.3f}'.format(model.score(x_train, y_train)))
print('正解率(test):{:.3f}'.format(model.score(x_test, y_test)))
```

▶実行結果

```
正解率(train):0.967
正解率(test):0.947
```

10-3 アンサンブル学習

AIの汎化性能を向上させるために、個々に学習した複数のAIを融合させる方法がアンサンブル学習です。以下でアンサンブル学習についての解説とPythonによる分類AIの作成を行います。

アンサンブル学習とは

アンサンブルは、もともと音楽用語で２人以上が異なる楽器を使って、協力して同時に演奏することです。複数のAIをアンサンブルのように連携させることで、決定木の分類精度をさらに向上させることができます。

図10-11　アンサンブル（Ensemble）

例えば、決定木をアンサンブル学習させる場合は、異なる10種類の決定木を用意して対象のデータを予測し、それぞれの決定木による予測結果を全て組み合わせて、最終的な予測結果を導くという手順になります。アンサンブル学習を行うことで、過学習の発生を抑えたり、データ不足の時に学習を効率よく進められたりするメリットがあります。

図10-12 決定木のアンサンブル学習

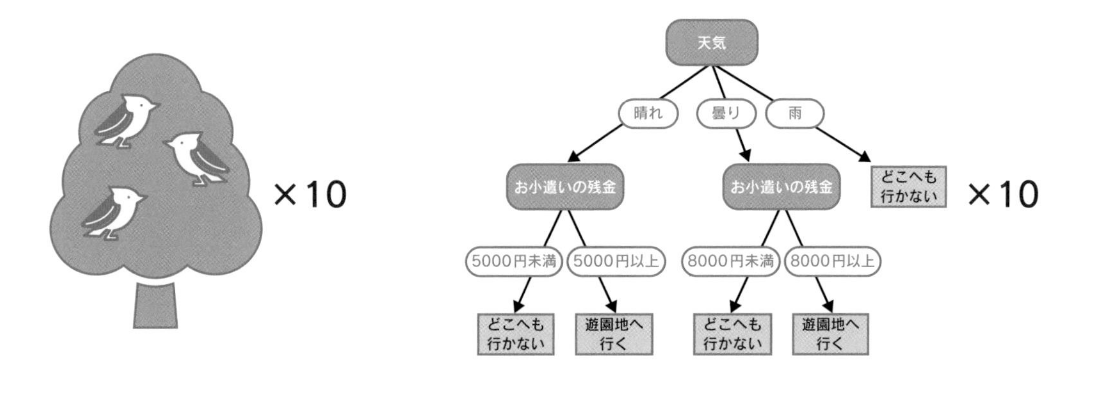

バギング

アンサンブル学習には複数の手法がありますが、ここでは「バギング(bagging)」について説明します。

バギングとは、複数のAIを独立に学習させ、それらをアンサンブルする形態のことです。バギングでは、最初に元の学習データからランダムに復元抽出(重複を許して抽出)を行います。この操作を「ブートストラップ」と呼びます。

例えば、1000人分のデータがある時に、500人分をランダムに復元抽出するという操作を何回も行って、異なるデータを用意します。そして、取り出したデータのそれぞれに対して学習を行って、複数のAIを作成します。

復元抽出で取り出したデータから学習をしたAIは、全てのデータを使って学習したAIと比較して予測精度が若干低下することから「弱学習器」と呼ばれます。そして、複数の弱学習器の結果を集約して最終的な予測を行います。例えば、回帰問題の場合は、複数の弱学習器の予測結果の平均を取ります。分類問題の場合は、複数の弱学習器の予測結果の多数決を取ります。

実社会のデータに対してAIを作成する際に、思ったよりも予測精度がでない場合は、アンサンブル学習を行うことで改善できる可能性があります。

図10-13 バギング（bagging）

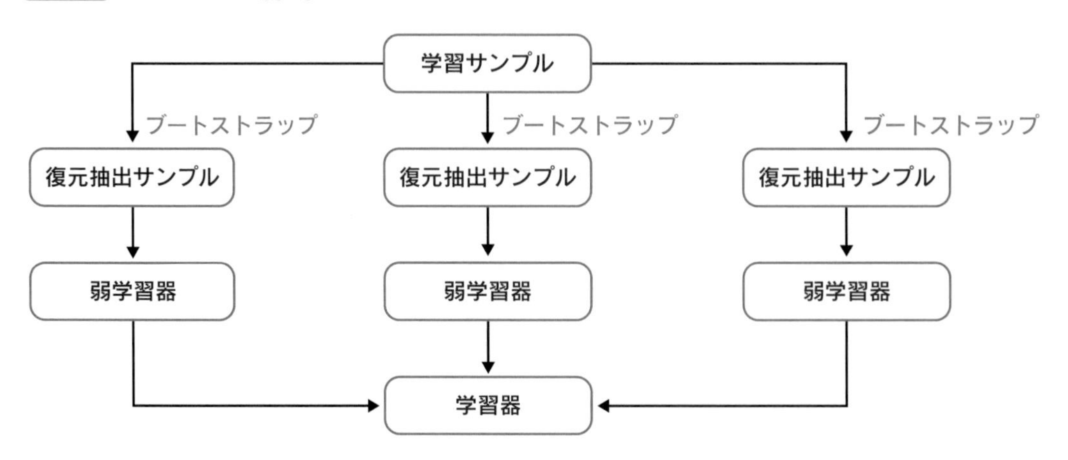

演習 Pythonによる分類AIの作成（多値分類）

アンサンブル学習で分類AIを作成してデータ分析をしましょう。

●データの準備と読み込み

分析に利用するデータは「3種類のぶどうから作られたワインの化学成分に関するデータ（http://archive.ics.uci.edu/ml/datasets/Wine）」です。3種類のぶどうを原料として作られた合計178本のワインについて、アルコール度数や酸の強さなどの化学成分の数値が格納されています。今回は、ワインに含まれる化学成分の数値から、3種類のぶどうの中でどのぶどうが実際に使われたのかを予測するAIを作成します。乳がんのデータセットは悪性、良性の2種類の値を分類する2値分類でしたが、ワインのデータセットは3種類のぶどうの栽培品種を分類する多値分類となります。

表10-2 Wineデータセットに含まれるデータ

変数名	説明
class	ぶどうの栽培品種（3種類）
alcohol	アルコール
malic_acid	リンゴ酸
ash	灰
alcalinity_of_ash	灰のアルカリ性
magnesium	マグネシウム
total_phenols	フェノール類全量
flavanoids	フラバノイド
nonflavanoid_phenols	非フラバノイドフェノール類
proanthocyanins	プロアントシアニン
color_intensity	色彩強度
hue	色調
OD280_OD315_of_diluted_wines	蒸留ワインのOD280/OD315
proline	プロリン

Forina, M. et al, PARVUS - An Extendible Package for Data Exploration, Classification and Correlation. Institute of Pharmaceutical and Food Analysis and Technologies, Via Brigata Salerno, 16147 Genoa, Italy.

ある程度のデータクレンジングを施したデータセット（wine_clean.xlsx）を、本書のサポートサイト（10ページ参照）に用意しました。本書のサポートサイトから「wine_clean.xlsx」を入手してColaboratoryにアップロード（70ページ参照）してください。そして、以下のプログラムを実行して、Wineデータセットの読み込みを行います。

ぶどうの栽培品種は3種類あり、「class」という列にワインの原料となったぶどうの栽培品種が「0」、「1」、「2」の離散値で表現されています。

リスト10-10 Wineデータセットの読み込み

▶ソースコード

```
import pandas as pd

df = pd.read_excel('wine_clean.xlsx')
df
```

▶実行結果

	alcohol	malic_acid	ash	alcalinity_of_ash	magnesium	total_phenols	flavanoids	nonflavanoid_phenols	proanthocyanins	color_intensity	hue	od280/od315_of_diluted_wines	proline	class
0	14.23	1.71	2.43	15.6	127.0	2.80	3.06	0.28	2.29	5.64	1.04	3.92	1065.0	0
1	13.20	1.78	2.14	11.2	100.0	2.65	2.76	0.26	1.28	4.38	1.05	3.40	1050.0	0
2	13.16	2.36	2.67	18.6	101.0	2.80	3.24	0.30	2.81	5.68	1.03	3.17	1185.0	0
3	14.37	1.95	2.50	16.8	113.0	3.85	3.49	0.24	2.18	7.80	0.86	3.45	1480.0	0
4	13.24	2.59	2.87	21.0	118.0	2.80	2.69	0.39	1.82	4.32	1.04	2.93	735.0	0
...	...	...	...	...	...	...	...	...	...	...	...	...	...	...
173	13.71	5.65	2.45	20.5	95.0	1.68	0.61	0.52	1.06	7.70	0.64	1.74	740.0	2
174	13.40	3.91	2.48	23.0	102.0	1.80	0.75	0.43	1.41	7.30	0.70	1.56	750.0	2
175	13.27	4.28	2.26	20.0	120.0	1.59	0.69	0.43	1.35	10.20	0.59	1.56	835.0	2
176	13.17	2.59	2.37	20.0	120.0	1.65	0.68	0.53	1.46	9.30	0.60	1.62	840.0	2
177	14.13	4.10	2.74	24.5	96.0	2.05	0.76	0.56	1.35	9.20	0.61	1.60	560.0	2

178 rows × 14 columns

●学習データとテストデータの分割

Wineデータセットに含まれる13種類の化学成分のデータを用いて、ぶどうの栽培品種の分類を行うAIを作成します。「x = df.drop(['class'], axis = 1)」という命令を実行すると、ぶどうの栽培品種を表す「class」列以外の全ての列を入力データにすることができます。

また、Wineデータセットには合計178本のワインに関するデータがありますが、178本のワインの全てを学習データにしてしまうと、作成したAIの汎化性能を評価することができません。そこで、「train_test_split」という命令を使って、178本のワインのうち、70%(124本)を学習データ、残りの30%(54本)をテストデータとするようにデータを分割します。

リスト10-11　学習データとテストデータの分割

▶ソースコード

```
x = df.drop(['class'], axis = 1)
y = df['class']
```

```
from sklearn.model_selection import train_test_split
x_train, x_test, y_train, y_test = train_test_split(
    x, y, train_size = 0.7, test_size = 0.3, random_state = 0)
```

▶実行結果

```
表示なし
```

●ランダムフォレストによる教師あり学習

ここでは決定木のアンサンブル学習アルゴリズムの1つである「ランダムフォレスト」を用います。ランダムフォレストは、複数の分類用のAIを作成して、多数決で分類結果を決定するバギングのアンサンブル学習アルゴリズムです。分類精度が良いため、分類を目的としたデータ分析でよく使われています。

以下のプログラムを実行すると、ランダムフォレストで教師あり学習をしたAIを作成できます。AIの学習には学習データのみを使っており、テストデータは学習に使っていません。テストデータに対してAIが予測した結果の精度が良い場合は、AIの汎化性能が高いということを意味します。出力結果の0、1、2の離散値は、あらかじめ別にとっておいたテストデータに対するAIの予測結果を表しています。

リスト10-12 ランダムフォレストによる教師あり学習

▶ソースコード

```
from sklearn.ensemble import RandomForestClassifier
model = RandomForestClassifier()
model.fit(x_train, y_train)
model.predict(x_test)
```

▶実行結果

```
array([0, 2, 1, 0, 1, 1, 0, 2, 1, 1, 2, 2, 0, 1, 2, 1, 0, 0, 2, 0, 1, 0,
       0, 1, 1, 1, 1, 1, 1, 2, 0, 0, 1, 0, 0, 0, 2, 1, 1, 2, 0, 0, 1, 1,
       1, 0, 2, 1, 2, 0, 2, 2, 0, 2])
```

●学習データとテストデータに対する分類精度

以下のプログラムを実行すると、学習データとテストデータに対する分類結果の精度を確認できます。学習データに対する分類精度は100%、テストデータに対する分類精度は98.1%となっています。Wineデータセットに対して、非常に高い精度でぶどうの栽培品種を分類できるAIを作成することができました。テストデータに対する分類精度が98.1%という結果は、汎化性能の面からも申し分のない良いAIであることを示しています。

リスト10-13 学習データとテストデータに対する分類精度

▶ソースコード

```
print('正解率(train):{:.3f}'.format(model.score(x_train, y_train)))
print('正解率(test):{:.3f}'.format(model.score(x_test, y_test)))
```

▶実行結果

```
正解率(train):1.000
正解率(test):0.981
```

演習問題①

「iris_clean.xlsx」は、「アヤメ」という花の形状データである。「花びらの長さ(petal.length)」、「花びらの幅(petal.width)」、「がく片の長さ(sepal.length)」、「がく片の幅(sepal.width)」という4つの特徴量と、アヤメの種類である「setosa/versicolor/virginica」という3つのラベルで構成されている。本書のサポートサイト(10ページ参照)から「iris_clean.xlsx」をダウンロードし、アヤメの種類を分類するAIを決定木で作成しなさい。

Fisher,R.A. "The use of multiple measurements in taxonomic problems" Annual Eugenics, 7, Part II, 179-188 (1936); also in "Contributions to Mathematical Statistics" (John Wiley, NY, 1950).

演習問題②

アヤメの種類を分類するAIをランダムフォレストで作成しなさい。

第11章 クラスタリングAIを用いたデータサイエンス

本章では、教師なし学習の「クラスタリング（Clustering）」と呼ばれる出力形式について学びます。ビジネスの世界では、ECサイトにおける顧客の購入データなど、膨大なデータの中から似ているもの顧客を探し出してグループ分けすることで、さまざまなビジネスチャンスを見出すことができます。まず、クラスタリングの仕組みについて学んだあと、階層的クラスタリングと非階層的クラスタリングという２つのクラスタリング手法を用いて、Pythonで実際のデータにクラスタリングを行ってみましょう。

11-1 クラスタリング

クラスタリングとは、データ間の類似度にもとづいて、データをグループ分けする手法のことです。前章で学んだ「分類」と似ていますが、学習データとしてあらかじめ人間が決めたグループ分けの「正解」を与えなくても、データをもとに「特徴」を学習して自動的にグループ分けをしてくれるため、クラスタリングを用いたデータ分析はとても簡単に行うことができます。

クラスタリング（Clustering）の仕組み

クラスタリングとは、教師あり学習の分類と同じようなカテゴリ分類を、正解データではなく、正解のないデータから行うことです。例えば、お弁当の訪問販売では、性別や年齢などの顧客の属性情報や、どのような商品を好んで購入するかなどの情報に応じて、顧客をいくつかのグループに分類することができます。

教師あり学習の分類では、あらかじめ人間が決めたカテゴリに基づいた分類結果が出力されます。例えば、お弁当を購入する、購入しない、などの事前に決めたカテゴリに従った分類結果です。

一方、教師なし学習のクラスタリングは、分類後のグループの特徴を人間が見出す必要があります。お弁当の訪問販売の潜在顧客に対してクラスタリングを行うと、顧客を女子学生、サラリーマン、工事現場作業員のグループに分けた結果などが自動的に出力されます。

クラスタリングによってどのようなグループ分けが行われるかは、AIによる分類結果を調べてみないと分かりませんが、時には人間が気づかないグループが見つかることがあります。顧客全体ではなく、特定のグループに限定した行動（例えば、工事現場作業員にはスタミナのつくお弁当を割引する）をすれば、さらなる利益を挙げることができるかもしれません。このように、何らかの行動につながる知見を見出すことがクラスタリングの主な目的です。

図11-1 クラスタリング (Clustering)

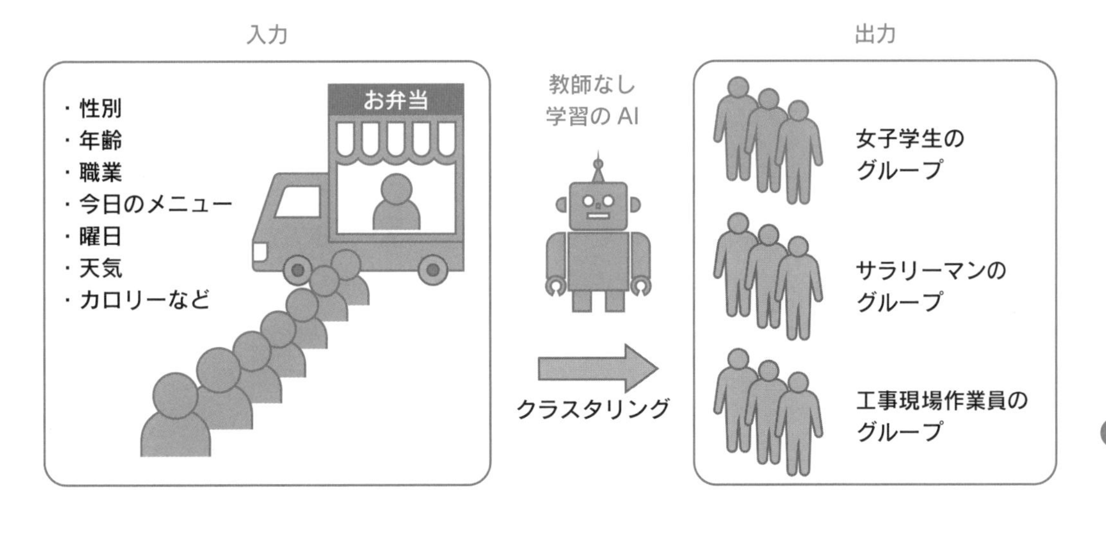

広告配信の最適化

クラスタリングを用いたデータ分析は、ビジネスのさまざまな場面で利用されています。例えば、ショッピングセンターの会員への広告配信の場合は、会員カードに紐づいた情報（性別、年齢、住所、購入履歴など）をクラスタリングAIの学習データに活用します。そして、各会員の属性（性別、年齢など）や嗜好性、消費傾向を基準にして、クラスタリングでグループに分けていきます。各グループ（クラスタ）は異なるニーズを持っているため、そのニーズにマッチングした内容の広告を配布することで、ショッピングセンター会員の退会率の低下や、商品の購入率の向上を実現することができます。

図11-2 広告配信の最適化

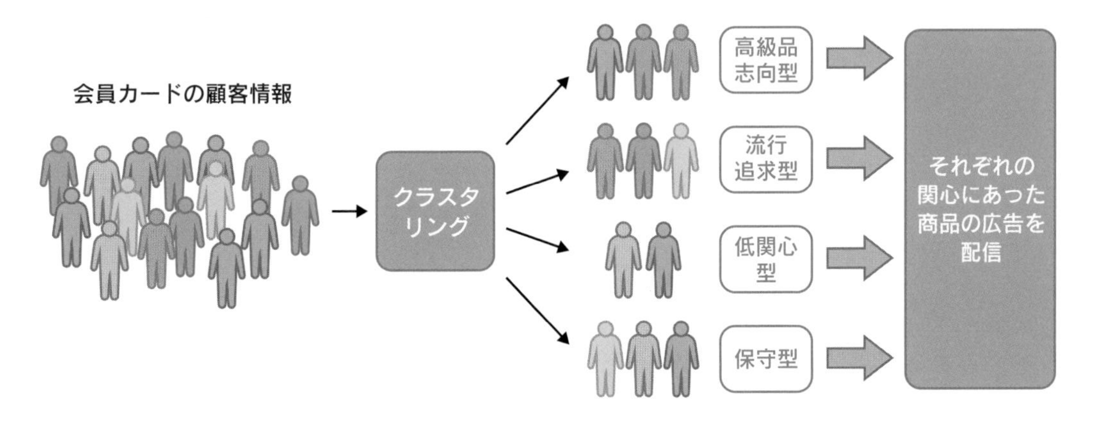

11-2 階層的クラスタリング

ここではクラスタリングの種類と違いを説明したのち、階層的クラスタリングの手法や手順を学びます。そしてPythonで実際に階層的クラスタリングAIの作成を行います。

階層的クラスタリングと非階層的クラスタリング

クラスタリングは、「階層的クラスタリング」と「非階層的クラスタリング」の２種類の手法があります。クラスタリングの対象となるデータ数がどのくらい多いか、クラスタ数はあらかじめ決まっているか、グループが分かれていく過程を可視化したいか、などの状況に応じて、適切なクラスタリング手法を選択していきます。

◎階層的クラスタリング

階層的クラスタリングは、データ間の類似度が近いものからまとめていき、クラスタの併合（データがグループ分けされていくこと）の過程を表した図を作成する手法です。この図は「デンドログラム」と呼ばれます。デンドログラムを上下から順番に辿っていくことで、どのような過程でクラスタが形成されていくかを視覚的に把握することができます。

階層的クラスタリングは人間にとって直感的に分かりやすく、作成されたデンドログラムを見て適切なクラスタ数をあとから決めることが可能です。しかし、データ数が多くなるとデンドログラムが複雑になり、視覚的に理解することが困難になるため、階層的クラスタリングはデータ数が少ない時に適した手法となります。また、データ数が多くなると計算時間が長くなるという欠点もあります。

図11-3 階層的クラスタリング

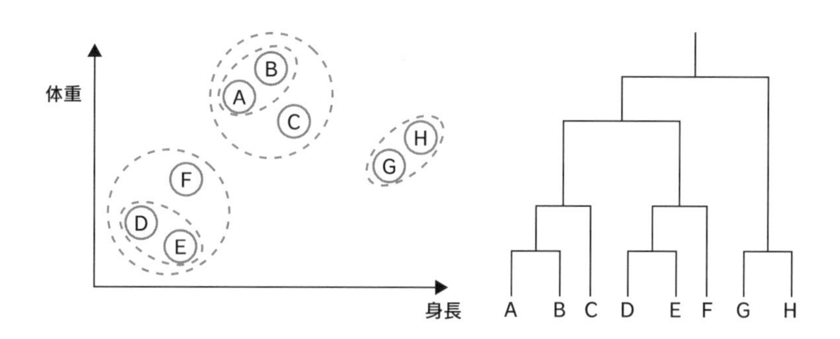

◎非階層的クラスタリング

非階層的クラスタリングとは、グループ分けの良さを表現する指標を定義し、反復的に計算していくことでその指標が最適となるグループ分けを見つける手法です。クラスタ数をあらかじめ決めておかなくてはいけませんが、膨大なデータでも比較的計算が早く終わるという利点があります。どちらの手法も一長一短ですが、最近ではビジネスの現場で大量のデータを扱うことが多くなってきたため、非階層的クラスタ分析が良く用いられるようになっています。

図11-4 非階層的クラスタリング

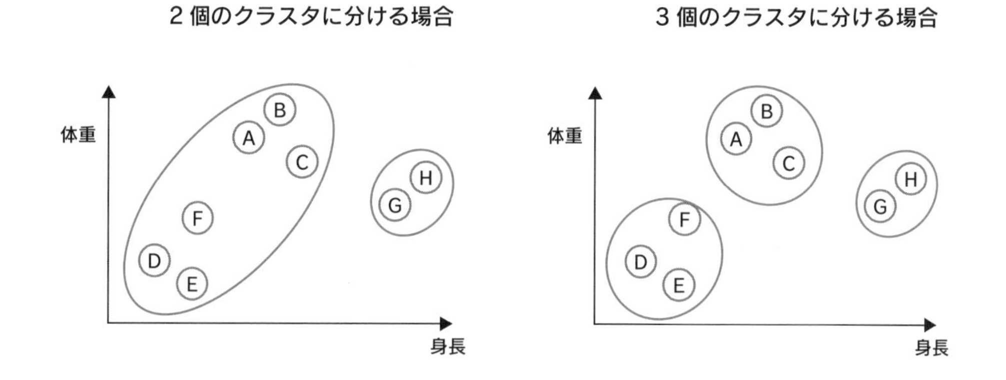

表11-1 階層的クラスタリングと非階層的クラスタリングの比較

	階層的クラスタリング	非階層的クラスタリング
データ数	数個〜数十個	数個〜数万個
長所	事前にクラスタ数を決める必要がない クラスタリングの過程が分かりやすい	データ数が多くても対応可能
短所	クラスタ数が多いとクラスタリング結果の解釈が難しくなる	事前にクラスタ数を決める必要がある

階層的クラスタリングの手順

階層的クラスタリングがどのような手順で行われていくかを具体的に見ていきましょう。ここでは、データ間の類似度が近いものからまとめていく「凝集型階層的クラスタリング」について説明します。

◎凝集型階層的クラスタリング(クラスタ併合前)

凝集型階層的クラスタリングでは、初期状態では個々のデータがそれぞれ1つのクラスタであると仮定して、全てのクラスタ間の距離を計算します。

図11-5　凝集型階層的クラスタリング(クラスタ併合前)

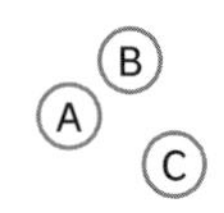

D

◎凝集型階層的クラスタリング(AとBを併合)

そして、クラスタ間の距離が最短となるクラスタの組み合わせを見つけ出して、クラスタを併合します。以下の図では、AとBが併合されます。この時、デンドログラムにはAとBがつながった線が描かれますが、デンドログラムの高さは併合するAとBの距離の長さと等しくなるようにします。

図11-6　凝集型階層的クラスタリング(AとBを併合)

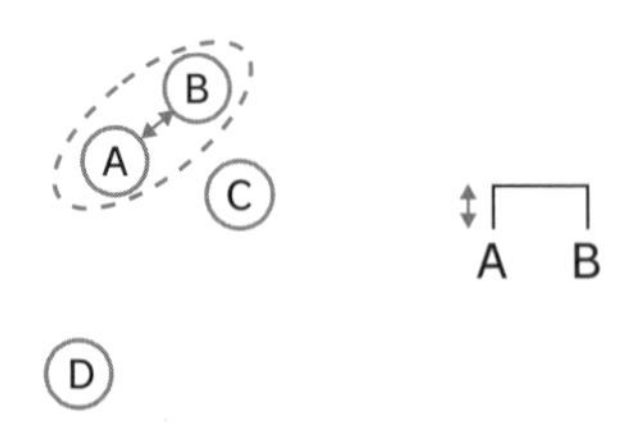

◎凝集型階層的クラスタリング(AとBにCを併合)

AとBが併合された部分を新しいクラスタと見なして、再度、全てのクラスタ間の距離を計算します。以下の図では、AとBが併合されたクラスタに最も近いクラスタはCなので、AとBにCを併合します。

図11-7 凝集型階層的クラスタリング（AとBにCを併合）

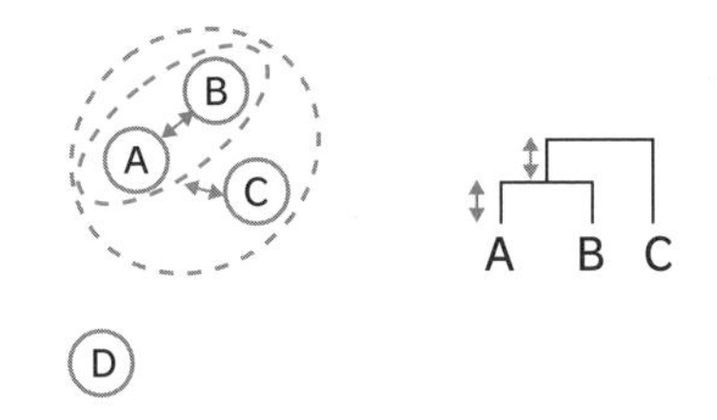

◎凝集型階層的クラスタリング（AとBとCにDを併合）

AとBとCが併合された部分を新しいクラスタと見なして、再度、全てのクラスタ間の距離を計算します。以下の図では、AとBとCが併合されたクラスタに最も近いクラスタはDなので、AとBとCにDを併合します。この手順を全体が1つのクラスタになるまで繰り返していくことで、最終的なデンドログラムが完成します。

図11-8 凝集型階層的クラスタリング（AとBとCにDを併合）

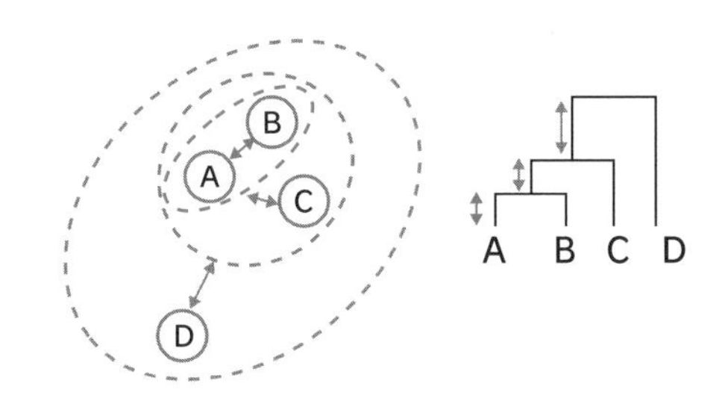

階層的クラスタリングのクラスタ数の決め方

完成したデンドログラムを確認すると、凝集型階層的クラスタリングによってデータのグループ分けがどのように行われたかを確認することができます。

凝集型階層的クラスタリングは、データ間の類似度が近いものからグループ化するという方法をとるため、あらかじめクラスタ数を決める必要がないことが最大の長所です。ただ単純にグループ分けするだけでなく、結果として出力されるデンドログラムから、クラスタリングがどのように併合されていくかを順番に確認できるので、クラスタ数を後から決めることができます。

例えば、3個のクラスタに分ける場合は、デンドログラムの縦の線を3本横切るような線を引き、その線から下に繋がっている全てのデータを1つのクラスタに含まれる要素と考えれば、任意のクラスタ数にグループ分けすることができます。最小は全体である1クラスタ、最大は全データ数（以下の図では4クラスタ）に等しくなります。

図11-9　階層的クラスタリングのクラスタ数の決め方

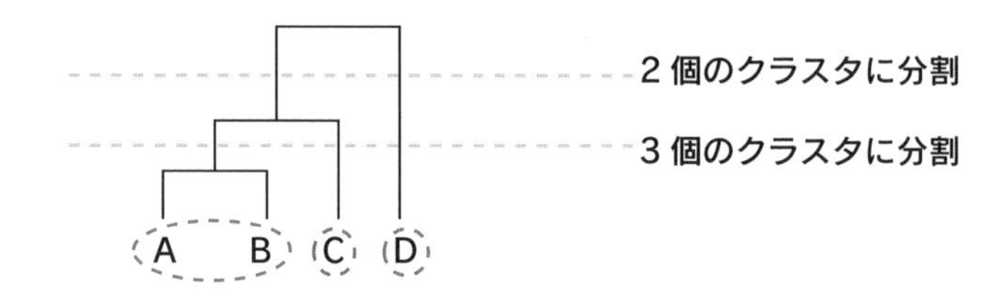

ウォード法（クラスタ併合前）

階層的クラスタリングでは、クラスタ間の距離の計算方法にはいくつかの種類があり、どの計算方法を選択するかによって、最終的なクラスタリング結果が変わります。ここでは、階層的クラスタリングで最もよく使われているウォード（Ward）法について説明します。

ウォード法とは、「クラスタ内のデータのばらつき（分散）」が最小になるようにデータを結合していく方法です。具体的には、クラスタ併合後のクラスタ内の分散（クラスタ#3の分散）から、クラスタ併合前の2つのクラスタの分散の和（クラスタ#1とクラスタ#2の分散）を引いた値をクラスタ間の距離とするものです。

図11-10　ウォード法（クラスタ併合前）

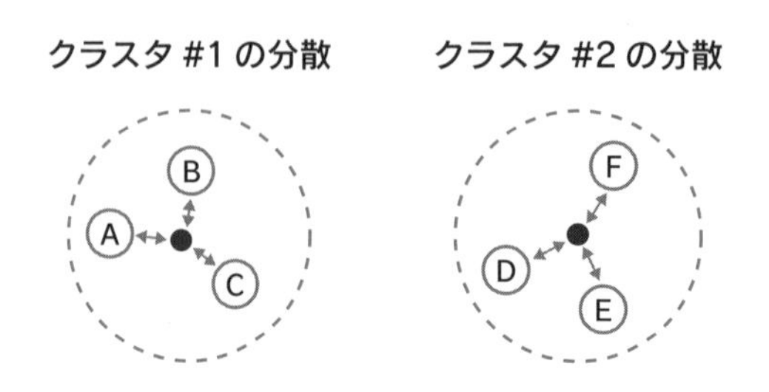

図11-11 ウォード法（クラスタ併合後）

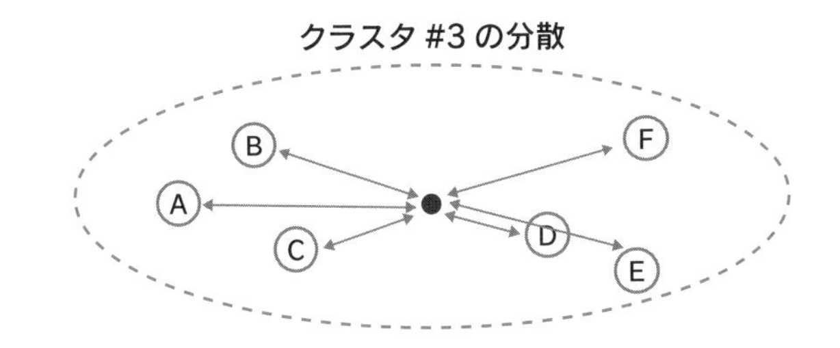

演習 PythonによるOO階層的クラスタリングAIの作成

大学生の定期テストの結果から、大学生をグループ分けするクラスタリングAIをPythonで作成しましょう。

● データの準備と読み込み

分析に利用するデータには、5人の大学生の英語と数学のテストの得点が説明変数として格納されています。教師あり学習の分類を行う場合のデータセットには、人間が決めたグループ分けの「正解」を目的変数として与える必要がありますが、教師なし学習のクラスタリングには目的変数は必要ありません。クラスタリングAIは、説明変数を「特徴」として学習して自動的にグループ分けをしてくれます。

表11-2 Gradeデータセットに含まれるデータ

変数	説明
English	英語のテストの得点（100点満点）
Mathematics	数学のテストの得点（100点満点）

本書のサポートサイト（10ページ参照）から「grade.xlsx」を入手してColaboratoryにアップロードしてください。Colaboratoryにファイルをアップロードする方法は70ページを参照してください。

アップロードが終わったら、以下のリストのプログラムを実行してデータセットを読み込んでください。以降、リストの内容は「＋コード」をクリックして、新しい入力欄に入力するようにしてください。たとえば、リスト11-1とリスト11-2の内容は、異なる入力欄に入力して実行してください。

リスト11-1　Gradeデータセットの読み込み

▶ソースコード

```
import pandas as pd

df = pd.read_excel("grade.xlsx")
df
```

▶実行結果

	English	Mathematics
0	95	30
1	82	71
2	84	23
3	95	77
4	70	78

●ライブラリのインポート

階層的クラスタリングの実行とデンドログラムの表示には、Pythonの数値解析ライブラリ「scipy」と可視化ライブラリ「matplotlib」を使いますので、この2つのライブラリをインポートしてください。

そして、「linkage_result = linkage(df, method='ward', metric='euclidean')」と入力すると、ウォード法でクラスタ間の距離を計算しながら、凝集型階層的クラスタリングを行うことができます。凝集型階層的クラスタリングは、データ数が多くなると計算時間がかなり長くなるので注意してください。

●デンドログラムの表示

クラスタリングの計算が終わったら、「dendrogram(linkage_result, labels=df.index)」という行を実行することでデンドログラムを可視化できます。

可視化されたデンドログラムを確認しながら、大学生5人をグループ化するときのクラスタ数を決めることができます。

クラスタ数を3とする場合は、0番と2番の大学生はクラスタA、1番と4番の大学生はクラスタB、3番の大学生はクラスタCとなります。クラスタ数を2とする場合は、0番と2番の大学生はクラスタA、1番と4番と3番の大学生はクラスタCとなります。

階層的クラスタリングを適用できるのはデータ数が少ないときに限られますが、可視化されたデンドログラムを確認しながら、目的に応じて好きな数にクラスタを分けることが可能になりますので、ぜひ一度、自分で集めたデータで階層的クラスタリングを試してみてください。

リスト11-2 デンドログラムの表示

▶ソースコード

```
import matplotlib.pyplot as plt
from scipy.cluster.hierarchy import linkage, dendrogram, fcluster

linkage_result = linkage(df, method='ward', metric='euclidean')
plt.figure(num=None, figsize=(16, 9), dpi=200, facecolor='w',
edgecolor='k')
dendrogram(linkage_result, labels=df.index)
plt.show()
```

▶実行結果

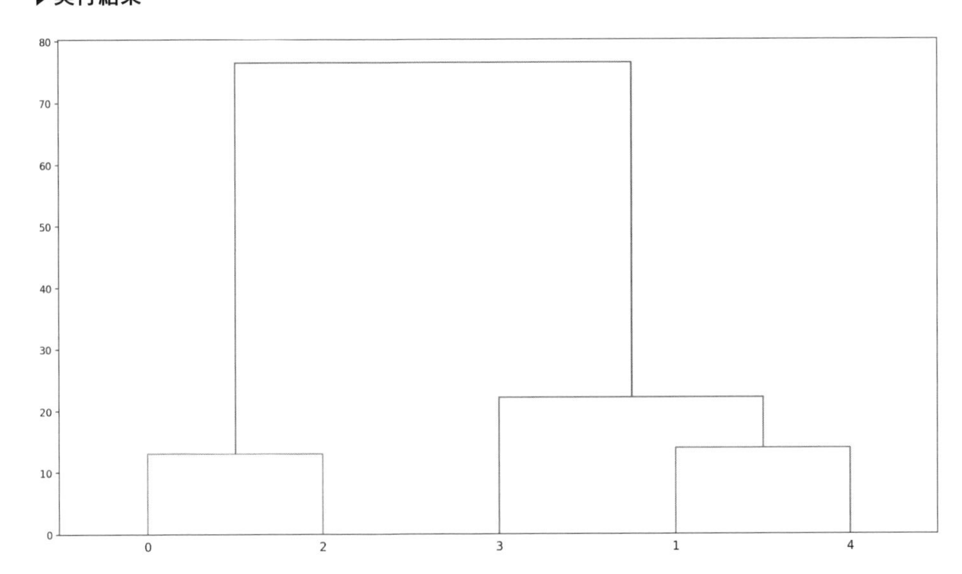

11-3 非階層的クラスタリング

今度は、非階層的クラスタリングがどのような手順で行われていくかを「K平均法」を用いて具体的に見ていきます。

非階層的クラスタリングの特徴

非階層的クラスタリングは、異なる性質のものが混ざり合ったデータから、互いに似た性質を持つデータを集めクラスタを作る方法の1つです。階層的クラスタリングと異なり、階層的な構造を持たず、あらかじめいくつのクラスタに分けるかを決めておき、決めた数のクラスタにデータを分割する方法です。

非階層的クラスタリングは、あらかじめ決めたクラスタ数にデータを分けていくため、全てのデータ同士の距離を計算する階層的クラスタリングよりも計算量が少なくて済みます。そのため、データ量の大きいビッグデータの分析に適した手法です。ただし、適したクラスタ数を自動的に計算することはできません。データの種類や量に応じてクラスタ数を何度も調整しながら、最適なクラスタリングを行う必要があります。

K平均法による非階層的クラスタリングの手順

非階層クラスタリングの代表的なアルゴリズムに「K平均法（K-means）」があります。

K平均法は非階層クラスタリングを行うためのアルゴリズムで「クラスタの重心座標（平均）を用いて、指定されたクラスタ数K個にグループ分けする」という方式です。例えば、以下の図は、オンラインショッピングのWebサイトに訪れるユーザを、商品の購入金額と、訪問回数に応じて散布図で可視化したものです。一見するとクラスタリングすることが難しそうなデータであっても、K平均法を用いると指定されたクラスタ数K個（以下の図ではK=5）にグループ分けしてくれます。

図11-12 K平均法を用いた非階層的クラスタリング

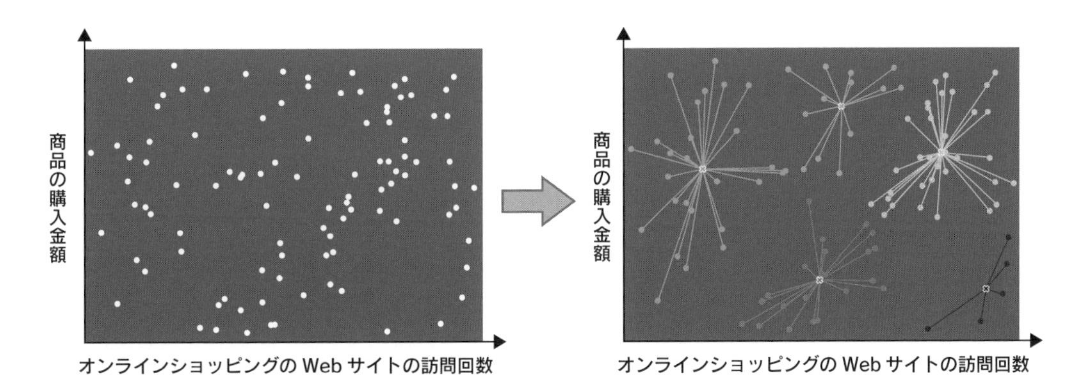

◎K平均法(初期状態)

K平均法の初期状態では、各データにランダムにクラスタ番号を割り当てます。以下の図では、各クラスタ番号を色で表現しており、5色あるのでクラスタ数は5個であるという意味になります。

図11-13 K平均法(初期状態)

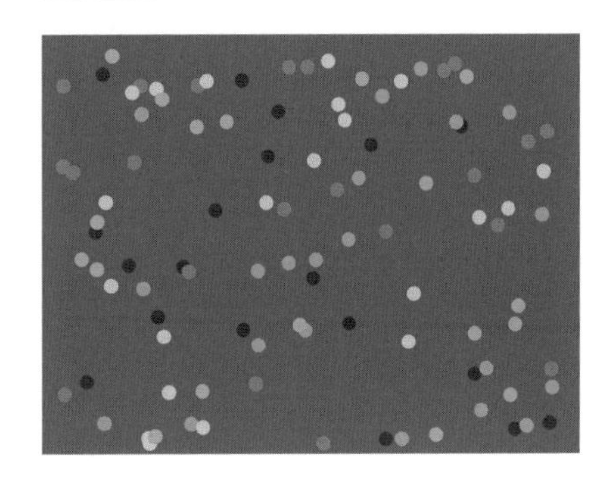

◎K平均法(1回目の重心の計算)

ランダムに割り当てられたクラスタごとの重心座標(x_g, y_g)を計算します。重心座標(x_g, y_g)は以下の数式で求められます。

$$x_g = \frac{\sum_{i=1}^{n} x_i}{n} \qquad y_g = \frac{\sum_{i=1}^{n} y_i}{n}$$

この数式の意味はとても簡単で、各クラスタに割り当てられたデータのx座標の平均と、y座標の平均を求めると、クラスタごとの重心座標(x_g, y_g)が求まります。以下の図の「×」の部分が、ランダムに割り当てられたクラスタごとの重心座標を表しています。

図11-14 K平均法(1回目の重心の計算)

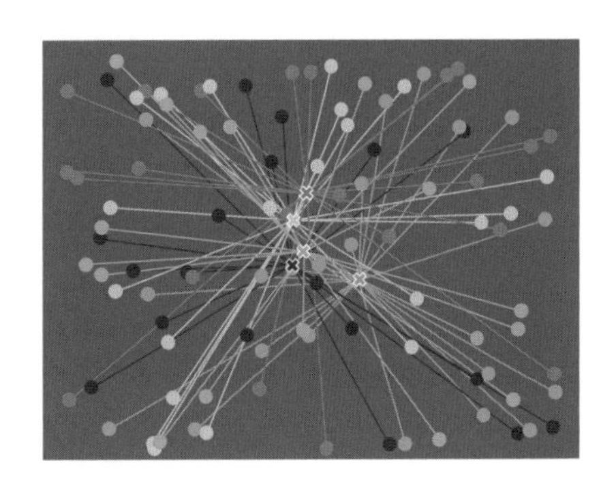

◎K平均法(1回目のクラスタ番号の更新)

重心座標が求まったら、各データのクラスタ番号を更新します。各データのクラスタ番号が、各データから最も近い重心のクラスタ番号に更新されます。

図11-15 K平均法(1回目のクラスタ番号の更新)

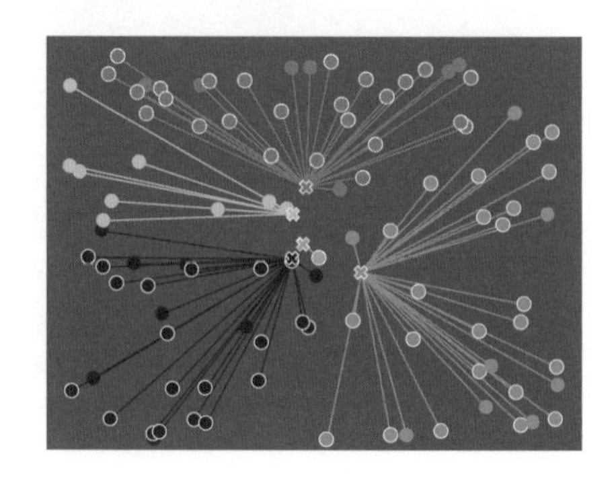

◎K平均法(2回目の重心の計算)

各データのクラスタ番号が更新されたら、クラスタの重心座標を再計算します。各データのクラスタ番号に変化があると、重心座標の「×」の位置が変化します。

図11-16 K平均法(2回目の重心の計算)

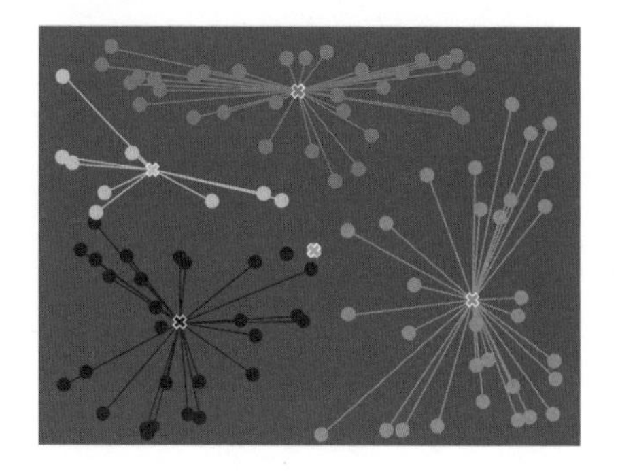

◎K平均法(2回目のクラスタ番号の更新)

新しい重心座標が求まったら、各データのクラスタ番号を更新します。各データのクラスタ番号が、各データから最も近い重心のクラスタ番号に更新されます。

図11-17 K平均法(2回目のクラスタ番号の更新)

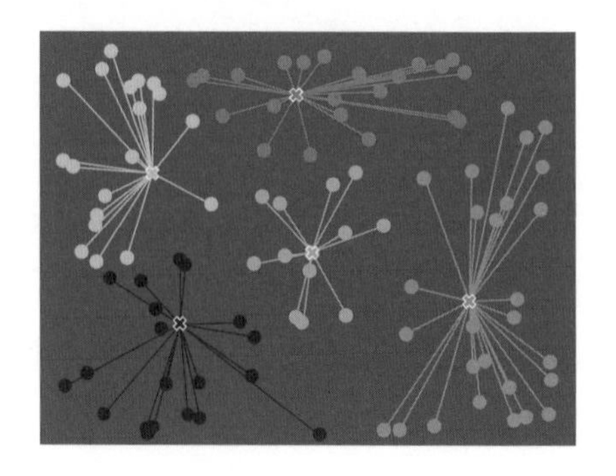

◎K平均法（3回目の重心の計算）

各データのクラスタ番号が更新されたら、クラスタの重心座標を再計算します。各データのクラスタ番号に変化があると、重心座標の「×」の位置が変化します。以降は、この重心の位置が変化しなくなる（収束する）まで処理を継続します。重心座標がほとんど変化しなくなった時の結果が、最終的なクラスタリング結果となります。

図11-18 K平均法（3回目の重心の計算）

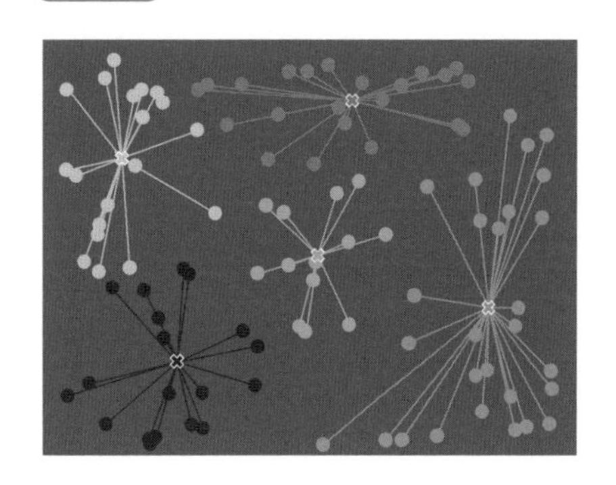

◎計算のポイント

このように、K平均法は、最初に指定したクラスタの数だけ「重心座標」をランダムに設定し、その重心座標を少しずつ動かしながらクラスタ番号の更新を行い、重心座標が動かなくなったときが最終的なクラスタリング結果となるという手法です。K平均法は、階層的クラスタリングと比べると計算が高速であるという利点があります。

一方、最初の重心座標の設定はランダムに行われるため、同じデータでも計算する度にクラスタリング結果が多少変化することがあります。より望ましいクラスタリング結果を得るためには、最初にランダムに設定される重心座標を変えて何度か計算を実施し、最良のクラスタリング結果となるものを選ぶという工夫が必要になります。

演習 Pythonによる非階層的クラスタリングAIの作成

それでは、Pythonを使ってK平均法で非階層的クラスタリングを実践してみましょう。

●データの準備と読み込み

分析に利用するデータは「卸売り業者の顧客データ」です。

URL https://archive.ics.uci.edu/ml/datasets/Wholesale+customers

卸売り業者の顧客が、生鮮品、ミルク、食料雑貨、冷凍食品、衛生用品、惣菜などの商品をどのくらい購入しているかを示す売上の数値が格納されています。今回は、各商品の購入履歴から顧客をクラスタリングするAIを作成します。

表11-3 Wholesaleデータセットに含まれるデータ

変数	説明
Channel	販売チャネル。1: Horeca (ホテル・レストラン・カフェ), 2: 個人向け小売
Region	各顧客の地域。1: リスボン市, 2: ポルト市, 3: その他
Fresh	生鮮品の年間注文額
Milk	生鮮品の年間注文額
Grocery	食料雑貨の年間注文額
Frozen	冷凍食品の年間注文額
Detergents_Paper	衛生用品と紙類の年間注文額
Delicassen	惣菜の年間注文額

Abreu, N. (2011). Analise do perfil do cliente Recheio e desenvolvimento de um sistema promocional. Mestrado em Marketing, ISCTE-IUL, Lisbon.

ある程度のデータクレンジングを施したデータセット(wholesale_clean.xlsx)を、本書のサポートサイト(10ページ参照)に用意しました。本書のサポートサイトから「wholesale_clean.xlsx」を入手してColaboratoryにアップロード(70ページ参照)してください。そして、以下のプログラムを実行して、Wholesaleデータセットの読み込みを行います。

リスト11-3 Wholesaleデータセットの読み込み

▶ソースコード

```
import pandas as pd

df = pd.read_excel('wholesale_clean.xlsx')
df
```

▶実行結果

	Channel	Region	Fresh	Milk	Grocery	Frozen	Detergents_Paper	Delicassen
0	2	3	12669	9656	7561	214	2674	1338
1	2	3	7057	9810	9568	1762	3293	1776
2	2	3	6353	8808	7684	2405	3516	7844
3	1	3	13265	1196	4221	6404	507	1788
4	2	3	22615	5410	7198	3915	1777	5185
...	...	...	...	...	...	...	...	...

●K平均法による教師なし学習

以下のプログラムを実行すると、Pythonの機械学習ライブラリの「scikit-learn」をインポートして、K平均法による教師なし学習が実行されます。今回のクラスタリングでは、各商品の購入履歴から顧客をクラスタリングしますので、「Channel」列と「Region」列は不要なため削除しています。

「km = KMeans(n_clusters=4, random_state=0)」という行では、クラスタ数を「4」としてクラスタリングの計算を行っています。このように、K平均法では事前にクラスタ数を指定する必要があります。実行結果を確認すると、各データがクラスタ番号「0」から「3」のいずれかのクラスタにグループ分けされていることがわかります。

リスト11-4 K平均法による教師なし学習

▶ソースコード

```
from sklearn.cluster import KMeans

df = df.drop("Channel", axis = 1)
df = df.drop("Region", axis = 1)

km = KMeans(n_clusters=4, random_state=0)
result = km.fit_predict(df)
result
```

▶実行結果

```
array([3, 1, 3, 3, 0, 3, 3, 3, 3, 1, 1, 3, 0, 1, 0, 3, 1, 3, 3, 3, 3, 3,
       0, 2, 0, 3, 3, 3, 1, 0, 3, 3, 3, 0, 3, 1, 0, 1, 1, 0, 0, 3, 1, 1,
       3, 1, 1, 2, 3, 1, 3, 3, 0, 1, 0, 3, 1, 1, 3, 3, 3, 2, 3, 1, 3, 2,
       3, 3, 3, 3, 3, 1, 3, 3, 3, 3, 3, 1, 3, 3, 3, 1, 1, 3, 3, 2, 2, 0,
       3, 0, 3, 3, 2, 3, 1, 3, 3, 3, 3, 3, 1, 1, 3, 0, 3, 3, 1, 1, 3, 1,
       3, 1, 3, 3, 3, 3, 3, 3, 3, 3, 3, 3, 3, 3, 0, 0, 3, 3, 3, 0, 3, 3,
       3, 3, 3, 3, 3, 3, 3, 3, 3, 0, 0, 3, 3, 1, 3, 3, 3, 0, 3, 3, 3, 3,
       3, 1, 1, 3, 1, 1, 1, 3, 3, 1, 3, 1, 1, 3, 3, 3, 1, 1, 3, 1, 3, 1,
       0, 3, 3, 3, 3, 0, 1, 2, 3, 3, 3, 1, 1, 1, 3, 3, 3, 1, 3, 3, 0, 1,
       3, 3, 1, 1, 0, 3, 3, 1, 3, 3, 3, 1, 3, 2, 3, 3, 1, 1, 1, 3, 1, 3,
       3, 1, 3, 3, 3, 3, 3, 3, 3, 3, 3, 3, 0, 3, 3, 3, 3, 3, 3, 0, 0, 0,
       3, 3, 1, 1, 3, 3, 3, 3, 3, 2, 3, 0, 3, 0, 3, 3, 0, 0, 3, 3, 3, 3,
       1, 1, 1, 3, 1, 3, 3, 3, 3, 0, 3, 3, 0, 3, 3, 3, 3, 3, 0, 0, 0, 0,
       3, 3, 3, 0, 3, 3, 3, 1, 3, 3, 3, 3, 3, 3, 3, 1, 1, 1, 1, 1, 1, 3,
       3, 1, 3, 0, 1, 3, 3, 1, 3, 3, 3, 1, 3, 3, 3, 3, 0, 0, 3, 3, 3, 3,
       3, 1, 3, 2, 3, 0, 3, 3, 3, 3, 1, 1, 3, 1, 3, 3, 1, 0, 3, 1, 3, 1,
       3, 1, 3, 3, 3, 1, 3, 3, 3, 3, 3, 3, 3, 3, 3, 3, 3, 3, 0, 3, 3, 3,
       3, 3, 1, 0, 3, 3, 0, 3, 0, 3, 1, 3, 3, 3, 3, 3, 3, 3, 3, 0, 3, 3,
       1, 3, 3, 3, 3, 0, 0, 0, 3, 3, 0, 1, 3, 3, 3, 3, 1, 3, 3, 3, 1, 1,
       1, 3, 1, 3, 0, 3, 3, 3, 1, 0, 3, 3, 1, 3, 3, 3, 3, 0, 0, 1, 3, 3],
      dtype=int32)
```

●クラスタ内誤差平方和(SSE)の表示

クラスタリング結果の性能を測るには、「歪み(Distortion)」を計算することが一般的です。K平均法では、「クラスタ内誤差平方和(SSE)」を用いて歪みを数値化します。同じクラスタのデータが近くに集まっていると歪みの値は小さくなり、逆に、同じクラスタのデータが遠くまで広がっている歪みの値は大きくなります。以下のリストの内容を実行すると、クラスタ内誤差平方和の値が表示されます。

リスト11-5 クラスタ内誤差平方和(SSE)の表示

▶ソースコード

```
print ('Distortion: %.2f'% km.inertia_)
```

▶実行結果

```
Distortion: 64855545528.21
```

●エルボー法

歪みの値はクラスタリング性能を測定するだけでなく、K平均法の最適なクラスタ数を検討する際も有用です。

非階層的クラスタリングでは、クラスタ数が多いほど個々のクラスタサイズは小さくなり、同じクラスタのデータは近くに集まっていきます。つまり、クラスタ数を増やすほど、クラスタの歪みの値が小さくなります。

K平均法では、クラスタ数をどんどん増やすと、ある程度のクラスタ数までは歪みの値は順調に減少していきますが、ある程度のクラスタ数を超えると、これ以上増やしても歪みがあまり改善しないという状態になります。そこで、クラスタ数を1から順番に増やしながらでクラスタリングを行い、それぞれのクラスタリング結果の歪みを折れ線グラフに表示してみましょう。この手法で描画される折れ線グラフが「肘(エルボー)」の形に似ていることから、この手法は「エルボー法」と呼ばれます。

以下のリストのプログラムを実行すると、クラスタ数を1から10に順番に増やしながら、クラスタリング結果の歪みを折れ線グラフとして描画することができます。クラスタ数が4以上になると、歪みの値があまり減らなくなっています。そこで今回は、K平均法のクラスタ数を「4」とすることにしました。

リスト11-6 エルボー法

▶ソースコード

```
import matplotlib.pyplot as plt

distortions = []
for i  in range(1,11):
    km = KMeans(n_clusters=i,
                init='k-means++',
```

```
                    n_init=10,
                    max_iter=300,
                    random_state=0)
    km.fit(df)
    distortions.append(km.inertia_)

plt.plot(range(1,11),distortions,marker='o')
plt.xlabel('Number of clusters')
plt.ylabel('Distortion')
plt.show()
```

▶実行結果

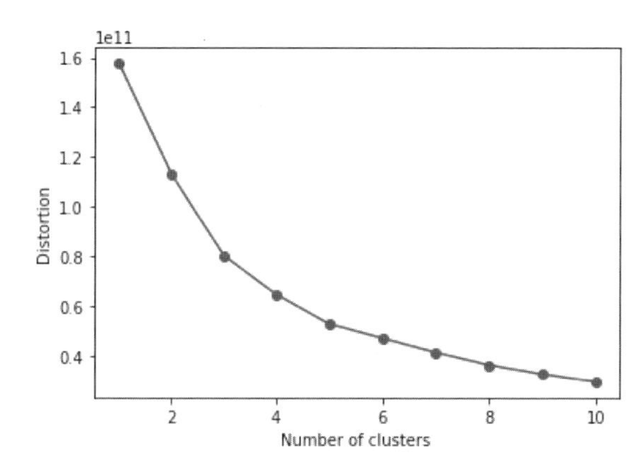

●クラスタリング結果をデータフレームに結合

クラスタリングが終わったら、各クラスタにグループ分けされた顧客がどのような特徴を持っているかを分析してみましょう。以下のリストのプログラムを実行すると、読み込んだデータに「cluster_id」という新しい列を追加し、クラスタリング結果を格納することができます。

リスト11-7　クラスタリング結果をデータフレームに結合

▶ソースコード

```
df['cluster_id'] = result
df
```

▶実行結果

	Fresh	Milk	Grocery	Frozen	Detergents_Paper	Delicassen	cluster_id
0	12669	9656	7561	214	2674	1338	3
1	7057	9810	9568	1762	3293	1776	1
2	6353	8808	7684	2405	3516	7844	3
3	13265	1196	4221	6404	507	1788	3
4	22615	5410	7198	3915	1777	5185	0
...	...	...	...	...	...	...	...

●各クラスタのデータ数の表示

クラスタリング結果を格納したら、各クラスタのデータ数を表示してみましょう。「df['cluster_id'].value_counts()」という行を実行すると、クラスタ番号ごとのデータ数を表示することができます。クラスタ番号「3」にグループ分けされた顧客は276人であるのに対し、クラスタ番号「2」にグループ分けされた顧客は11人となっているようです。

リスト11-8　各クラスタのデータ数の表示

▶ソースコード

```
df['cluster_id'].value_counts()
```

▶実行結果

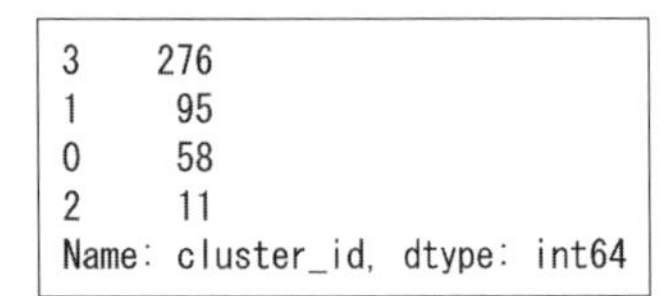

```
3    276
1     95
0     58
2     11
Name: cluster_id, dtype: int64
```

●各クラスタの顧客傾向の表示

各クラスタの顧客の購買傾向を表示してみましょう。クラスタ番号ごとに各商品の購入金額の単純集計を行って、購入金額の平均値を表示してみます。

以下のリストのプログラムを実行すると、クラスタ番号ごとの各商品の購入金額の単純集計が行われます。出力された表を確認すると、例えば、クラスタ「0」はFresh（生鮮食品）の購入額が多い顧客であることがわかります。その他にも、クラスタごとに顧客の購買傾向にさまざまな特徴が見られます。

リスト11-9 各クラスタの顧客傾向の表示

▶ソースコード

```
grand_total = df.groupby('cluster_id').mean()
grand_total
```

▶実行結果

	Fresh	Milk	Grocery	Frozen	Detergents_Paper	Delicassen
cluster_id						
0	36144.482759	5471.465517	6128.793103	6298.655172	1064.000000	2316.724138
1	4808.842105	10525.010526	16909.789474	1462.589474	7302.400000	1650.884211
2	19888.272727	36142.363636	45517.454545	6328.909091	21417.090909	8414.000000
3	9087.463768	3027.427536	3753.514493	2817.985507	1003.003623	1040.525362

●顧客の購買傾向の可視化

表形式だと顧客の購買傾向を掴みにくい場合は、グラフで可視化をしてみましょう。

以下のリストのプログラムを実行すると、クラスタ番号ごとの各商品の購入金額を積み上げ棒グラフで表示することができます。

クラスタ番号「0」に分類された顧客(58人)は、Fresh(生鮮食品)の購買額が比較的高いグループであることが分かります。クラスタ番号「1」に分類された顧客(95人)は、Grocery(食料雑貨品)とDetergents_Paper(衛生用品と紙類)の購買額が高いです。クラスタ番号「2」に分類された顧客(11人)は、クラスタ内の人数は少ないですが、全てのジャンルで購買額が高いので、卸売業者にとって大事な顧客であると言えます。最後に、クラスタ番号「3」に分類された顧客(276人)は、クラスタ内の人数は多いですが、全体的に購買額が低いため、卸売業者にとって小口の顧客のようです。

クラスタリング結果を分析した後は、例えば、クラスタごとの顧客の特徴に合わせた最適な販売戦略を考えたり、クラスタごとに広告の種類を変えたりすることで、卸売業者の利益はさらに向上する可能性があります。今回はK平均法のクラスタ数を「4」でクラスタリングしてみましたが、クラスタ数を「3」や「5」に変えてみるとまた違った結果を得ることができますので、読者の皆さんもいろいろなクラスタ数で非階層的クラスタリングを試してみてください。

リスト11-10 顧客の購買傾向の可視化

▶ソースコード

```
import matplotlib.pyplot as plt
```

```
clusterinfo = pd.DataFrame()
for i in range(4):
    clusterinfo['cluster' + str(i)] = df[df['cluster_id'] == i].mean()
clusterinfo = clusterinfo.drop('cluster_id')

stacked_bar = clusterinfo.T.plot(kind='bar', stacked=True, title="Mean
Value of 4 Clusters")
stacked_bar.set_xticklabels(stacked_bar.xaxis.get_majorticklabels(),
rotation=0)
plt.show()
```

▶実行結果

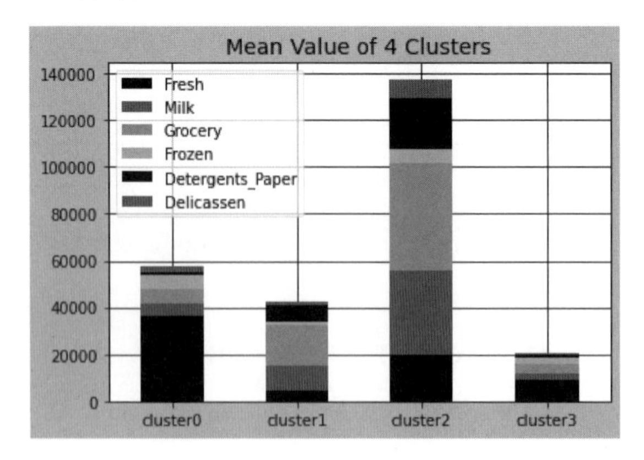

演習問題①

「iris_no_species.xlsx」は、10章の演習問題で使用した「アヤメ」という花の形状データから、アヤメの種類を示す「species」列を削除することで、アヤメの種類をわからなくしたデータである。本書のサポートサイト(10ページ参照)から「iris_no_species.xlsx」をダウンロードし、アヤメの種類をクラスタリングするAIを階層的クラスタリングで作成しなさい。

演習問題②

アヤメの種類をクラスタリングするAIを非階層的クラスタリングで作成しなさい。

第12章 レコメンドAIを用いたデータサイエンス

意思決定を自動化する際に有効な「レコメンド（推薦、Recommendation）」と呼ばれるAIの応用方法について学びます。

レコメンドはこれまでの章で学んだ教師あり学習と教師なし学習を組み合わせて、ビッグデータから人間の意思決定の判断基準を学習し、AIで難しい意思決定を自動化する方法です。

私たちは日常のさまざまな場面で意思決定をしていますが、その意思決定がとても難しく感じることがあります。そこで最近では、就職や結婚などの重要な意思決定の場面で、AIを活用して人間の意思決定をサポートすることが増えてきました。

本章では、連関分析と協調フィルタリングという2つのレコメンド手法について学んだあと、Pythonでレコメンドを行うAIを作成しましょう。

12-1 連関分析

ここでは連関分析の特徴や仕組みについて学んだ後、Pythonを用いた教師なし学習の連関分析を行います。

教師なし学習によるレコメンド（連関分析）の特徴

「連関分析（Basket Analysis）」は、Aが起こると、Bが起こるという関係性に関する知識を出力するものです。「この商品を買った人はこんな商品も買っています」というオンラインショッピングのレコメンド（推薦）機能にも使われており、ビジネスへの応用につながりやすいことが特徴です。

図12-1　オンラインショッピングのレコメンド

連関分析では、顧客の1回ごとの購入物品を調査します。オンラインショッピングであれば買い物カゴの中身、スーパーマーケットであればレジのPOSデータなどが該当します。そして、顧客が複数の商品を同時に購入可能な状況で、どの商品を同時に購入したかを分析することで、商品の組み合わせに規則性や関連性があるかを見出すことができます。

1 2 3 4 5 6 7 8 9 10 11 12 13 14

例えば、お弁当の訪問販売では、お弁当のどの商品が同時に購入されるかを連関分析で明らかにして、特定の商品を抱き合わせて割引価格で販売するという施策を行うことで、さらなる利益の向上を目論むことができるようになります。

図12-2 連関分析(Basket Analysis)

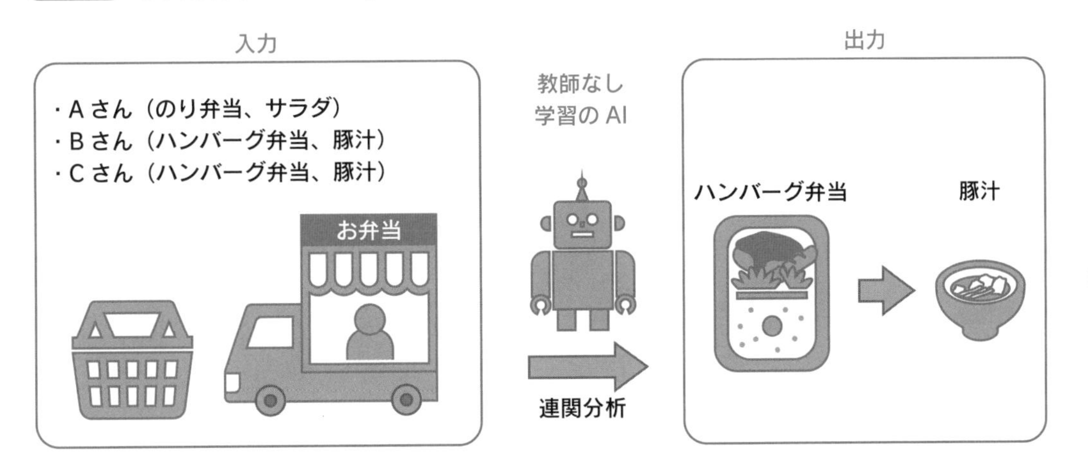

◎紙おむつとビール

アメリカの大手スーパーマーケットに勤務するデータサイエンティストが、顧客の買い物カゴの中身に対して連関分析を行ったところ、「紙おむつ」と「ビール」という不思議な組み合わせが一緒に購入されているという分析結果がでました。

そこで、この事実を発見したデータサイエンティストが「紙おむつとビールの2つを隣り合わせで陳列するとよく売れると思う」とスーパーマーケットの従業員に説明したところ、皆に怪訝な顔をされて、最初は誰も信じてくれなかったそうです。しかし、ためしに紙おむつとビールを隣り合わせで陳列してみたところ、この2つの商品が飛ぶように売れて、データサイエンティストの言った通りとなり、スーパーマーケットの従業員をとても驚かせたそうです。

紙おむつとビールを隣り合わせで陳列するとよく売れるという事実は、スーパーマーケットで長年働く従業員であっても気づくことができませんでした。あとから分かったことですが、この理由は子供の紙おむつを買いに来たお父さんが、ついでに自分へのご褒美にビールを買おうとすることが多かったからだそうです。しかし、アメリカの広いスーパーマーケットの中では、紙おむつとビールは遠く離れた場所に陳列されており、両方の商品にたどり着けずに購入をあきらめてしまうお父さんが多数存在していました。

連関分析を搭載したAIは、この事実をビッグデータから客観的に見つけ出すことができたのです。これは、人間の感や経験だけでは、ビッグデータから有用な知見を見出すことには限界があるということを示唆しています。現在では、スーパーマーケットやECサイトの購買データから、連関分析を使って商品間の関連性を見つけることは、とても有効な手法であることが認められています。

図12-3 紙おむつとビールの関係

連関規則と連関分析

連関分析では「もしこの顧客が商品Aを買ったとすれば、Bも一緒に購入するはずである」という規則を見つけ出します。

例えば、スーパーマーケットを訪れた1万人の購買データを収集し連関分析を行うとします。1万人のうち500人が紙おむつを購入（全体の5%）、1000人がビールを購入（全体の10%）しているという結果を得られたとします。そのうちの350人（全体の3.5%）が紙おむつとビールの両方を購入しているという結果も得られたとします。紙おむつとビールの両方を購入している人の割合は、全体でみると3.5%とあまり高くありません。

しかし、紙おむつを購入した人のうち70%もの人がビールを買っているという観点でこの数値を見ると、紙おむつとビールの購入率には高い関係性があると言えます。こうして、紙おむつとビールの関係性がわかり、紙おむつとビールを並べて陳列するという販売施策が可能になるのです。このように、連関分析で発見される規則のことを「連関規則（Association Rule）」と呼びます。

連関分析は教師なし学習の一種ですので、連関規則を見つけるための学習データに「正解」は必要ありません。「If（仮に～なら）」、「Then（こうなる）」という2つの関係性が含まれたデータであれば、購買データだけでなく、どのような種類のデータに対しても連関分析を行うことができます。

◎連関分析に必要なデータ

一方、連関分析に必要なデータは、とても巨大なビッグデータになりやすいという性質があります。特に、大量の商品を販売する店舗の販売データは、数百万人の顧客が、数十万種類の各商品を、購入したか、購入しなかったか、ということを網羅的に調べたデータになるため、その組み合わせは膨大になるのです。そのため、連関分析によってビジネス上の価値の高い連関規則を見つけるという行為は、「宝探し」や「石油を掘り当てる行為」に例えられます。

図12-4 連関分析に必要なデータ

数百万人の顧客 × 数十万種類の商品
= 膨大な組み合わせ

◎連関規則の条件部と結論部

連関規則は条件部(A)と結論部(B)を矢印でつなげて表現します。例えば、「パンを購入する人は、ミルクも購入する」という連関規則は以下のように表現されます。

条件部(A):パンを購入する
結論部(B):ミルクを購入する
A → B

連関規則は、必ずしも1項目同士のルールに限りません。例えば、「パンとバターを購入する人は、ミルクを購入する」という連関規則を定義することも可能です。

条件部(A):パンを購入する
条件部(B):バターを購入する
結論部(C):ミルクを購入する
A かつ B → C

連関規則には方向があり、どちらを条件部にするかで意味が変わるということに注意してください。例えば、「パンを購入する人は、ミルクを購入する（A　→　B）」という連関規則が見つかったとしても、「ミルクを購入する人は、パンを購入する（B　→　A）」という連関規則は必ずしも成り立たないということです。

アプリオリ（Apriori）アルゴリズム

連関分析では、ビッグデータの中から「If（仮に～なら）」、「Then（こうなる）」という連関規則が強いパターンを見つけることが目的です。しかし、連関分析をビッグデータに適用しようとすると、膨大な計算量となってしまい、とても長い計算時間が必要となります。そこで、連関規則を効率的に抽出するアルゴリズムが発明されています。ここでは、連関規則を抽出する代表的な手法として「アプリオリ（Apriori）アルゴリズム」を説明します。

◎支持度と確信度

アプリオリアルゴリズムで連関規則を見つけるためには、「支持度（Support）」「確信度（Confidence）」という２つの指標が用いられます。

支持度（Support）とは、全データの中で「商品Aを買う時に、商品Bも一緒に買う」という事象の割合のことです。支持度は、AとBが同時に購入されている回数を、全ての購買データの件数で割ることで求められます。支持度が高い場合、全体の中でA　→　Bという連関規則が出現する可能性が高くなります。

図12-5　支持度（Support）

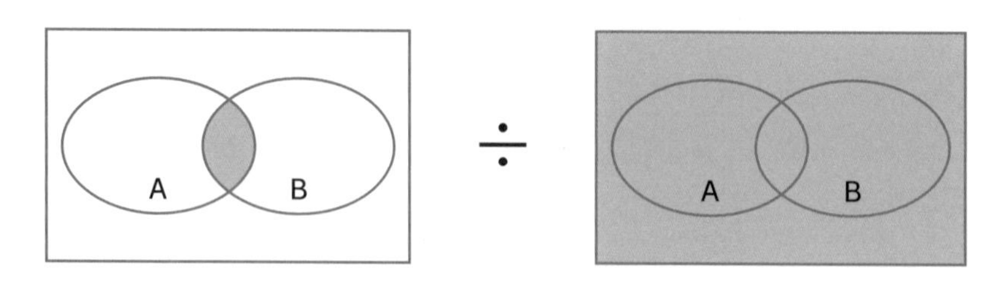

確信度（Confidence）は、Aを購入した人が、Bも購入する割合のことです。確信度は、A　→　Bの支持度を、Aの支持度で割ることで計算できます。AとBの２つの関係性の強さを分析する時に用いられる指標で、確信度が高くなるほど、連関規則の条件部と結論部の結び付きが強いことを意味します。

図12-6 確信度（Confidence）

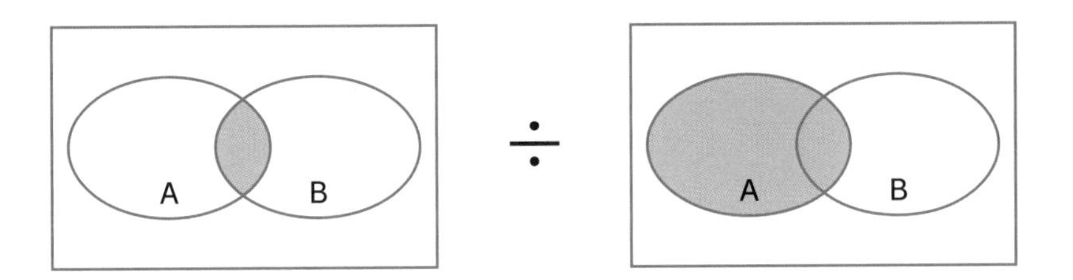

アプリオリアルゴリズムでは、最初に1個の要素からなる候補集合を生成して、支持度と確信度が閾値以上であるという条件でふるい分けして、頻出アイテムの集合を作り出します。そして、頻出アイテム集合の要素を組み合わせて2個要素からなる候補集合を生成して、支持度と確信度が閾値以上であるという条件でふるい分けして、次の頻出アイテム集合を作り出します。

この手順を繰り返すことで、少ない計算時間で連関規則を見つけ出すことができるというアルゴリズムです。

◎確信度や支持度の解釈

連関規則の価値を判断するうえでは、確信度が高いことが重要なのは当然ですが、支持度についても一定の高さが必要となります。支持度が極端に低い場合は、その連関規則がほとんど起こらないため、あまり買う人がいない商品の組み合わせ（ビジネスとしてのうま味がない）ことを意味します。

連関規則の確信度の解釈には注意が必要で、Bが購入される割合がとても高い場合、他のどの商品に対しても確信度が高くなります。例えば、スーパーマーケットで「ティッシュペーパー6箱で10円」という大胆な安売りが行われた場合、ほとんどの顧客がティッシュペーパーを買うでしょうから、「りんご」「洗剤」「牛肉」などのあらゆる商品に対して確信度が高くなります。

これは、ほとんどの顧客がBを購入しているため、AとBの確信度が高くても、有益な情報とは言えません。一方、Bが購入される割合が低い場合は、AとBの確信度の高さは貴重な情報となります。

◎リフト値

そこで、何もしなくてもBを購入した人と、Aを購入した結果としてBを購入した人の比率を示す「リフト値（Lift）」を確認する必要があります。リフト値は、Bだけを購入する場合に比べて、Aを購入することがBを購入することにどのくらい貢献しているかを示す指標です。A　→　Bの確信度を、B単体の支持度で割ることで算出されます。

連関規則では、リフト値が低ければ、何らかの理由でBは単独で非常に売れており、Aを購入した結果としてBを購入したというよりも、B特有の理由による購買要因が存在すると考えられるからです。リフト値が1より大きくなる場合は、有効な連関規則とみなすことができます。

図12-7　リフト値（Lift）

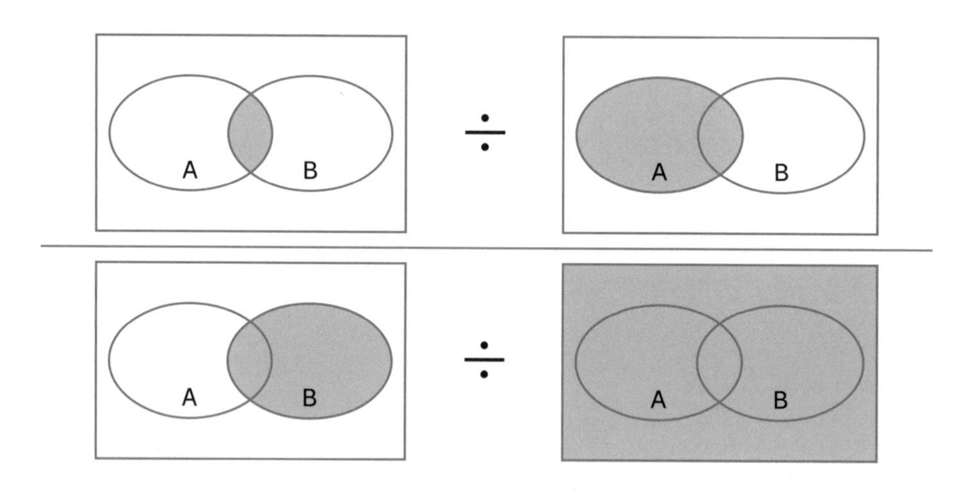

◎人間による連関規則の吟味

ビッグデータにアプリオリアルゴリズムを適用すると、数千個以上の膨大な連関規則が発見されることがあります。その中には、ベテランの経験や現場感だけでは見つけることができなかった連関規則が見つかることもあり、AIによる連関分析はビジネスの現場でとても活躍しています。

しかし、AIによる連関分析の注意点としては、抽出された連関規則が意味のあるものかどうかを、最終的には人間が検証する必要があるということです。抽出された連関規則は、あくまでも一定のルールに従ってデータから自動的に得られたものであるため、意味のないものや利用不可能な連関規則が多数含まれている可能性があります。そこで、連関規則の抽出をAIに任せきりにするのではなく、AIが抽出した連関規則を人間がいかに適切に取捨選択するかということが重要になってきます。

図12-8 人間による連関規則の吟味

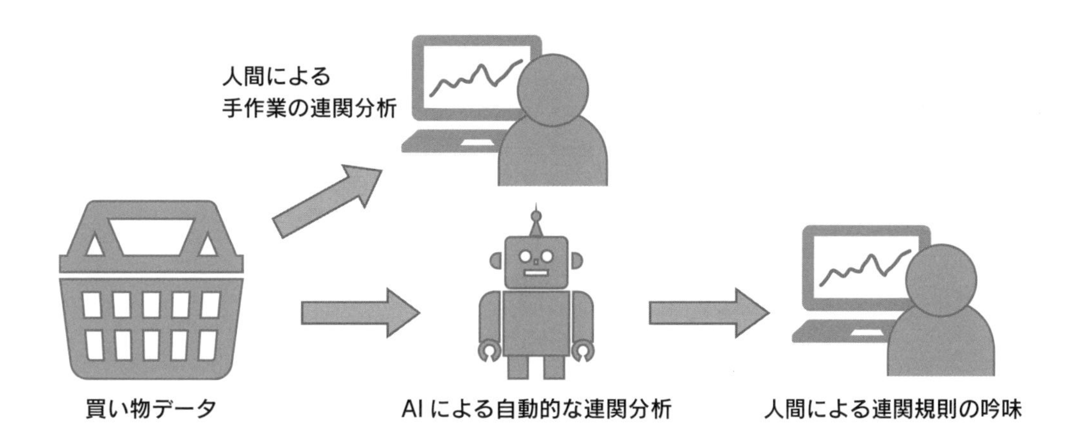

Pythonによる教師なし学習の連関分析

それでは、教師なし学習の連関分析をPythonで行ってみましょう。顧客の買い物カゴの中身に関するデータに対して連関分析を行うことで、商品Aを買った人は、商品Bを購入することが多い、という連関規則を発見したいと思います。

●データの準備と読み込み

分析に利用するデータは「Kaggle」というデータサイエンティストが集まるWEBサイトで公開されている「スーパーマーケットの買い物カゴに関するデータです。

URL https://www.kaggle.com/acostasg/random-shopping-cart

データサイエンスの練習用データなので、誰でも無料で使うことができます。このURLからダウンロードできるデータセットに対して、ある程度のデータクレンジングを施したデータセット(basket_data.xlsx)を、本書のサポートサイト(10ページ参照)に用意しました。本書のサポートサイトから「basket_data.xlsx」を入手してColaboratoryにアップロード(70ページ参照)してください。

アップロードが終わったら、以下のリストのプログラムを実行してデータセットを読み込んでください。以降、リストの内容は「＋コード」をクリックして、新しい入力欄に入力するようにしてください。たとえば、リスト12-1とリスト12-2の内容は、異なる入力欄に入力して実行してください。

表12-1 Basketデータセットに含まれるデータ

変数	説明
date	購入した日付
customer_id	各ユーザのユニークID
item_name	商品名

リスト12-1 Basketデータセットの読み込み

▶ソースコード

```
import pandas as pd
df = pd.read_excel('basket_data.xlsx')
df
```

▶実行結果

	date	customer_id	item_name
0	2000-01-01	1	yogurt
1	2000-01-01	1	pork
2	2000-01-01	1	sandwich bags
3	2000-01-01	1	lunch meat
4	2000-01-01	1	all- purpose
...	...	...	...
22338	2002-02-26	1139	soda
22339	2002-02-26	1139	laundry detergent
22340	2002-02-26	1139	vegetables
22341	2002-02-26	1139	shampoo
22342	2002-02-26	1139	vegetables

22343 rows × 3 columns

●データ形式の変形

データセットの中身を確認すると、「date」列に顧客の購入日、「customer_id」列に顧客のID、「item_name」列に顧客が購入した商品が格納されています。例えば、顧客IDが「1」の顧客は、「yogurt」、「pork」、「sandwich bags」などを購入しているということが分かります。連関分析を行うためには、データセットの形式を変更する必要があるため、以下のプログラムを実行して、顧客ごとの購入商品をわかりやすく表示したデータ形式に変更してください。

リスト12-2 データ形式の変形

▶ソースコード

```
dataset = df.groupby('customer_id')['item_name'].apply(list)
dataset
```

▶実行結果

```
customer_id
1       [yogurt, pork, sandwich bags, lunch meat, all-...
2       [toilet paper, shampoo, hand soap, waffles, ve...
3       [soda, pork, soap, ice cream, toilet paper, di...
4       [cereals, juice, lunch meat, soda, toilet pape...
5       [sandwich loaves, pasta, tortillas, mixes, han...
                              ...
1135    [sugar, beef, sandwich bags, hand soap, paper ...
1136    [coffee/tea, dinner rolls, lunch meat, spaghet...
1137    [beef, lunch meat, eggs, poultry, vegetables, ...
1138    [sandwich bags, ketchup, milk, poultry, cheese...
1139    [soda, laundry detergent, vegetables, shampoo,...
Name: item_name, Length: 1139, dtype: object
```

●連関分析ライブラリのインストール

次に、教師なし学習の連関分析を行うために「mlxtend」というライブラリをインストールしましょう。「!pip install mlxtend」と入力して実行してください。インストール中はたくさんのメッセージが表示されますが、そのまましばらく待つとインストールが完了します。

リスト12-3 連関分析ライブラリのインストール

▶ソースコード

```
!pip install mlxtend
```

▶実行結果

```
Requirement already satisfied: mlxtend in /usr/local/lib/python3.6/
dist-packages (0.14.0)
・・・(省略)・・・
```

●頻出商品の抽出

それでは、アプリオリアルゴリズムで複数の顧客が購入することが多い商品(頻出商品)を抽出してみます。以下のプログラムを実行すると、このデータセットの中で登場する商品の中で、複数の顧客によって購入されている頻出商品を確認することができます。「vegetables」や「poultry」などは、複数の顧客からの人気が高い商品のようです。

リスト12-4　頻出商品の抽出

▶ソースコード

```
from mlxtend.preprocessing import TransactionEncoder
from mlxtend.frequent_patterns import apriori

te = TransactionEncoder()
te_ary = te.fit(dataset).transform(dataset)
df2 = pd.DataFrame(te_ary, columns=te.columns_)

frequent_itemsets = apriori(df2, min_support=0.04, use_
colnames=True)
frequent_itemsets = frequent_itemsets.sort_values('support',
ascending=False).reset_index(drop=True)
frequent_itemsets
```

▶実行結果

	support	itemsets
0	0.739245	(vegetables)
1	0.421422	(poultry)
2	0.398595	(ice cream)
3	0.395961	(cereals)
4	0.395083	(lunch meat)
...	...	...
19600	0.040386	(cheeses, cereals, dinner rolls, poultry)
19601	0.040386	(cheeses, mixes, cereals, dinner rolls)
19602	0.040386	(waffles, ice cream, spaghetti sauce, lunch meat)
19603	0.040386	(waffles, ice cream, lunch meat, poultry)
19604	0.040386	(pasta, individual meals, dinner rolls, poultry)

19605 rows × 2 columns

●連関規則の抽出

それでは、連関分析を実施しましょう。以下のプログラムを実行すると、顧客の買い物カゴのデータに対して連関分析を行うことができます。分析結果を確認すると、「vegetables」と「poultry」という組み合わせや、「vegetables」と「eggs」という組み合わせで商品を購入する顧客が多いことが分かります。ほかにも、合計で約20万種類の連関規則が見つかりました。20万種類の連関規則の中には、スーパーマーケットの利益向上につながるような面白い組み合わせが見つかるかもしれません。

リスト12-5 連関規則の抽出

▶ソースコード

```
from mlxtend.frequent_patterns import association_rules

rules = association_rules(frequent_itemsets, metric = "lift", min_
threshold = 1)
rules = rules.sort_values('support', ascending = False).reset_
index(drop=True)

rules
```

▶実行結果

	antecedents	consequents	antecedent support	consequent support	support	confidence	lift	leverage	conviction
0	(vegetables)	(poultry)	0.739245	0.421422	0.331870	0.448931	1.065276	0.020336	1.049919
1	(poultry)	(vegetables)	0.421422	0.739245	0.331870	0.787500	1.065276	0.020336	1.227083
2	(eggs)	(vegetables)	0.389816	0.739245	0.326602	0.837838	1.133370	0.038433	1.607989
3	(vegetables)	(eggs)	0.739245	0.389816	0.326602	0.441805	1.133370	0.038433	1.093139
4	(yogurt)	(vegetables)	0.384548	0.739245	0.319579	0.831050	1.124188	0.035304	1.543388
...	...	...	...	...	...	...	...	...	...
197939	(cheeses)	(beef, ice cream, fruits)	0.390694	0.080773	0.040386	0.103371	1.279775	0.008829	1.025203
197940	(beef)	(cheeses, ice cream, fruits)	0.374890	0.083406	0.040386	0.107728	1.291606	0.009118	1.027258
197941	(ice cream)	(cheeses, beef, fruits)	0.398595	0.075505	0.040386	0.101322	1.341922	0.010290	1.028727
197942	(fruits)	(cheeses, beef, ice cream)	0.370500	0.076383	0.040386	0.109005	1.427085	0.012086	1.036613
197943	(poultry)	(dinner rolls, pasta, individual meals)	0.421422	0.071115	0.040386	0.095833	1.347582	0.010417	1.027338

197944 rows × 9 columns

12-2 協調フィルタリング

ここでは協調フィルタリングというレコメンド手法について学んだあと、Pythonでレコメンドを行うAIを作成します。

教師あり学習によるレコメンド（協調フィルタリング）

協調フィルタリングとは、ユーザの行動履歴を利用するレコメンドAIです。あるユーザが購入した商品のデータと、そのユーザ以外が購入した商品のデータの両方を用いて、その購入パターンからユーザ同士の類似性を分析して、好みが似ているユーザ同士を関連づけることでおすすめの商品を提示するという手法です。

例えば、「自分と好みや行動が似ている他のユーザは、自分も好きになれそうな商品を購入しているはずであるから、そのユーザたちに商品をおすすめしてもらおう」という考え方は、直感的にもとても自然な考え方だと思います。

◎「個人情報」の類似度と「行動」の類似度

好みが似ているユーザを探すためには、ユーザ間の「類似度」をどのように定義するかがとても重要です。類似度には、主に、ユーザの「個人情報」の類似度と、ユーザの「行動」の類似度の２種類が考えられます。

ユーザの個人情報の類似度とは、年齢、性別、住所など、会員登録の際に入力されたユーザの属性情報をもとに定義されるものです。前章で学んだクラスタリングを用いれば、ユーザの属性情報から類似のユーザを探すことができます。ユーザの属性情報でクラスタリングするという方法は、ビッグデータが普及するまではマーケティングの主流でした。

一方、ユーザの「行動」の類似度は、商品の閲覧、購入、お気に入り、評価点数など、ユーザが明示的に「行動」した結果によって定義されるものです。価値観やライフスタイルが多様化された現在では、性別や年齢などのユーザ属性だけでは類似度を定義できないことが多くなりました。そこで、どのような属性を持つユーザであろうと、行動が似ているユーザは好みが似ていると仮定して、商品のレコメンドに活用するという考え方が協調フィルタリングです。

◎協調フィルタリングの利点

協調フィルタリングの利点は、行動履歴さえあれば、対象がどのような属性を持つユーザや商品なのかを知らなくてもレコメンドできるという点です。

人間がマーケティングをする場合は、対象となる事業分野に関する深い知識と経験が必要になります。一方、AIによる協調フィルタリングの場合は、ユーザIDと商品IDが記載されたユーザ行動のデータさえあれば、全く関わったことのない事業分野でも商品をレコメンドすることが可能です。協調フィルタリングの原理的には、データサイエンティストは商品名すら知る必要はないのです。

図12-9 協調フィルタリング(Collaborative Filtering)

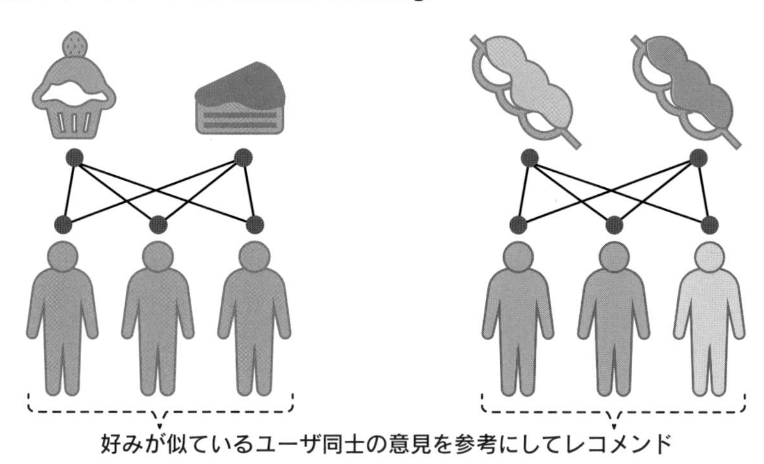

K近傍法(K-Nearest Neighbor Algorithm)

協調フィルタリングでは、教師あり学習の一種である「K近傍法(K-Nearest Neighbor Algorithm)」というアルゴリズムがよく用いられます。K近傍法は、学習データを空間上にプロットしておき、未知のデータが得られたら、そこから距離が近い順に任意のK個を取得し、多数決でデータが属するクラスを推定するというものです。難しい数式が必要なく、AIが学習データを覚えるだけという単純なアルゴリズムですので、最も単純なAIであるとも言われています。

例えば、以下の図では、Kを3にしたときのK近傍法の動作です。AIに未知のデータが入力されたら、既に存在する学習データとの距離を計算します。そして、入力データを中心とした円を描き、円の中にK個の学習データが含まれるようになるまで、円の半径を広げていきます。そして、K個の学習データのラベルで多数決を行って、最終的な分類結果とするという方法です。

図12-10 K近傍法（K-Nearest Neighbor Method）

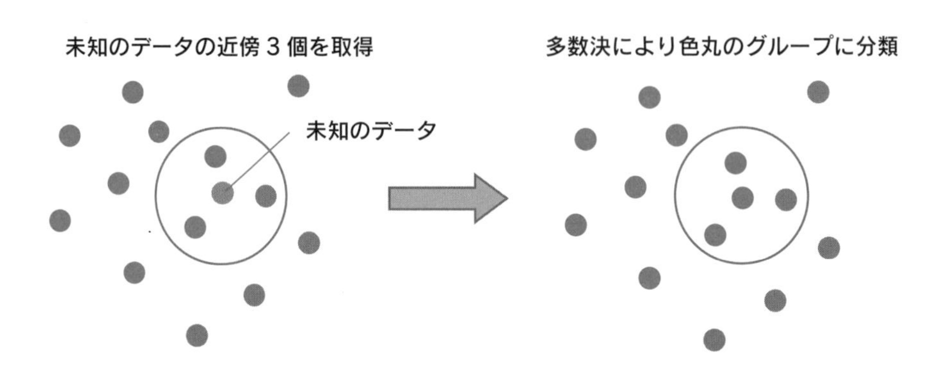

演習 Pythonによる協調フィルタリングを用いたレコメンド

それでは、協調フィルタリングを用いた映画視聴サイトのレコメンドを実践してみましょう。

● データの準備と読み込み

分析に利用するデータは映画のレーティング情報です。

URL https://grouplens.org/datasets/movielens/

「movie_info.csv」は、映画に関する要約情報、「movie_ratings.csv」は各映画をユーザが評価したレーティング情報です。ユーザがそれぞれの映画にどのような点数評価をつけたかを分析し、協調フィルタリングにより類似の評価をつけたユーザを探していきます。そして、類似のユーザが高評価をつけた映画をレコメンドするAIを作成します。

表12-2 Movie Infoデータセットに含まれるデータ

変数	説明
movieId	各映画のユニークID
title	映画タイトル
genres	映画の属するカテゴリ

表12-3 Movie Ratingsデータセットに含まれるデータ

変数	説明
userId	ユニークユーザID
movieId	当該ユーザが評価したアニメID
rating	当該ユーザのレーティング
timestamp	当該ユーザが評価した日時

ある程度のデータクレンジングを施したデータセット(movie_info.csvとmovie_ratings.csv)を、本書のサポートサイト(10ページ参照)に用意しました。本書のサポートサイトからこれらのファイルを入手してColaboratoryにアップロード(70ページ参照)してください。そして、以下のプログラムを実行して、データセットの読み込みを行います。データセットは「csv」という形式のファイルとなっていますので、「read_csv」という命令を使うことに注意してください。

リスト12-6 Movie Ratingデータセットの読み込み

▶ソースコード

```
import pandas as pd

ratings = pd.read_csv('movie_ratings.csv')
ratings
```

▶実行結果

	userId	movieId	rating	timestamp
0	1	1	4.0	964982703
1	1	3	4.0	964981247
2	1	6	4.0	964982224
3	1	47	5.0	964983815
4	1	50	5.0	964982931
...	...	...	...	...
100831	610	166534	4.0	1493848402
100832	610	168248	5.0	1493850091
100833	610	168250	5.0	1494273047
100834	610	168252	5.0	1493846352
100835	610	170875	3.0	1493846415

100836 rows × 4 columns

リスト12-7 Movie Infoデータセットの読み込み

▶ソースコード

```
movie = pd.read_csv('movie_info.csv')
movie
```

▶実行結果

	movieId	title	genres
0	1	Toy Story (1995)	Adventure|Animation|Children|Comedy|Fantasy
1	2	Jumanji (1995)	Adventure|Children|Fantasy
2	3	Grumpier Old Men (1995)	Comedy|Romance
3	4	Waiting to Exhale (1995)	Comedy|Drama|Romance
4	5	Father of the Bride Part II (1995)	Comedy
...	...	...	...
9737	193581	Black Butler: Book of the Atlantic (2017)	Action|Animation|Comedy|Fantasy
9738	193583	No Game No Life: Zero (2017)	Animation|Comedy|Fantasy
9739	193585	Flint (2017)	Drama
9740	193587	Bungo Stray Dogs: Dead Apple (2018)	Action|Animation
9741	193609	Andrew Dice Clay: Dice Rules (1991)	Comedy

9742 rows × 3 columns

● Movie Ratingデータセットの基本統計量

データセットの読み込みを行ったら、映画のレーティング情報の基本統計量を表示してみましょう。「ratings.describe()」という命令を実行すると、各列の平均や標準偏差などを表示することができます。「rating」という列には、それぞれの映画に対する評価点数の情報があります。「mean」という行は平均を表しているので、映画の評価点数の平均は3.5点くらいであることがわかります。映画の中には0.5点などのかなり低い評価点数もありますので、低い点数の映画はレコメンドしないほうが良さそうです。

リスト12-8　Movie Ratingデータセットの基本統計量

▶ソースコード

```
ratings.describe()
```

▶実行結果

	userId	movieId	rating	timestamp
count	100836.000000	100836.000000	100836.000000	1.008360e+05
mean	326.127564	19435.295718	3.501557	1.205946e+09
std	182.618491	35530.987199	1.042529	2.162610e+08
min	1.000000	1.000000	0.500000	8.281246e+08
25%	177.000000	1199.000000	3.000000	1.019124e+09
50%	325.000000	2991.000000	3.500000	1.186087e+09
75%	477.000000	8122.000000	4.000000	1.435994e+09
max	610.000000	193609.000000	5.000000	1.537799e+09

● Movie Ratingデータセットのヒストグラム（全て）

以下のプログラムを実行して、映画の評価点数を棒グラフで可視化してみましょう。映画の評価点数は、3点以上の評価が多いことが分かります。3点未満の人気のない映画は、全体で見た本数も少ないため、今回のレコメンド対象から外しても問題なさそうです。

リスト12-9 Movie Ratingデータセットのヒストグラム（全て）

▶ソースコード

```
ratings['rating'].hist(bins=11, figsize=(10,10), color = 'red')
```

▶実行結果

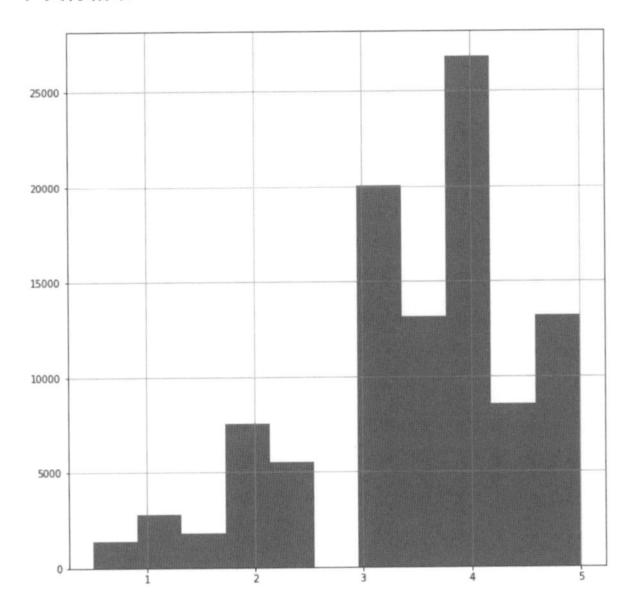

● Movie Ratingデータセットのヒストグラム（3以上）

そこで、AIがレコメンドする映画は、評価点数が3点以上の映画に限定することにします。以下のプログラムを実行すると、評価点数が3点以上の映画のみをデータセットから取り出して、棒グラフで可視化することができます。

リスト12-10 Movie Ratingデータセットのヒストグラム（3以上）

▶ソースコード

```
ratings = ratings[ratings.rating >= 3]
ratings['rating'].hist(bins=11, figsize=(10,10), color = 'red')
```

▶実行結果

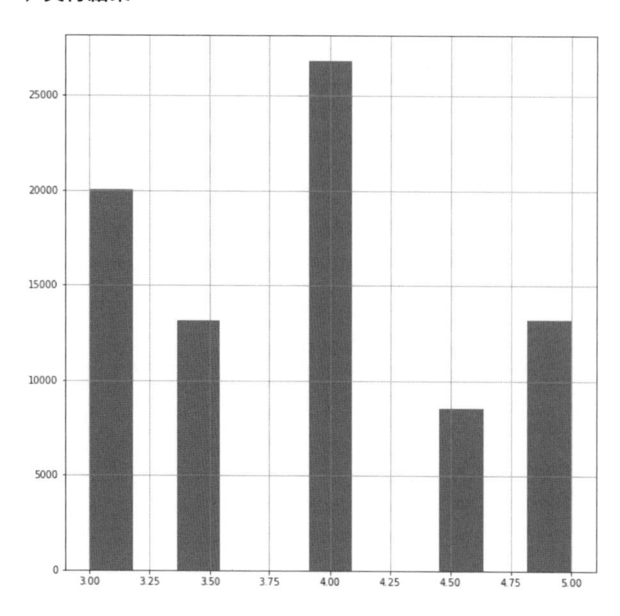

●データセットの結合

それでは、映画に関する要約情報とレーティング情報の2つのデータセットを結合しましょう。データセットの結合については4章にも記載がありますので参照してください。

リスト12-11 データセットの結合

```
mergeddf = ratings.merge(movie, on = 'movieId')
mergeddf
```

▶実行結果

	userId	movieId	rating	timestamp	title	genres
0	1	1	4.0	964982703	Toy Story (1995)	Adventure|Animation|Children|Comedy|Fantasy
1	5	1	4.0	847434962	Toy Story (1995)	Adventure|Animation|Children|Comedy|Fantasy
2	7	1	4.5	1106635946	Toy Story (1995)	Adventure|Animation|Children|Comedy|Fantasy
3	17	1	4.5	1305696483	Toy Story (1995)	Adventure|Animation|Children|Comedy|Fantasy
4	18	1	3.5	1455209816	Toy Story (1995)	Adventure|Animation|Children|Comedy|Fantasy
...	...	...	...	...	...	...
81758	610	158956	3.0	1493848947	Kill Command (2016)	Action|Horror|Sci-Fi
81759	610	160527	4.5	1479544998	Sympathy for the Underdog (1971)	Action|Crime|Drama
81760	610	160836	3.0	1493844794	Hazard (2005)	Action|Drama|Thriller
81761	610	163937	3.5	1493848789	Blair Witch (2016)	Horror|Thriller
81762	610	163981	3.5	1493850155	31 (2016)	Horror

81763 rows × 6 columns

●必要な列の抽出

結合したデータセットは列数が多くなっていますので、協調フィルタリングに必要な列のみを抽出します。今回の協調フィルタリングでは、ユーザID、映画タイトル、評価点数の3種類を使います。「誰が、どの映画に、何点の評価をつけたか」というユーザ行動にもとづいて、ユーザ間の類似度を算出するということです。

リスト12-12 必要な列の抽出

▶ソースコード

```
mergeddf = mergeddf[['userId','title','rating']]
mergeddf
```

▶実行結果

	userId	title	rating
0	1	Toy Story (1995)	4.0
1	5	Toy Story (1995)	4.0
2	7	Toy Story (1995)	4.5
3	17	Toy Story (1995)	4.5
4	18	Toy Story (1995)	3.5
...	...	...	...
81758	610	Kill Command (2016)	3.0
81759	610	Sympathy for the Underdog (1971)	4.5
81760	610	Hazard (2005)	3.0
81761	610	Blair Witch (2016)	3.5
81762	610	31 (2016)	3.5

81763 rows × 3 columns

●重複行の削除

同一ユーザが同じ映画に対して2回以上評価すると、データセットに内容が重複する行が含まれることがあります。念のため、以下のプログラムを実行して、重複行を削除しておきましょう。

リスト12-13 重複行の削除

▶ソースコード

```
mergeddf = mergeddf.drop_duplicates(['userId','title'])
mergeddf
```

▶実行結果

	userId	title	rating
0	1	Toy Story (1995)	4.0
1	5	Toy Story (1995)	4.0
2	7	Toy Story (1995)	4.5
3	17	Toy Story (1995)	4.5
4	18	Toy Story (1995)	3.5
...	...	...	...
81758	610	Kill Command (2016)	3.0
81759	610	Sympathy for the Underdog (1971)	4.5
81760	610	Hazard (2005)	3.0
81761	610	Blair Witch (2016)	3.5
81762	610	31 (2016)	3.5

81760 rows × 3 columns

●ピボットテーブルの作成

K近傍法で学習を行う前に、データセットの形式を整えます。行を映画タイトル、列をユーザIDとした行列(ピボットテーブル)を作成しましょう。どのユーザが、どの映画に対して、何点をつけたかがわかりやすくなりました。評価点数が0点となっている部分は、そのユーザが該当する映画を見ていないということを意味しています。行列の要素がほとんど0点となっている行列を「疎行列」と呼びます。ECサイトや動画視聴サイトには、膨大な数の商品や映画がありますので、それらのWebサイトから得られたデータセットは疎行列になることがほとんどです。

リスト12-14 ピボットテーブルの作成

▶ソースコード

```
movie_pivot = mergeddf.pivot(index= 'title',columns='userId',values=
'rating').fillna(0)
movie_pivot
```

▶実行結果

userId	1	2	3	4	5	6	7	8	9	10	...	601	602	603	604	605	606	607	608	609	610
title																					
'71 (2014)	0.0	0.0	0.0	0.0	0.0	0.0	0.0	0.0	0.0	0.0	...	0.0	0.0	0.0	0.0	0.0	0.0	0.0	0.0	0.0	4.0
'Hellboy': The Seeds of Creation (2004)	0.0	0.0	0.0	0.0	0.0	0.0	0.0	0.0	0.0	0.0	...	0.0	0.0	0.0	0.0	0.0	0.0	0.0	0.0	0.0	0.0
'Round Midnight (1986)	0.0	0.0	0.0	0.0	0.0	0.0	0.0	0.0	0.0	0.0	...	0.0	0.0	0.0	0.0	0.0	0.0	0.0	0.0	0.0	0.0
'Salem's Lot (2004)	0.0	0.0	0.0	0.0	0.0	0.0	0.0	0.0	0.0	0.0	...	0.0	0.0	0.0	0.0	0.0	0.0	0.0	0.0	0.0	0.0
'Til There Was You (1997)	0.0	0.0	0.0	0.0	0.0	0.0	0.0	0.0	0.0	0.0	...	0.0	0.0	0.0	0.0	0.0	0.0	0.0	0.0	0.0	0.0
...	...	...	...	...	...	...	...	...	...	...	...	...	...	...	...	...	...	...	...	...	...
[REC]³ 3 Génesis (2012)	0.0	0.0	0.0	0.0	0.0	0.0	0.0	0.0	0.0	0.0	...	0.0	0.0	0.0	0.0	0.0	0.0	0.0	0.0	0.0	3.0
anohana: The Flower We Saw That Day - The Movie (2013)	0.0	0.0	0.0	0.0	0.0	0.0	0.0	0.0	0.0	0.0	...	0.0	0.0	0.0	0.0	0.0	0.0	0.0	0.0	0.0	0.0
eXistenZ (1999)	0.0	0.0	0.0	0.0	0.0	0.0	0.0	0.0	0.0	0.0	...	0.0	0.0	5.0	0.0	0.0	0.0	0.0	4.5	0.0	0.0
xXx (2002)	0.0	0.0	0.0	0.0	0.0	0.0	0.0	0.0	0.0	0.0	...	0.0	0.0	0.0	0.0	0.0	0.0	0.0	3.5	0.0	0.0
¡Three Amigos! (1986)	4.0	0.0	0.0	0.0	0.0	0.0	0.0	0.0	0.0	0.0	...	0.0	0.0	0.0	0.0	0.0	0.0	0.0	0.0	0.0	0.0

8448 rows × 609 columns

●K近傍法の実行

それでは、K近傍法でユーザの「行動」にもとづいた類似度を調べましょう。以下のプログラムを実行すると、ユーザ間の類似度を学習したAIを作成することができます。

リスト12-15 K近傍法の実行

▶ソースコード

```
from scipy.sparse import csr_matrix
from sklearn.neighbors import NearestNeighbors

knn = NearestNeighbors(n_neighbors=9,algorithm= 'brute', metric= 'cosine')
movie_pivot_sparse = csr_matrix(movie_pivot.values)
model = knn.fit(movie_pivot_sparse)
```

▶実行結果

```
表示なし
```

●映画のレコメンド(アイアンマン)

それでは、作成したAIで映画のレコメンドを行ってみましょう。ここでは2008年に公開された「アイアンマン(Iron Man)」という映画を観たユーザに、別の映画をレコメンドしてみます。プログラムは少し長くなると思いますが、実行すると「アイアンマン(Iron Man)」を観たユーザが好みそうな映画を10個ほど列挙することができます。

リスト12-16 映画のレコメンド(アイアンマン)

▶ソースコード

```
Movie = 'Iron Man (2008)'

distance, indice = model.kneighbors(
    movie_pivot.iloc[movie_pivot.index== Movie].values.reshape(1,-
1),n_neighbors=11)
for i in range(0, len(distance.flatten())):
    if  i == 0:
        print('Recommendations if you like the movie {0}:\n'
        .format(movie_pivot[movie_pivot.index== Movie].index[0]))
    else:
        print('{0}: {1} with distance: {2}'
        .format(i,movie_pivot.index[indice.flatten()[i]],distance.
flatten()[i]))
```

▶実行結果

```
Recommendations if you like the movie Iron Man (2008):

1: Dark Knight, The (2008) with distance: 0.3535593545146176
2: WALL·E (2008) with distance: 0.3610591276390127
3: Avengers, The (2012) with distance: 0.3649033681548768
4: Iron Man 2 (2010) with distance: 0.36759723492909513
5: Avatar (2009) with distance: 0.41101652935211297
6: Up (2009) with distance: 0.417333104936607
7: Batman Begins (2005) with distance: 0.4248561040495944
8: Guardians of the Galaxy (2014) with distance: 0.4258684717651423
9: Star Trek (2009) with distance: 0.42760585824904684
10: Watchmen (2009) with distance: 0.4396196773592028
```

●映画のレコメンド(ハリーポッターと秘密の部屋)

「ハリーポッターと秘密の部屋(Harry Potter and the Chamber of Secrets)」という映画

を観たユーザには、「アイアンマン(Iron Man)」を観たユーザとは別の映画がレコメンドされています。「Movie」という変数の値を変えると違う映画に対してもレコメンドを行うことができますので、「movie_info.csv」の中に興味のある映画があったら試してみてください。

1
2
3
4
5
6
7
8
9
10
11
12
13
14

リスト12-17 映画のレコメンド(ハリーポッターと秘密の部屋)

▶ソースコード

```
Movie = 'Harry Potter and the Chamber of Secrets (2002)'

distance, indice = model.kneighbors(
    movie_pivot.iloc[movie_pivot.index== Movie].values.reshape(1,-
1),n_neighbors=11)
for i in range(0, len(distance.flatten())):
    if  i == 0:
        print('Recommendations if you like the movie {0}:\n'
        .format(movie_pivot[movie_pivot.index== Movie].index[0]))
    else:
        print('{0}: {1} with distance: {2}'
        .format(i,movie_pivot.index[indice.flatten()[i]],distance.
flatten()[i]))
```

▶実行結果

```
Recommendations if you like the movie Harry Potter and the Chamber of Secrets (2002):

1: Harry Potter and the Sorcerer's Stone (a.k.a. Harry Potter and the Philosopher's Stone) (2001) with distance: 0.24350576149749747
2: Harry Potter and the Prisoner of Azkaban (2004) with distance: 0.2609590978934401
3: Harry Potter and the Goblet of Fire (2005) with distance: 0.298150082136283
4: Harry Potter and the Order of the Phoenix (2007) with distance: 0.3392352648939553
5: Harry Potter and the Half-Blood Prince (2009) with distance: 0.43287228458131144
6: Spider-Man (2002) with distance: 0.4471128435824173
7: Pirates of the Caribbean: Dead Man's Chest (2006) with distance: 0.4511267178516082
8: Harry Potter and the Deathly Hallows: Part 2 (2011) with distance: 0.46114278921212504
9: Pirates of the Caribbean: The Curse of the Black Pearl (2003) with distance: 0.4636956372618998
10: Incredibles, The (2004) with distance: 0.4749841537241961
```

演習問題①

「black_friday.xlsx」は、ある小売チェーンの2018年のブラックフライデー(11月の第4木曜日の翌日のことで、小売店などで大規模な安売りが実施される日)の売り上げデータである。本書のサポートサイト(10ページ参照)からファイルをダウンロードし、連関分析を用いてよく売れる商品の組み合わせを見つけなさい。

出典:https://www.kaggle.com/llopesolivei/blackfriday

表12-4 Black Fridayデータセットに含まれるデータ

変数	説明
User_ID	各ユーザのユニークID
Product_ID	各商品のユニークID
Gender	性別
Age	年齢
Occupation	職業
City_Category	都市カテゴリ
Stay_In_Current_City_Years	居住年数
Marital_Status	配偶者の有無
Product_Category_1	商品カテゴリ#1
Product_Category_2	商品カテゴリ#2
Product_Category_3	商品カテゴリ#3
Purchase	購入金額

演習問題②

「anime_info.csv」は、アニメのファンサイトに掲載されているアニメの情報、「anime_ratings.csv」は各アニメをユーザが評価したレーティング情報である。本書のサポートサイト（10ページ参照）からこれらのファイルをダウンロードし、あるアニメを視聴したユーザにお薦めのアニメを推薦するレコメンドシステムをK近傍法を用いて作成しなさい。

出典：https://www.kaggle.com/CooperUnion/anime-recommendations-database

表12-5 Anime Infoデータセットに含まれるデータ

変数	説明
anime_id	各アニメのユニークID
name	アニメタイトル
genre	アニメの属するカテゴリ
type	メディアタイプ（例：映画、テレビetc）
episodes	アニメのエピソード数
members	当該アニメのグループに参加するユーザー数

表12-6 Anime Infoデータセットに含まれるデータ

変数	説明
user_id	ユニークユーザID
anime_id	当該ユーザが評価したアニメID
rating	当該ユーザのレーティング

第13章

時系列データ分析AIと自然言語処理AIを用いたデータサイエンス

本章では、これまでに学んだデータ分析の技法を用いて、人間の生活の中で扱う機会の多い「時系列データ」と「文章データ」に対する分析を行います。時系列データ分析は、何らかの数値が時間の経過と共にどのように変化していくかを調べるデータ分析のことです。また、文章データ分析も「ある言葉の次にはこの言葉が生じる」と考えれば、時系列データ分析の一種として扱うことができます。時系列データと文章データの分析方法について学んだあと、Pythonで具体的な演習を行ってみましょう。

13-1 時系列データ

時系列データとは、時間の経過に沿って記録されたデータのことです。毎日の気温や株価などが記録されたデータを統計的に解析することで、将来の値を予測するという分析を行います。ここでは時系列データの特徴について学び、Pythonによる演習を行います。

時系列データと点過程データ

オンラインショップの売り上げ情報から、SNSの文章や画像に至るまで、世の中のさまざまなデータは、それが記録されたときの時間の情報を合わせて持っています。

時間に関する情報を持っていることから、これらの全てのデータが時系列データであるように思えるのですが、実際はそうではありません。時系列データとは「ある一定の時間間隔で定期的に測定された情報の集まり」のことです。

これに対して、一定の時間間隔ではなく、事象が発生したタイミングでばらばらに測定されたデータは「点過程データ」と呼ばれます。例えば、時系列データと点過程データをグラフで図示すると以下のような違いがあります。

図13-1　時系列データと点過程データ

時系列データ
(情報が定期的に記録されている)

時間

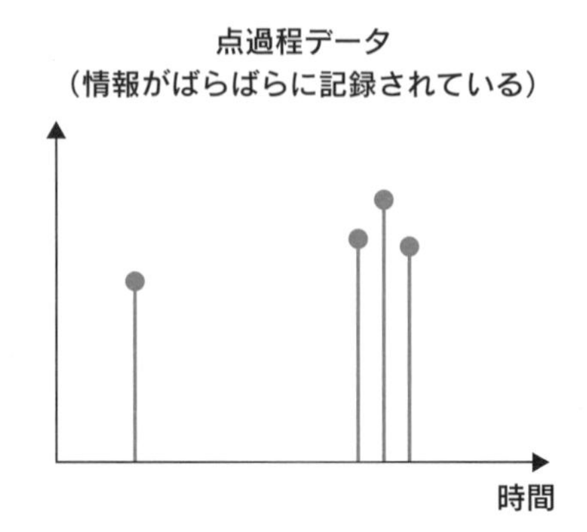

◎時系列データのグラフ

時系列データは、一定の時間間隔で測定された情報として扱うため、データとデータの間を線でつないだ状態で図示されます。つまり、ある時点で測定されたデータと、その1つ前に測定されたデータとの間は、おそらく直線的に変化するであろうと仮定しています。実際は、この2つのデータの間でどのような変化が起きているのかは、測定したデータがないため不明なのですが、それを直線的に変化するであろうと仮定して補完しているのです。

時系列データの分析は、一定間隔で測定された複数のデータの関係性に着目しながら、あるデータが時間経過とともにどのように変化していくかという将来の傾向を把握することを目的としています。

◎点過程データのグラフ

一方、点過程データに対してはこのような仮定は置きません。点過程データのグラフは、あるデータが測定された時に、その数値の大きさだけ縦に長い線として表示されます。点過程データは、測定された時間ごとに記録されたデータとなるため、1つ前のデータとの時間間隔はばらばらになります。2つのデータの時間間隔が1秒以内の場合もあれば、1年以上の場合もあるのです。そのため、点過程データの分析は、複数のデータの関係性に着目して将来を予測するよりも、ある事象が発生する瞬間のメカニズムを分析することを目的としています。

目的変数と説明変数

時系列データ分析の目的は、ある値が将来どのように変化するのかを予測することです。

時系列データの分析では、気温や株価などの予測したい値のことを「目的変数」、目的変数が記録された時の日時のデータを「説明変数」と呼びます。

例えば、ある日の10時30分の気温が20℃であった場合は、20℃を目的変数、10時30分を説明変数と呼びます。ある日時（説明変数）の気温（目的変数）がどのような値であったかという過去のデータを定期的に記録していれば、その過去のデータを時系列データとして分析することで、目的変数の将来の値を予測することができるのです。

しかし、本当に過去の目的変数と説明変数を分析するだけで、将来の目的変数を正しく予測できるものなのでしょうか。

◎日時の役割

将来を予測するという時系列データ分析では、説明変数である「日時」がとても重要な役割を果たします。

日時とは「2020年12月16日12時40分30秒」などの形式で保存される時間に関するデータのことです。日時というデータは意外に多くの情報を含んでいます。このデータからは「年」、「月」、「日」、「時」「分」、「秒」の情報を抽出できます。さらに、「曜日」や「干支」などの付加情報も抽出することができます。

このとき、日時から抽出された情報の中に、ある共通する性質が存在することに気づきます。それは「日時の情報には周期性がある」ということです。例えば、1年間は1月〜12月という周期を、1か月は1日〜31日という周期を、1週間は月曜日〜日曜日という周期を、1日は0時〜24時という周期をそれぞれ繰り返しています。

日時はこのような周期性を持っているのですが、世の中の事象に関するデータも、日時に基づいた周期性を持っていることが多いです。例えば、デパートの売り上げは、平日より週末のほうが多くなり、同じ日曜日ならばだいたい同じ傾向になります。また、1年前の12月と今年の12月もだいたい同じ傾向になるはずです。

このように、データを時間の周期に着目して分析すると、データの変化に一定のパターンが見えてくることがあります。時系列分析の根本にある考えは、このような「時間の周期性を前提とした予測」を行うことにあります。

時系列データの変動要因

時系列データはデータの周期的な時間変化を分析すると述べましたが、時間軸でデータが変わっていく要因として、「傾向変動」、「循環変動」、「季節変動」、「不規則変動」の4種類が挙げられます。

◎傾向変動

傾向変動(トレンド)は、長期的に見て上昇しているのか、それとも下降しているのかを示すものです。時系列データの細かい変化ではなく、総合的な変化傾向を確認できることが特徴です。例えば、地球温暖化による影響で気温が数十年の間に上昇しているのであれば、気温は長期的な増加傾向のトレンドがあるということを意味します。傾向変動を算出する方法として移動平均法や最小二乗法などの手法があります。

図13-2 傾向変動（トレンド）

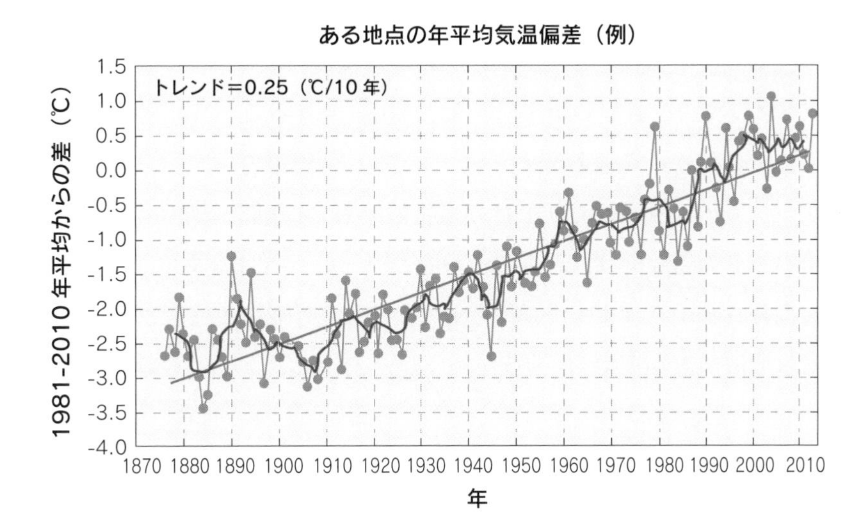

◎循環変動

循環変動（サイクル）は、ある周期性をもって現れる変化を示すものです。傾向変動は測定期間全体の長期的な傾向を示すのに対し、循環変動は測定期間の部分的な傾向を示します。循環変動の周期は一定ではありませんが、周期的に繰り返される上昇と下降の動きが必ずセットで含まれています。

例えば、日本経済の景気のように数年程度の期間で繰り返し起こる変化が循環変動です。日本では戦後の景気の循環変動が、これまでに14回ありました。循環変動は直接算出する手法がないため、時系列データから傾向変動と季節変動を除去して算出する方法が一般的です。

図13-3 循環変動（サイクル）

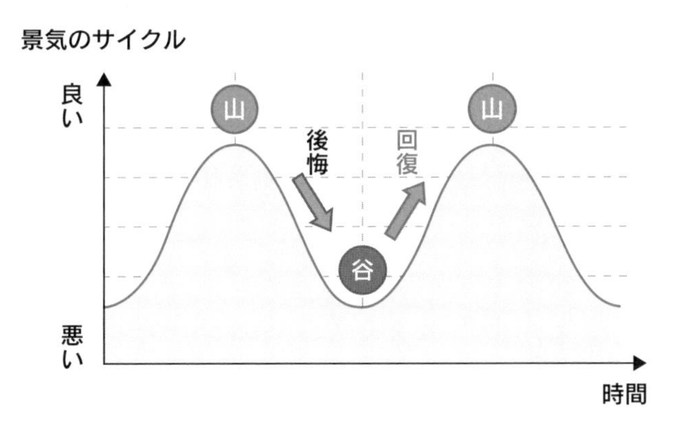

◎季節変動

季節変動（シーズナル）は、一定の周期ごとに繰り返される変化を示すものです。循環変動の周期は一定ではありませんが、季節変動の周期は一定です。季節変動という名前から、1年間の四季の変動を連想しがちですが、半年、四半期、月別、週別を周期とする繰り返し変動も季節変動として考えます。

例えば、デパートの1週間の売り上げの変化傾向や、1年間の旅行者の変化傾向を見るものです。デパートの売り上げは週末に上昇したり、旅行者は夏季休暇に増加したりするなどの傾向を掴むことができます。季節変動を算出する手法としては、月別平均法、移動平均法、連環比率法があります。

図13-4　季節変動（シーズナル）

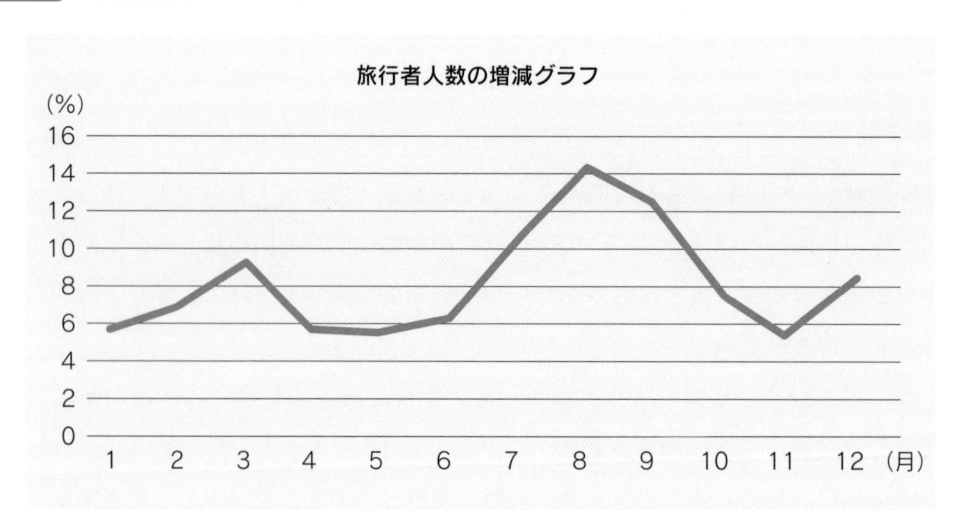

◎不規則変動

不規則変動（ノイズ）は、上記3つの変動要素では説明がつかない短期的な変化を示すものです。例えば、突然の天災などによる株価の変動などです。2020年初頭のコロナ発生により世界の株価が大幅に下落したことは記憶に新しいところです。時系列データ分析において、不規則変動を予期しながら将来を予想することはとても難しいのですが、信頼区間などの統計のテクニックを用いると、不規則変動のリスクを上手にコントロールすることができます。

図13-5 不規則変動（ノイズ）

実際の時系列データには、これらの4種類の変動要素の全てが含まれています。時系列データを分析する際は、4種類の変動要素を複合的に考慮しながら、統計などの数学的なテクニックを用いて、将来の目的変数をなるべく正しく予測することを試みます。

時系列データの分析に用いる数学は、統計に関する高度な専門知識を必要とするものが多いため本書では割愛いたします。しかしながら、時系列データを分析し解釈する際に、これらの変動要素が影響していることは理解しておいてください。

演習 Pythonによる時系列データ分析（二酸化炭素排出量の予測）

ここからは実際の時系列データに対する分析をPythonで行いましょう。

時系列データ分析は数値を予測する分析手法であり、目的変数の過去のデータに対して統計分析を行うことで、現在・未来の値を予測します。

● Prophetのインストール

これまでは、時系列データ分析にはある程度の数学知識が必要であり、初心者がすぐに時系列分析を始めることは困難でした。しかし、2017年にFacebook社が「Prophet (https://facebook.github.io/prophet/)」と呼ばれる時系列分析用のライブラリを公開したことで、誰でも簡単に時系列分析を始めることができるようになりました。本講では、Prophetを用いて実際の時系列データに対する時系列分析を行います。

最初に、ColaboratoryにProphetをインストールしましょう。Colaboratoryを起動したら、「!pip install fbprophet」と入力して実行してください。インストール中はたくさんのメッセージが表示されますが、そのまましばらく待つとインストールが完了します。

リスト13-1 Prophetのインストール

▶ソースコード

```
!pip install pystan~=2.14
!pip install fbprophet
```

▶実行結果

```
Looking in indexes: https://pypi.org/simple, https://us-python.pkg.
dev/colab-wheels/public/simple/
Collecting pystan~=2.14
  Downloading pystan-2.19.1.1-cp37-cp37m-manylinux1_x86_64.whl (67.3
MB)・・・(省略)・・・
```

●時系列データの読み込みと表示

Prophetのインストールが終わったら、時系列データの読み込みを行いましょう。分析に利用するデータは「マウナ・ロア山(ハワイ)の二酸化炭素排出量(https://scrippsco2.ucsd.edu/data/atmospheric_co2/primary_mlo_co2_record.html)」に関する時系列データです。1958年から現在に至るまで、マウナ・ロア山の二酸化炭素排出量を定期的に記録したデータとなっています。

図13-6 Mauna Loa CO2 Record

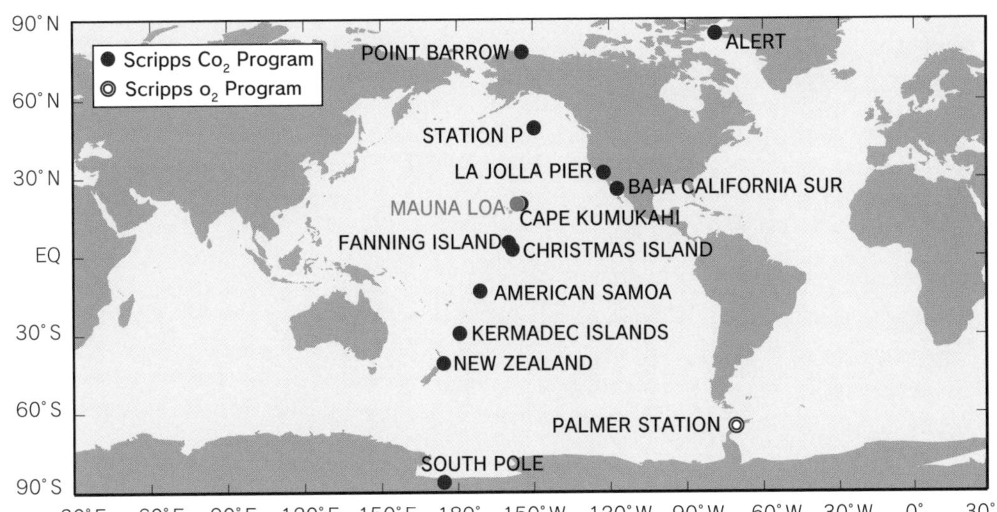

C. D. Keeling, S. C. Piper, R. B. Bacastow, M. Wahlen, T. P. Whorf, M. Heimann, and H. A. Meijer, Exchanges of atmospheric CO2 and 13CO2 with the terrestrial biosphere and oceans from 1978 to 2000. I. Global aspects, SIO Reference Series, No. 01-06, Scripps Institution of Oceanography, San Diego, 88 pages, 2001.

読み込んだ時系列データを表示すると、「Date」列には日時に関するデータが格納されており、「CO2」列には二酸化炭素排出量が格納されていることが分かります。

表13-1 CO2データセットに含まれるデータ

変数	説明
Date	日時
CO2	二酸化炭素排出量

リスト13-2 時系列データの読み込み

▶ソースコード

```
from vega_datasets import data
co2 = data.co2_concentration()
co2
```

▶実行結果

	Date	CO2
0	1958-03-01	315.70
1	1958-04-01	317.46
2	1958-05-01	317.51
3	1958-07-01	315.86
4	1958-08-01	314.93
...	...	...
708	2017-08-01	405.24
709	2017-09-01	403.27
710	2017-10-01	403.64
711	2017-11-01	405.17
712	2017-12-01	406.75

713 rows × 2 columns

●時系列データの可視化

読み込んだデータをグラフで可視化してみましょう。以下のグラフはデータ可視化ライブラリの「plotly」を用いて、二酸化炭素排出量の時系列データの可視化を行った結果です。マウナ・ロア山の二酸化炭素排出量は、1960年から2018年の間に少しずつ増加しているという傾向変動があることが分かります。また、グラフは形の整ったギザギザの形状となっていることから、一定の周期ごとに上昇と下降を繰り返す季節変動があることが分かります。

リスト13-3　時系列データの可視化

▶ソースコード

```
import plotly.express as px
px.line(co2,x="Date",y="CO2")
```

▶実行結果

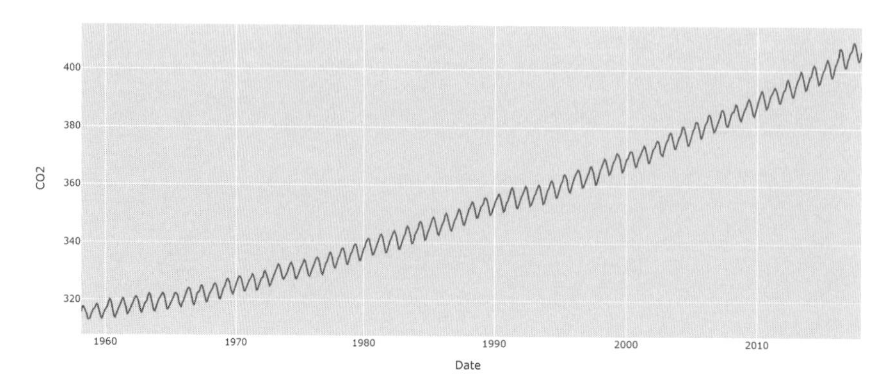

●時系列データの事前処理

早速、Prophetを使った将来予測や変動分析を始めたいところですが、Prophetには1つだけ守らないといけないルールがあります。それは分析するデータに関する形式です。分析するデータの列名に関しては、以下の命名規則を守る必要があります。

説明変数（日時）の列名：ds

目的変数（二酸化炭素排出量）の列名：y

説明変数の列名「Date」を「ds」に、目的変数の列名「CO2」を「y」に変換するために、「rename」という命令を実行します。

リスト13-4　時系列データの事前処理

▶ソースコード

```
co2.rename(columns={"Date":"ds","CO2":"y"},inplace=True)
co2
```

▶実行結果

	ds	y
0	1958-03-01	315.70
1	1958-04-01	317.46
2	1958-05-01	317.51
3	1958-07-01	315.86
4	1958-08-01	314.93
...	...	...
708	2017-08-01	405.24
709	2017-09-01	403.27
710	2017-10-01	403.64
711	2017-11-01	405.17
712	2017-12-01	406.75

713 rows × 2 columns

●時系列データの将来予測

「model = Prophet()」という命令でProphetを使う準備をします。そして、「fit」という命令を実行することで、Prophetに分析するデータを読み込ませて時系列分析を行います。「make_future_dataframe」という命令は、時系列分析の結果に基づいて将来の値を予測する時の設定を行うものです。今回は、1958年3月から200ヶ月先までを予測することにします。そのために、予測する期間の「periods」を200に、予測頻度の「freq」をMonthを表す「M」に設定しておきます。そして、「predict」という命令を実行することで将来予測を実行します。最後に「plot」という命令で将来予測の結果をグラフ化します。

Prophetは過去のデータに対して時系列分析を行い、目的変数の変動傾向を明らかにします。そして、「将来の目的変数は、過去の目的変数の変動傾向と同じような変化をするはずである」という時間の周期性を前提とした予測を行うことで、将来の二酸化炭素排出量の予測を行っています。実際に可視化されたグラフは、過去のデータと同じような周期で数値を上下させながら、長期的には増加傾向にあるという予測結果になっています。

リスト13-5　時系列データの将来予測

▶ソースコード

```
from fbprophet import Prophet
model = Prophet()
model.fit(co2)
future = model.make_future_dataframe(periods=200, freq='M')
forecast = model.predict(future)
model.plot(forecast);
```

▶実行結果

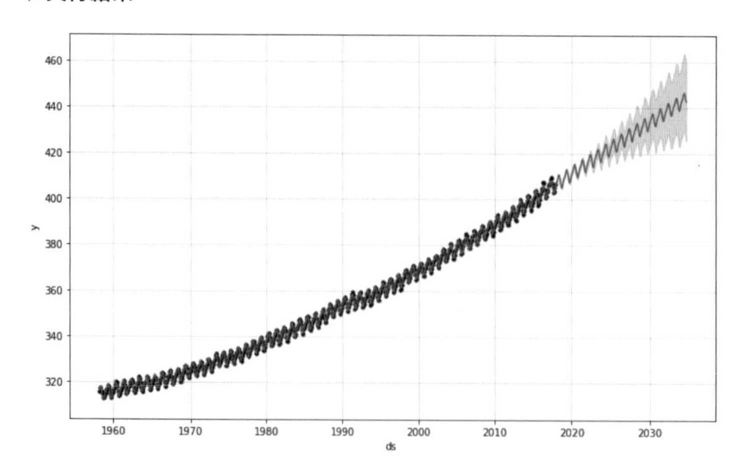

●時系列データの変動分析

変動傾向ごとの分析結果を可視化するためには、「plot_components」という命令を実行します。デフォルトでは、上から順に傾向変動、季節変動が描画されます。二酸化炭素排出量は、長期的な傾向変動は増加傾向にあることが分かります。また、1年間の二酸化炭素排出量の季節変動は、5月頃に最も多くなり、9月頃に最も少なくなるという一定の周期を繰り返していることが分かります。

リスト13-6　時系列データの変動分析

▶ソースコード

```
model.plot_components(forecast);
```

▶実行結果

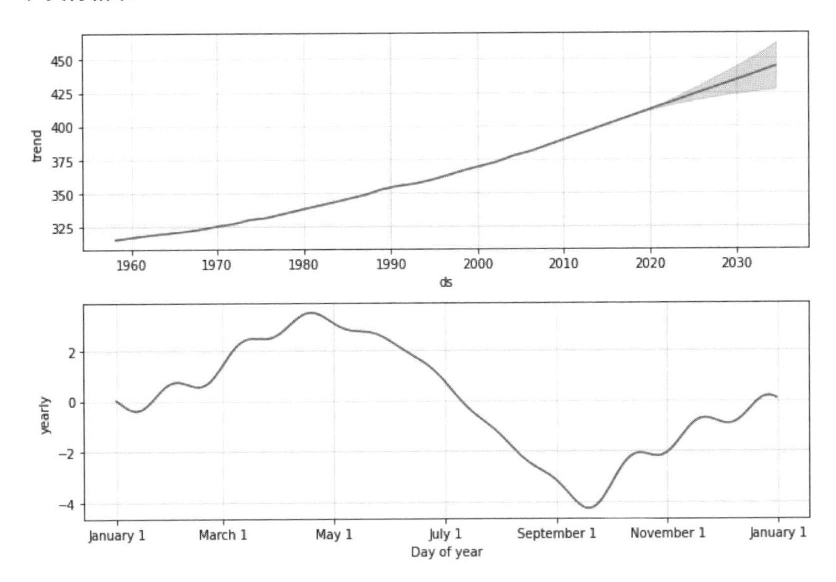

二酸化炭素排出量に関する時系列データを対象に、Prophetによる時系列データ分析を行いました。Prophetの予測結果は、私たちの目から見ても違和感のない予測結果になっていたかと思います。実際に、世の中に存在する時系列データに対してProphetによる時系列分析を行うと、初心者でも簡単に、かなりの精度で将来の予測を行うことができるようになっています。

皆さんもいろいろな時系列データを自分で探して、将来の予測にチャレンジしてみてはいかがでしょうか。

13-2 文章データ分析

文章データとは、小説やWEB記事などのさまざまな種類の文章のことであり、人間が普段の生活で用いている日本語や英語で書かれた文章のことです。人間にとってわかりやすい文章が、コンピュータにとってわかりやすいデータであるとは限りません。本節ではコンピュータが人間の言葉を理解するための仕組み「形態素解析」と「N-gram解析」について学び、Pythonによる演習を行います。

自然言語とプログラミング言語

人間が使う言語のことを「自然言語」と呼びます。自然言語は、長い歴史の中で、人間にとって使いやすくなるように進化してきました。人間は曖昧な情報から適切に意味を理解して行動することが得意なので、人間が使う自然言語にも曖昧さが含まれたままです。例えば、「やる」という単語は、「仕事をやる（作業をする）」、「人をやる（使いに出す）」、「贈り物をやる（譲渡する）」など、前後の文脈によって意味が異なっていますが、人間は意味を正しく理解して使い分けることができます。

一方、コンピュータは自然言語に含まれる曖昧な意味を正しく理解することはできません。コンピュータは「論理的」に動作する機械です。つまり、指示されたことを、あらかじめ決められた手順でこなすことしかできないのです。人間は「アレをアレしといて」という表現で意思疎通できることもありますが、コンピュータに指示をするときは「この品物を100メートル先まで運んどいて」などの具体的な指示が必要です。自然言語から曖昧性を排除し、コンピュータに指示を与えるために生まれた言語が「プログラミング言語」なのです。

形態素解析とN-gram解析

コンピュータに人間の文章を理解させるためには、自然言語が持つ曖昧性を解消し、プログラミング言語のような論理的な構造を持つ言語データに変換する必要があります。

特に、単語の「分かち書き(トークン化)」は、自然言語の分析における最も基本的で重要な処理です。分かち書きとは、文章の構造を分析し、長い文章を個々の単語の組み合わせとして識別できるようにする処理です。

英語やフランス語などの欧米の自然言語は、単語と単語の間に空白を入れる習慣があるため、長い文章から個々の単語を識別することは難しくありません。しかし、日本語の場合は、単語の間に区切り記号を持たないため、長い文章から単語を認識すること自体が根本的な問題になります。また、単語をうまく抽出できたとしても、それぞれの単語の品詞の種類や活用形の種類などを正しく識別できなければ、自然言語の文章が持つ意味をコンピュータが正しく理解することができません。

そこで、自然言語の文章を、コンピュータが理解できる最小の部品データに変換する方法が「形態素解析」と「N-gram解析」です。

◎形態素解析

形態素解析とは、自然言語を動詞や名詞などの「形態素」にまで分割することです。形態素とは、意味を持つ自然言語の最小単位のことです。例えば、「私はPythonでプログラミングをします」という文章を形態素解析すると、以下のような形態素に分割されます。このように形態素解析をして最小単位になった単語を、大量の辞書と文法の知識を用いて、品詞に分解したり、活用形を判定したり、品詞情報から係り受け判別を行い文章全体の構造を解析します。

図13-7 形態素解析

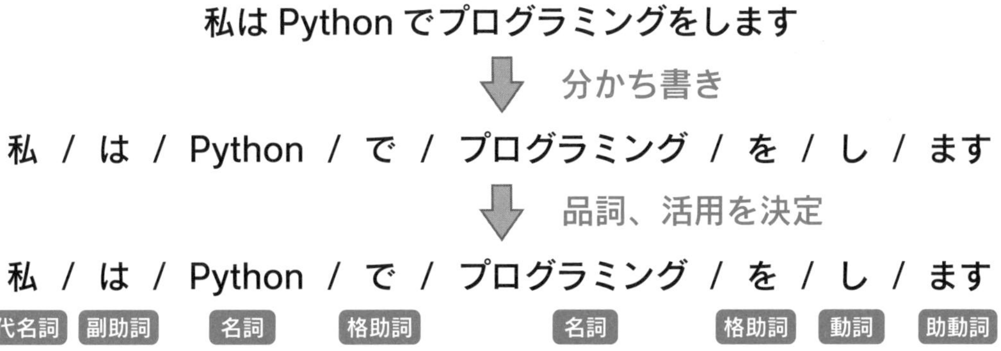

私はPythonでプログラミングをします

私 / は / Python / で / プログラミング / を / し / ます

私 / は / Python / で / プログラミング / を / し / ます

代名詞 副助詞 名詞 格助詞 名詞 格助詞 動詞 助動詞

◎N-gram解析

N-gram解析とは、自然言語が持つ意味を考慮せずに、文字列を決められた長さで機械的に分割することです。

例えば、「私はPythonでプログラミングをします」という文章を長さ2（N = 2）でN-gram解析すると、以下のように分割されます。N-gram解析による自然言語の分割は、形態素解析のような文法解析を伴わないため、特定の自然言語に依存しないという特徴があります。

図13-8 N-gram解析（N = 2）

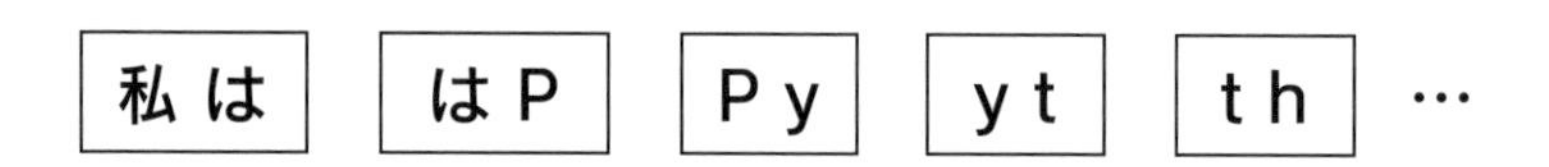

形態素解析は文章の構造の意味を解析するため、同じ意味の単語を繰り返している冗長な文章や、文法的に間違っていたりする無意味な文章を区別することができます。その代わり、単語が辞書に登録されていない場合は適切に分割できず、文章をうまく分割できなくなります。

逆にN-gramなら単純なルールで機械的に分割するため、どんなに複雑な文章でも分割ができなくなるということはありませんが、コンピュータにとってはプロの小説家の文章も、小学生の文章も同じに見えてしまいます。

演習 Pythonによる文章データ分析（スパムメールフィルタの作成）

それでは、自然言語の文章データに対する分析を行いましょう。ここでは、自然言語で書かれた電子メールの文章を分析し、スパムメール（迷惑メール）を分類するためのフィルタを作成することにチャレンジします。

●データのダウンロード

分析に利用する電子メールのデータセットは、カリフォルニア大学アーバイン校が提供している「SMS Spam Collection Dataset」を利用します。

URL https://archive.ics.uci.edu/ml/datasets/SMS+Spam+Collection

このURLからダウンロードできるデータセットを分析するためには、少し複雑なデータクレンジング処理が必要です。そこで、このURLからダウンロードできるデータセットに対して、ある程度のデータクレンジングを施したデータセット（email.csv）を、本書のサポートサイト（10ページ参照）に用意しました。本書のサポートサイトから「email.csv」を入手してColaboratoryにアップロード（70ページ参照）してください。

Almeida, T.A., GÃ³mez Hidalgo, J.M., Yamakami, A. Contributions to the Study of SMS Spam Filtering: New Collection and Results. Proceedings of the 2011 ACM Symposium on Document Engineering (DOCENG'11), Mountain View, CA, USA, 2011.

URL http://www.dt.fee.unicamp.br/~tiago/smsspamcollection/

● 文章データの読み込み

それでは、Colaboratoryで電子メールの文章データの読み込みを行いましょう。読み込んだデータを表示すると、「type」列には、0か1の数字が入っていることが分かります。0は通常のメール、1はスパムメールであることを表しています。「text」列には、メールの中に記載されている自然言語の文章の内容が記載されています。日本語の自然言語の解析は難易度が高いため、今回は英語の電子メールのデータセットを分析することにしました。

表13-2 E-mailデータセットに含まれるデータ

変数	説明
type	電子メールのカテゴリ 0：通常のメール 1：スパムメール
text	電子メールの文章

リスト13-7 文章データの読み込み

▶ソースコード

```
import pandas as pd
email = pd.read_csv('email.csv')
email
```

▶実行結果

	type	text
0	0	Go until jurong point crazy.. Available only ...
1	0	Ok lar... Joking wif u oni...
2	1	Free entry in 2 a wkly comp to win FA Cup fina...
3	0	U dun say so early hor... U c already then say...
4	0	Nah I don't think he goes to usf he lives aro...
...	...	...
5566	0	Why don't you wait 'til at least wednesday to ...
5567	0	Huh y lei...
5568	1	REMINDER FROM O2: To get 2.50 pounds free call...
5569	1	This is the 2nd time we have tried 2 contact u...
5570	0	Will ü b going to espla

5571 rows × 2 columns

●ワードクラウドの作成（スパムメール）

通常のメールとスパムメールにどのような単語がよく使われているかを調べてみましょう。ワードクラウド（Word cloud）とは、頻出する単語を頻度に比例する大きさで雲のように並べた図のことです。以下のプログラムを実行すると、スパムメールのワードクラウドを作成することができます。作成されたワードクラウドを見てみると、スパムメールには「無料（Free）」「今すぐ（Now）」「携帯に（Mobile）」「電話して（Call）」などの単語が多いことを確認できます。プログラムを実行するたびに、作成されるワードクラウドは多少変化しますが、スパムメールに使われている単語の傾向は同じようになるはずです。

リスト13-8　ワードクラウドの作成（スパムメール）

▶ソースコード

```
from wordcloud import WordCloud
import matplotlib.pyplot as plt

spam = email[email['type'] == 1]
spam_words = ' '.join(spam['text'])
spam_wc = WordCloud()
spam_wc.generate(spam_words)
plt.imshow(spam_wc)
plt.show()
```

▶実行結果

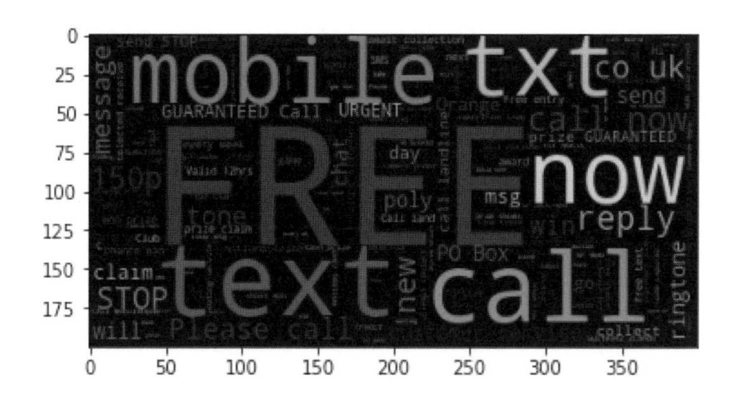

●ワードクラウドの作成(通常のメール)

同様のやり方で、通常のメールのワードクラウドを作成します。通常のメールには、スパムメールで頻出するような単語はあまり見かけられません。通常のメールとスパムメールでは、文章の中で使われる単語の種類に違いがありそうです。この違いをうまく利用して、電子メールの中からスパムメールを分類するためのフィルタを作成してみましょう。

リスト13-9　ワードクラウドの作成(通常のメール)

▶ソースコード

```
ham = email[email['type'] == 0]
ham_words = ' '.join(ham['text'])
ham_wc = WordCloud()
ham_wc.generate(ham_words)
plt.imshow(ham_wc)
plt.show()
```

▶実行結果

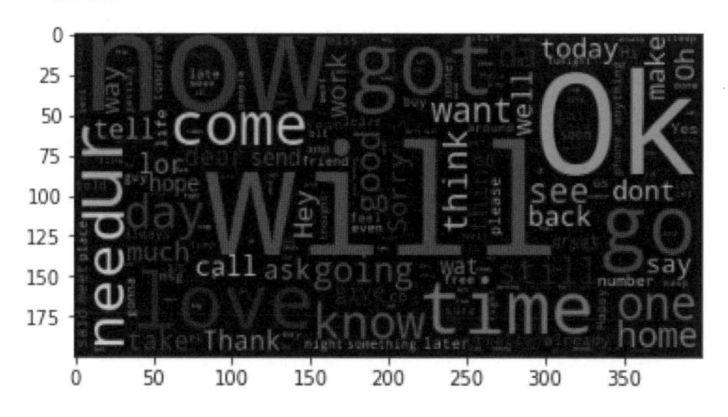

●大文字を小文字に変換

自然言語をコンピュータで分析できるようにするために、文章の大文字を小文字に揃えていきます。コンピュータは文章の中の英単語の表記揺れ(例:「Apple」と「apple」の違い)を区別することができず、別の意味の単語と認識してしまいます。そこで、全ての文章を小文字に揃えることで表記揺れの問題を解決します。以下のプログラムを実行すると、電子メールの文章を全て小文字に揃えることができます。

リスト13-10 大文字を小文字に変換

▶ソースコード

```
email['text'] = email['text'].str.lower()
email
```

▶実行結果

	type	text
0	0	Go until jurong point crazy.. Available only ...
1	0	Ok lar... Joking wif u oni...
2	1	Free entry in 2 a wkly comp to win FA Cup fina...
3	0	U dun say so early hor... U c already then say...
4	0	Nah I don't think he goes to usf he lives aro...
...	...	...
5566	0	Why don't you wait 'til at least wednesday to ...
5567	0	Huh y lei...
5568	1	REMINDER FROM O2: To get 2.50 pounds free call...
5569	1	This is the 2nd time we have tried 2 contact u...
5570	0	Will ü b going to espla

5571 rows × 2 columns

●ストップワードの除去

次に、「ストップワード」の除去を行います。ストップワードとは、英語における冠詞(「a」や「the」)などの一般的な単語のことです。ストップワードは、通常のメールとスパムメールの両方に、同じくらいの頻度で出現する可能性が高いです。スパムメールを分類するときにストップワードは邪魔となってしまうため、ストップワードを可能な限り除去していきます。以下のプログラムでは、「a」、「the」、「an」の3種類の冠詞を除去する処理を行っています。「replace」という命令を実行する際に、置換前のキーワードに「the」の前後に半角の空白を入れた「 the 」を、置換後のキーワードに半角の空白「 」を1つだけ指定すると、冠詞を半角の空白に置き換えることができます。ストップワードには他にもたくさんの種類があるのですが、本書ではストップワードの除去は冠詞の3種類のみとします。

リスト13-11 ストップワードの除去

▶ソースコード

```
email['text'] = email['text'].str.replace(' the ', ' ')
email['text'] = email['text'].str.replace(' a ', ' ')
email['text'] = email['text'].str.replace(' an ', ' ')
email
```

▶実行結果

	type	text
0	0	go until jurong point crazy.. available only ...
1	0	ok lar... joking wif u oni...
2	1	free entry in 2 wkly comp to win fa cup final ...
3	0	u dun say so early hor... u c already then say...
4	0	nah i don't think he goes to usf he lives aro...
...	...	...
5566	0	why don't you wait 'til at least wednesday to ...
5567	0	huh y lei...
5568	1	reminder from o2: to get 2.50 pounds free call...
5569	1	this is 2nd time we have tried 2 contact u. u ...
5570	0	will ü b going to espla

5571 rows × 2 columns

その他にも、「ステミング」という過去分詞や現在分詞を標準形に変換する処理や、数字や余分な空白を除去するなどの事前処理を行うと、コンピュータによる自然言語の分析をより正確に行うことができます。このような自然言語に対する事前処理は、他にもたくさんの種類があり、その作業量も膨大となるため、本書で扱う電子メールのデータセットに対する事前処理はここまでとします。

●電子メールの文章の形態素解析

それでは、「CountVectorizer」という命令を使って、形態素解析を行いながら、電子メールの文章をAIが計算しやすい形式(ベクトル形式)に変換する処理を行いましょう。「min_df」とは出現数が低い単語を除外するオプションです。「min_df=3」とすることで出現数が3回以下の単語を除外している理由は、人名や地域名などのあまり出現頻度の高くない単語を除外したほうが、スパムメールの分類を上手に行うことができるからです。文章に含まれている単語を5件ほど見てみると、形態素解析によって「available」「crazy」などの単語を抽出している事がわかります。

リスト13-12 電子メールの文章の形態素解析

▶ソースコード

```
from sklearn.feature_extraction.text import CountVectorizer
vector = CountVectorizer(min_df = 3)
vector.fit(email['text'])
text_vec = vector.transform(email['text'])

dict(list(vector.vocabulary_.items())[0:5])
```

▶実行結果

```
{'available': 348, 'crazy': 686, 'go': 1087, 'point': 1880, 'until': 2575}
```

●ナイーブベイズのAIを作成

形態素解析を行った電子メールの文章データを用いて、スパムメールの分類を行うためのAIを作成してみましょう。ここでは「ナイーブベイズ」と呼ばれるAIを作成します。ナイーブベイズは、「ベイズの定理」という確率の考え方を用いたAIのアルゴリズムです。ある単語が含まれるメールがスパムメールであるかという確率を求め、その確率が一定の大きさを超えた場合に、電子メールをスパムメールとして分類します。ベイズの定理の理論については、数学的に少し込み入った話となるため、本書では説明を割愛します。

リスト13-13 ナイーブベイズのAIを作成

▶ソースコード

```
from sklearn.naive_bayes import BernoulliNB
model = BernoulliNB()
model.fit(text_vec, email['type'])
```

▶実行結果

```
BernoulliNB(alpha=1.0, binarize=0.0, class_prior=None, fit_prior=True)
```

●スパムメール分類の成功率

作成したナイーブベイズのAIを使って、どのくらいの精度でスパムメールを分類できるようになったかを試してみましょう。以下のプログラムを実行すると、AIが電子メールの文章を解析し、通常のメールであるか、スパムメールであるかを判定します。そして、AIの判定結果と、実際の正解ラベルを比較し、スパムメール分類の成功率を表示することができます。今回、スパムメール分類の成功率は約98.8%となっていますので、このデータセットに対するスパムメール分類の精度をかなり高くすることができました。

リスト13-14　スパムメール分類の成功率

▶ソースコード

```
model.score(text_vec, email['type'])
```

▶実行結果

```
0.9881529348411416
```

●新しい電子メールの文章に対するスパムメール分類

最後に、任意の電子メールの文章に対して、AIがどのような分類をするかを確かめてみましょう。以下のプログラムの変数sample_txtに、任意の文章を入力して実行すると、その文章を含む電子メールが通常のメールであるか、スパムメールであるかを判定します。出力結果が「0」となっていれば通常のメール、「1」となっていればスパムメールという意味です。実際に英語のスパムメールが届いたことがある人は、試しにここに入力してAIによるスパムメール分類を試してみてはいかがでしょうか。

リスト13-15　新しい電子メールの文章に対するスパムメール分類

▶ソースコード

```
sample_txt = 'I cant pick the phone right now.'
sample_test = pd.DataFrame([sample_txt])
sample_test_vec = vector.transform(sample_test[0])
print(model.predict(sample_test_vec), ':', sample_txt)

sample_txt = 'Congratulations ur awarded $500.'
sample_test = pd.DataFrame([sample_txt])
sample_test_vec = vector.transform(sample_test[0])
print(model.predict(sample_test_vec), ':', sample_txt)
```

▶実行結果

```
[0] : I cant pick the phone right now.
[1] : Congratulations ur awarded $500.
```

演習問題①

「airline.csv」は、航空会社の利用者データである。1949年から1960年の国際線の毎月の合計利用者が時系列データとして記載されている。本書のサポートサイト（10ページ参照）からファイルをダウンロードし、国際線旅客数の時系列データ分析を行いなさい。

出典：https://www.kaggle.com/datasets/chirag19/air-passengers

表13-3　Airlineデータセットに含まれるデータ

変数	説明
Month	日時
#Passengers	国際線の毎月の合計利用者数

演習問題②

「novel.csv」は、ミステリー小説の文章と3人の作者の名前が記載されたデータである。本書のサポートサイト（10ページ参照）からファイルをダウンロードし、文章から作者を言い当てる自然言語処理AIを作成しなさい。

出典：https://www.kaggle.com/c/spooky-author-identification/data

表13-4　Novelデータセットに含まれるデータ

変数	説明
text	ミステリー小説の文章
author	ミステリー小説の作者 0：MWS: Mary Wollstonecraft Shelley 1：HPL: HP Lovecraft 2：EAP: Edgar Allan Poe

第14章

画像分析AIを用いたデータサイエンス

本章では、AIによる画像分類について学びます。画像分類とは、画像を何らかの特徴やルールに基づいてどのカテゴリに属するか分類することです。画像分類のAIは、入力画像からその画像が最も類似していると考えられるカテゴリを自動的に検出します。ここでは、AIによる画像分析の仕組みについて学んだあと、2種類の画像分析AIのアルゴリズムを用いて画像分類を行いましょう。

14-1 AIによる画像分析

ここではAIによる画像分析の仕組みについて学びます。

AIによる画像分析と具体例

AIによる画像分析では、画像に写っている被写体の「色」、「形状」、「長さ」、「面積」などのさまざまな情報をAIが測定し、被写体の特徴抽出や画像分類などを行うことができます。

人間が脳の中で行っている視覚的な情報認識をAIが代わりに判定してくれるため、目視による判別が難しい物体を解析し、ヒューマンエラーの発生を抑えたり、作業の効率化を実現したりすることができます。

◎AIによる画像分析とは

画像分析とは、カメラやスマートフォンなどを使用して画像を取得した後に、コンピュータでさまざまな判断を行うことです。特に、AIを用いて画像分析を行うことで、大量の画像の内容を理解し、情報の抽出や分類などが可能となります。

AIによる画像分析を理解するためには、画像に映り込んだ対象を人間が認識する場合の脳の動きを想像するとわかりやすいです。例えば、人間が猫を見たときに、猫の形状、大きさ、色などの特徴を認識して、画像に映り込んだ対象を「猫」と判断します。このような判断が可能なのは、人間が幼少期から猫を見続けて蓄積してきた記憶や知識を判断材料として、画像に映り込んだ対象が猫の特徴を持つかどうかを判断できるためです。

AIによる画像分析は、人間が当たり前のようにやっている画像の情報処理を、画像のデジタルデータからAIが学習した「知識」を用いて行われます。まず、コンピュータに大量の画像をデジタルデータとして取り込み、教師あり学習のアルゴリズムを用いて、画像に映り込んだ対象の特徴を学習させます。すると、画像に映ったものが何であるかをAIが判断できるようになるのです。

◎手書き文字認証・顔認証

AIを活用した画像分析の具体例としては、はがきの郵便番号を自動的に認識する「手書き文字認識」や、スマートフォンのロックを解除する際の「顔認証」などがあります。また、AIによる画像分析の技術は、静止した画像だけでなく、リアルタイムに再生される動画を解析する「動画分析」にも活用されています。

図14-1 手書き文字認識

図14-2 顔認証

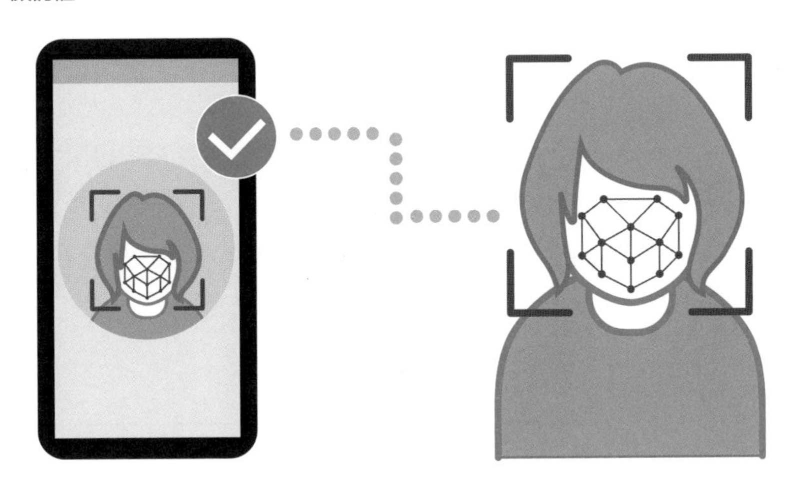

ピクセル(Pixel)と解像度

画像データの単位であるピクセルとデータ量となる解像度を解説します。

◎ピクセルとは

画像分析AIは、人間が脳内で行っている対象物の特徴を捉えて判別するというプロセスを、画像のピクセル(Pixel)単位のデジタルデータを分析することで行っています。ピクセルとは、コンピュータに取り込まれた画像の最小単位のことです。コンピュータに取り込まれた画像は、拡大してみると小さな正方形の集まりで構成されていることがわかります。

以下の図の小さい正方形がピクセルで、ピクセルごとに1種類の色が割り当てられています。

図14-3　ピクセル(Pixel)

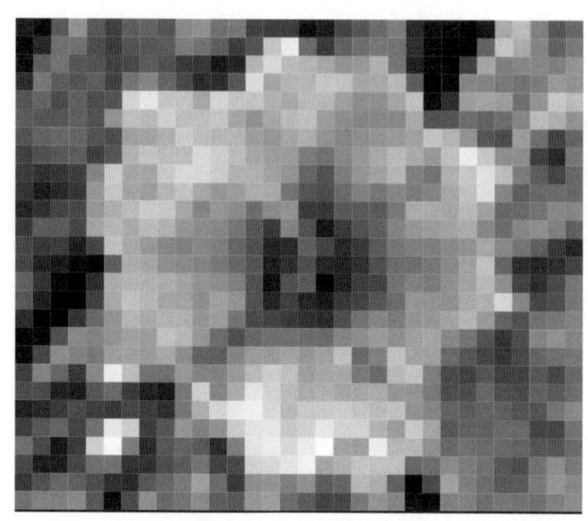

白黒の画像は、1つのピクセルの色を「白」または「黒」の濃さを256段階で表すため、1ピクセルあたり1バイト(256ビット)のデータ量となります。カラーの画像(RGB画像)は、色の三原色である、赤(Red)、緑(Green)、青(Blue)の各色の濃さを256段階で表すため、1ピクセルあたり3バイト(768ビット)のデータ量となります。

◎解像度

また、コンピュータ上の画像のデータ量は、画像の中にピクセルをどのくらいの密度で敷き詰めるか(解像度)によって変わります。例えば、縦に28ピクセル、横に28ピクセルが敷き詰められた白黒の画像であれば、28×28×1 ＝ 784バイトのデータ量となります。これが、スマートフォンの4Kカメラで撮影したカラー写真の場合は、縦に3,840ピクセル、横に2,160ピクセルとなるため、3,840×2,160×3 ＝ 24,883,200(約2.5M)バイトのものデータ量となります。

画像分析AIは、このような膨大なデータ量を持つ画像から、対象物に関する特徴を機械的に認識する必要があるため、前章までのAIの応用例と比較すると、かなり計算量が多くなります。

画像分類(Image classification)

画像分析AIがどのような分析をできるかを見ていきましょう。まず初めに、「画像分類(Image classification)」について説明します。

画像分類とは、画像の中にある特定物の種類をカテゴリ分けすることです。例えば、画像に写っているものが「犬である確率」と「猫である確率」のどちらが高いかを判定することができます。

画像分類AIにはカテゴリごとの特徴を覚えさせる必要があるため、ある画像をまだ画像分類AIが覚えていないカテゴリに分類することはできません。例えば、「犬」と「猫」の特徴を覚えた画像分類AIに「鳥」の画像を入力しても、犬か猫のどちらの確率が高いか、という出力が出てきます。

画像分類は、画像分析AIとしては歴史が古く、昔から何度も改良が重ねられてきた技術です。この後に説明する物体検出やセマンティックセグメンテーションなどの基礎となっている重要な技術です。

図14-4 画像分類(Image classification)

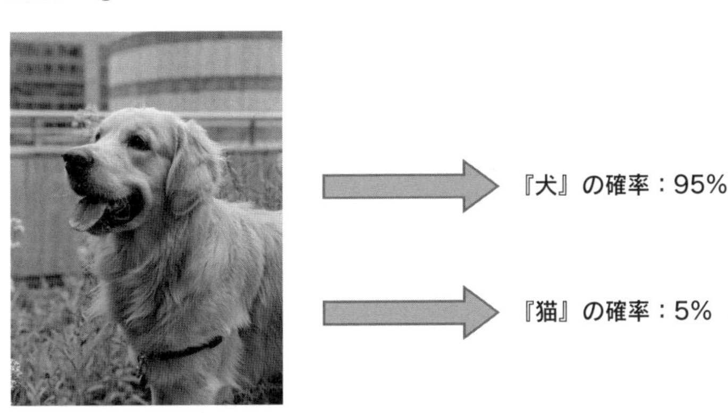

物体検出(Object detection)

画像分類は、画像に映っている対象物がどのカテゴリであるかは判別できても、その位置まで判別することはできません。そのため、画像の中の対象物の場所が上下左右に偏っていたり、対象物が近すぎたり遠すぎたりすると、画像を正しく分類することができません。そこで登場するのが、物体検出(Object detection)と呼ばれる技術です。物体検出は、画像の中から対象物の位置、大きさ、カテゴリを検出することができます。物体検出では、対象物の位置と大きさを判定し、四角形の領域で囲みます。そして、四角形の領域に囲まれた対象物がどのカテゴリであるかを画像分類するという2段階の処理を行います。物体検出は、画像の中に複数の対象物が映り込んでいる場合にも、それぞれの対象物の位置を検出してカテゴリ分けすることができます。物体検出は、対象物の位置検出に複雑な計算処理が必要となるため、画像分類と比較すると計算負荷は何十倍にもなります。

図14-5　物体検出（Object detection）

セマンティックセグメンテーション（Semantic segmentation）

画像分類や物体検知は、画像に映っている対象物を四角形の領域で囲むため、背景などの一部が四角形の領域の中に含まれてしまいます。そこで、画像に映っている対象物を「輪郭」に沿って抽出したいときに用いる技術がセマンティックセグメンテーション（Semantic segmentation）です。

セマンティックセグメンテーションは、画像内の全てのピクセルにラベルやカテゴリを関連付けることができます。対象物をピクセル単位に詳細化して出力できるため、対象物の位置と大きさを正確に推定することができます。例えば、自動運転AIで自動車の運転制御を行う際に、対象物を四角形の領域で囲むと、歩行者の位置や大きさを見誤ってしまい事故につながる可能性があります。

一方、セマンティックセグメンテーションを用いれば、歩行者の位置や大きさを輪郭として正しく認識して、歩行者を上手に避けながら安全に運転することができるようになります。

図14-6 セマンティックセグメンテーション(Semantic segmentation)

出典：Facebook AI research's Detectron repository (https://github.com/facebookresearch/Detectron)

画像生成(Image generation)

画像生成(Image generation)とは、AIを用いて画像の「生成」や「加工」を自動的に行う技術のことです。AIに画像を入力してそれを分析させるのではなく、「どのような画像を生成したいか」という要望を単語や文章で入力すると、それに沿った画像をAIが作成してくれるという技術です。

画像生成AIは、プロの芸術家並みの作品を生み出すこともあります。例えば、以下の図は、画像生成AIが描いた肖像画「Edmond de Belamy」という作品ですが、アメリカのオークションで43万2,500ドル(約4,900万円)という値段で落札されています。近年は、さまざまな場面で高品質な画像が必要となったため、画像生成AIが生成した画像の活用が期待されています。

一方、懸念されているのが「画像生成AIが生成した画像の著作権は誰のものなのか」ということす。画像生成AIの学習データに著作物が含まれており、AIの学習が不十分の場合、画像生成AIが生成する画像が何らかの著作物に近くなる可能性があります。AIが生成した画像の権利をどのように扱うのかについては、今後、慎重に検討していかなければなりません。

図14-7 画像生成（Image generation）

出典：https://obvious-art.com/page-collection-obvious/

イメージインペインティング（Image inpainting）

イメージインペインティング（Image inpainting）は、物体検知と画像生成を組み合わせた技術です。インペインティング（Inpainting）は、日本語では「修復」という意味です。イメージインペインティングを使用する事で、画像の指定領域の再構成が可能となり、画像上の不要な障害物を消去することができます。

以下の画像は、画像に含まれる「人間」を除去して、除去した部分を画像生成AIが生成した画像で補完しています。物体検知で人間の位置にマスクをかけて、マスクの位置にある領域の画像を白く塗りつぶした上で、周辺のピクセルから自然な形で画像を再構成できていることが分かります。スマートフォンで撮影した写真に対して消しゴムのような用途で使用したり、SNSにアップロードされる画像に写った他人の肖像権を保護したりと、さまざまな用途に活用することができます。

図14-8 イメージインペインティング（Image inpainting）

14-2 ニューラルネットワーク

人間の脳機能の特性をAIとして再現したニューラルネットワークについての解説と、ニューラルネットワークを用いた白黒画像の画像分類の演習をPythonを用いて行います。

ニューラルネットワーク(Neural network)とは

画像分析AIは、コンピュータに取り込まれた画像に対して、さまざまな処理を行うことができますが、その計算処理はとても複雑であり、AIの中でも最も難易度が高いタスクと言えます。この画像分析AIを支える機械学習アルゴリズムが「ニューラルネットワーク(Neural network)」です。ニューラルネットワークは、人間の脳機能の特性をAIとして再現したもので、人間の脳神経系の「ニューロン(Neuron)」の仕組みがコンピュータプログラムとして実現されています。

人間の脳内には、神経細胞と神経線維から構成される大量のニューロンが存在しています。ニューロン同士は神経線維で相互に接続されており、大量のニューロンが連携して電気信号を伝達し、人間の複雑な思考や認識などを行っています。ニューラルネットワークを用いた画像分析AIは、脳内のニューロンの仕組みを上手に利用して、複雑な画像分析を実施しているのです。

図14-9　人間の脳神経系のニューロンを数理モデル化

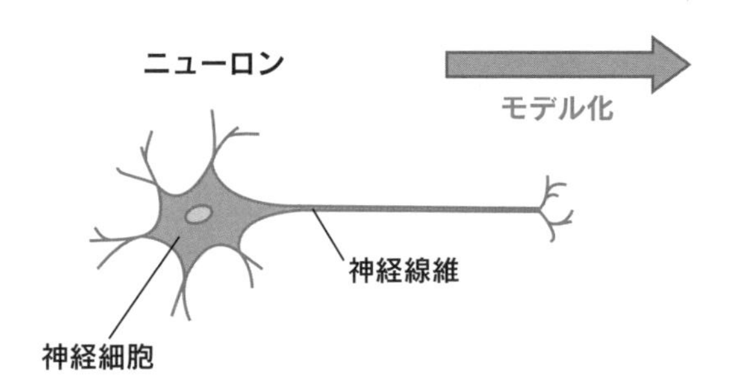

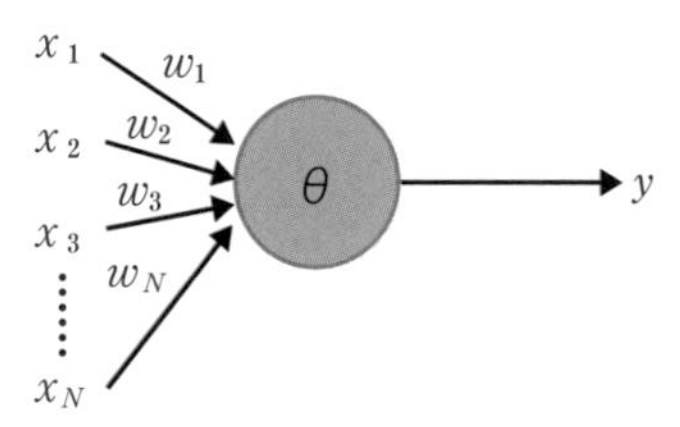

ニューロンは、電気信号の入力側ニューロンから電気信号を受け取って蓄積し、蓄積された電気信号の量がある一定の閾値(しきいち)を超えると、繋がっている他のニューロンに電気信号を伝達していきます。この閾値の超過と他のニューロンへの電気信号の伝達のことを「発火」と呼びます。

ニューラルネットワークは、入力層、隠れ層、出力層と呼ばれる3つの層から構成されています。入力層のニューロンに画像データを入力して、隠れ層のニューロン間で発火を繰り返しながら、最終的な電気信号を出力層に伝達することで、画像分析の結果を算出することができます。例えば、猫と人間を分類するニューラルネットワークでは、入力層に猫の画像を入力すると、隠れ層の中で猫の出力層に向かっているニューロンが発火を繰り返していき、より強い電気信号が猫の出力層に伝達されていきます。人間の出力層よりも猫の出力層の電気信号が強い時に、ニューラルネットワークは入力された画像が猫であると判断することができるのです。

初期のニューラルネットワークには隠れ層が無かったため、複雑な問題をニューラルネットワークで解くことはできませんでした。隠れ層を複数用意すると、ニューラルネットワークの計算量が膨大になってしまうため、一昔前のコンピュータの性能では隠れ層を増やすことができなかったのです。しかし最近では、コンピュータの性能が大幅に向上したため、ニューラルネットワークに隠れ層を複数用意して、複雑な問題を解けるようになりました。

複数の隠れ層を用意したニューラルネットワークは「ディープニューラルネットワーク(ディープラーニング)」と呼ばれます。本格的なディープニューラルネットワークでは、20層以上の隠れ層を用いて画像分析が行われています。

図14-10　ニューラルネットワークによる画像分類

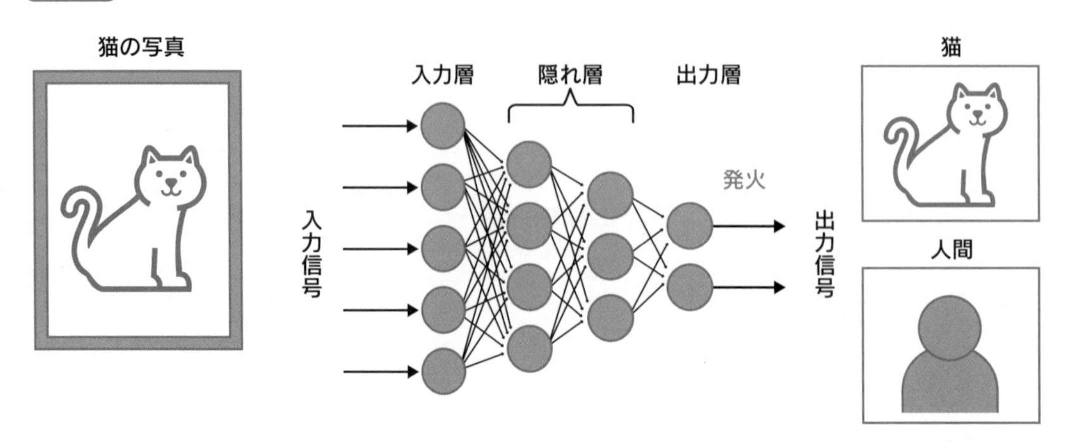

Pythonによる白黒画像の分類

ニューラルネットワークを用いて白黒画像の画像分類をやってみましょう。分析に利用するデータは「MNIST (http://yann.lecun.com/exdb/mnist/)」という「0」〜「9」の手書き数字の画像とラベルのデータセットです。10種類の手書き数字と正解ラベル」です。MNISTは、主に画像分類を目的としたAIの初心者向けチュートリアルでよく使われており、あらかじめColaboratoryにMNISTのデータが用意されています。

●データの準備と読み込み

以下のリストのプログラムを実行して、MNISTの画像データセットの準備を行ってください。以降、リストの内容は「＋コード」をクリックして、新しい入力欄に入力するようにしてください。たとえば、リスト14-1とリスト14-2の内容は、異なる入力欄に入力して実行してください。

リスト14-1 MNISTデータセットの読み込み

▶ソースコード

```
from tensorflow import keras

mnist = keras.datasets.mnist
(train_images, train_labels), (test_images, test_labels) = mnist.
load_data()
```

▶実行結果

```
Downloading data from https://storage.googleapis.com/tensorflow/tf-
keras-datasets/mnist.npz
11493376/11490434 [==============================] - 0s 0us/step
11501568/11490434 [==============================] - 0s 0us/step
```

●学習用データ、テスト用データの確認

MNISTの画像データの解像度を確認してみましょう。以下のプログラムを実行すると、学習用とテスト用の画像データの解像度を確認することができます。MNISTのデータセット全体は、6万枚の学習用データと、1万枚のテストデータ用の合計7万枚で構成されています。MNISTの画像のピクセルは、白「0」〜黒「255」の256段階で色が表現されていて、幅28×高さ28（784ピクセル）となっています。

リスト14-2 学習用データの確認

▶ソースコード

```
train_images.shape
```

▶実行結果

```
(60000, 28, 28)
```

リスト14-3 テスト用データの確認

▶ソースコード

```
test_images.shape
```

▶実行結果

```
(10000, 28, 28)
```

●画像データの正規化

MNISTのデータセットの読み込みが終わったら、MNISTの画像のピクセルの値を全て「255」で割るという操作を行います。この割り算を行うことで、0から255のピクセルの値が、0から1の間に収まるように変更されます。この操作は、機械学習における「正規化(Normalization)」と呼ばれる作業で、ニューラルネットワークの計算処理を高速に行うための作業です。

リスト14-4 画像データの正規化

▶ソースコード

```
train_images = train_images / 255.0
test_images = test_images / 255.0
```

▶実行結果

```
表示なし
```

●手書き数字画像の表示

MNISTの画像データを表示してみましょう。以下のプログラムを実行すると、MNISTの手書き文字画像を表示して確認することができます。複数の異なる人間による手書き数字画像ですので、同じ数字を表す画像であっても若干異なることがわかります。

リスト14-5 手書き数字画像の表示

▶ソースコード

```
import matplotlib.pyplot as plt

plt.figure(figsize=(10,10))
for i in range(25):
    plt.subplot(5,5,i+1)
    plt.xticks([])
    plt.yticks([])
    plt.grid(False)
    plt.imshow(train_images[i], cmap=plt.cm.binary)
    plt.xlabel(train_labels[i])
plt.show()
```

▶実行結果

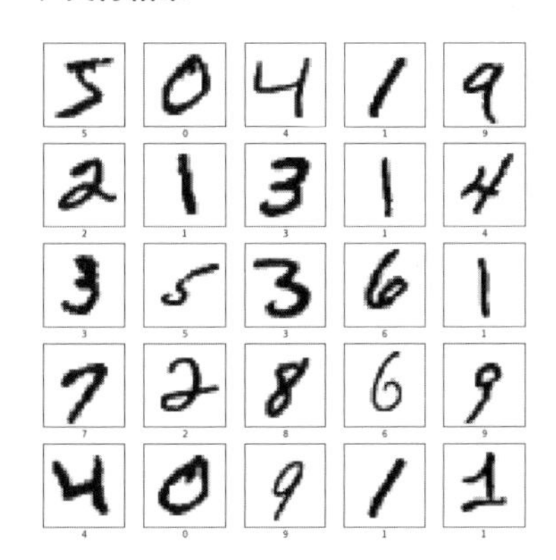

●ニューラルネットワークの定義

それでは、人間の手書き数字の画像分類を行うニューラルネットワークを作成しましょう。まず初めに、ニューラルネットワークの、入力層、隠れ層、出力層の階層構造を定義する必要があります。今回は、Sequentialモデルと呼ばれる、ニューラルネットワークの階層構造が直列につながっているモデルを採用します。以下のプログラムを実行すると、入力層が1層、隠れ層が1層、出力層が1層の階層構造を持つニューラルネットワークを定義することができます。

リスト14-6 ニューラルネットワークの定義

▶ソースコード

```
model = keras.Sequential([
    keras.layers.Flatten(input_shape=train_images.shape[1:]),
    keras.layers.Dense(128, activation='relu'),
    keras.layers.Dropout(0.2),
    keras.layers.Dense(10, activation='softmax')
])
```

▶実行結果

```
表示なし
```

●ニューラルネットワークのコンパイル

ニューラルネットワークの定義が終わったら、以下のプログラムを実行して、ニューラルネットワークのコンパイルを行います。本書では詳細は割愛いたしますが、ニューラルネットワークの学習をどのように進めるかをここで定義しています。

リスト14-7 ニューラルネットワークのコンパイル

▶ソースコード

```
model.compile(optimizer='adam',
              loss='sparse_categorical_crossentropy',
              metrics=['accuracy'])
```

▶実行結果

```
表示なし
```

●ニューラルネットワークの学習

ここまでの工程で、ニューラルネットワークの学習を始める準備ができましたので、以下のプログラムを実行して、ニューラルネットワークの学習を行いましょう。画像分類AIの学習は計算量が多いため、学習が終わるまでに少し時間がかかります。

リスト14-8 ニューラルネットワークの学習

▶ソースコード

```
model.fit(train_images, train_labels, epochs=5)
```

▶実行結果

```
Epoch 1/5
1875/1875 [==============================] - 5s 2ms/step - loss:
0.2965 - accuracy: 0.9135
Epoch 2/5
1875/1875 [==============================] - 4s 2ms/step - loss:
0.1405 - accuracy: 0.9587
Epoch 3/5
1875/1875 [==============================] - 4s 2ms/step - loss:
0.1065 - accuracy: 0.9669
Epoch 4/5
1875/1875 [==============================] - 4s 2ms/step - loss:
0.0865 - accuracy: 0.9737
Epoch 5/5
1875/1875 [==============================] - 4s 2ms/step - loss:
0.0708 - accuracy: 0.9776
<keras.callbacks.History at 0x7f028d4bf2d0>
```

●テストデータの画像分類

MNISTの手書き数字画像を学習したニューラルネットワークが完成しましたので、テストデータに対して予測を行ってみましょう。以下のプログラムを実行すると、テストデータの1枚目の手書き数字が、「0」から「9」のどの数字に該当するかを表す確率を順番に表示することができます。作成した画像分類AIによると、テストデータの1枚目の手書き数字は「7」に該当する確率が0.99を超えているようです。

リスト14-9 テストデータの画像分類

▶ソースコード

```
import numpy as np

np.set_printoptions(suppress=True)
predictions = model.predict(test_images)
predictions[0]
```

▶実行結果

```
array([0.00000049, 0.  , 0.00000397, 0.00055865, 0.  , 0.00000028, 0.
, 0.9994318 , 0.00000014, 0.00000472], dtype=float32)
```

●テストデータの表示

以下のプログラムを実行すると、テストデータの1枚目の手書き数字を画像として表示することができます。テストデータの1枚目は、人間が書いた数字の「7」のように見えます。

リスト14-10　テストデータの表示

▶ソースコード

```
plt.xticks([])
plt.yticks([])
plt.grid(False)
plt.imshow(test_images[0], cmap=plt.cm.binary)
plt.xlabel(test_labels[0])
plt.show()
```

▶実行結果

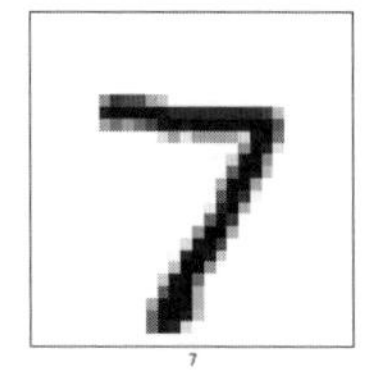

●画像の予測結果と正解

以下のプログラムを実行すると、テストデータの1枚目の手書き数字の予測結果と正解を表示することができます。予測結果と正解は見事に一致していることがわかりました。

リスト14-11　1枚目の画像の予測結果

▶ソースコード

```
np.argmax(predictions[0])
```

▶実行結果

```
7
```

リスト14-12 1枚目の画像の正解

▶ソースコード

```
test_labels[0]
```

▶実行結果

```
7
```

●テストデータ全体の認識精度の評価

最後に、10,000枚あるテストデータ全体の認識精度を評価してみましょう。以下のプログラムを実行すると、全てのテストデータに対する正解率を確認することができます。テストデータの正解率は97%を超えており、とても高い精度で手書き数字の画像分類を行うAIを作成することができました。

リスト14-13 テストデータ全体の認識精度

▶ソースコード

```
test_loss, test_acc = model.evaluate(test_images,  test_labels, 
verbose=2)

print('\nTest accuracy:', test_acc)
```

▶実行結果

```
313/313 - 0s - loss: 0.0704 - accuracy: 0.9776 - 476ms/epoch - 2ms/
step

Test accuracy: 0.9775999784469604
```

1 2 3 4 5 6 7 8 9 10 11 12 13 14

14-3 畳み込みニューラルネットワーク(Convolutional neural network)

データ量の多いカラー画像に対して有効な畳み込みニューラルネットワークについて学び、Pythonによる演習を行います。

畳み込みニューラルネットワーク(Convolutional neural network)とは

ニューラルネットワークは、白黒画像の分類に対して非常に高い精度を出すことができましたが、カラー画像の場合はどのくらいの精度が出せるのでしょうか。

カラー画像は白黒画像と異なり、色の三原色(赤、緑、青)をデータとして表現する必要があるため、カラー画像のデータ量は白黒画像の3倍となります。データ量が3倍になった場合、ニューラルネットワークの計算負荷も3倍になると思われがちですが、実際は何十倍、何百倍も計算負荷が上昇します。

これはAIの「次元の呪い」と呼ばれる現象で、データの次元(要素数)が大きくなると、そのデータを分析する際の計算量が指数関数的に増大するためです。そのため、単純なニューラルネットワークでは、カラー画像に対して十分な分類精度を発揮することができません。

図14-11　カラー画像のデータ形式

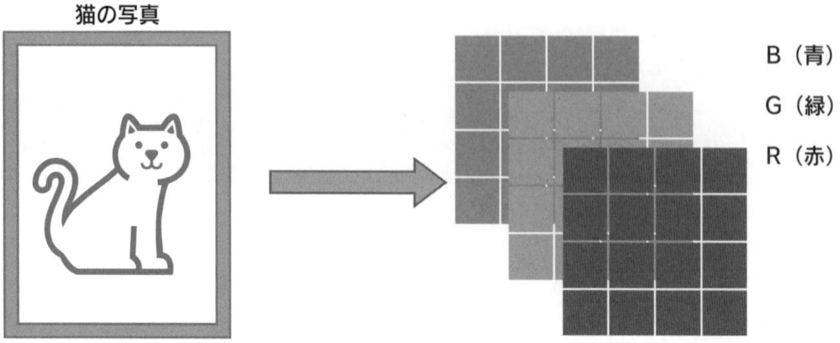

そこで、カラー画像の分類には「畳み込みニューラルネットワーク(Convolutional neural network)」がよく用いられます。畳み込みニューラルネットワークは、従来のニューラルネットワークに「畳み込み層」と「プーリング層」と呼ばれる新しい層を追加したニューラルネットワークです。

図14-12 畳み込みニューラルネットワーク(Convolutional neural network)

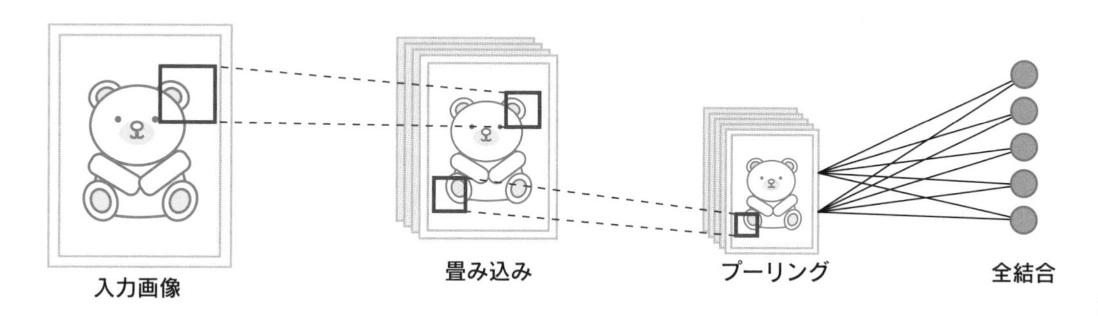

◎畳み込み層

畳み込み層では、フィルタを用いて画像の特徴を抽出します。フィルタを画像の左上から順番に重ね、画像とフィルタの値を掛け合わせます。掛け合わせた数値の総和で算出される「特徴マップ」を出力します。画像をピクセル単位で分析するのではなく、複数のピクセルをまとめて分析することで、画像の分類精度を向上させるという技術です。

図14-13 畳み込み層

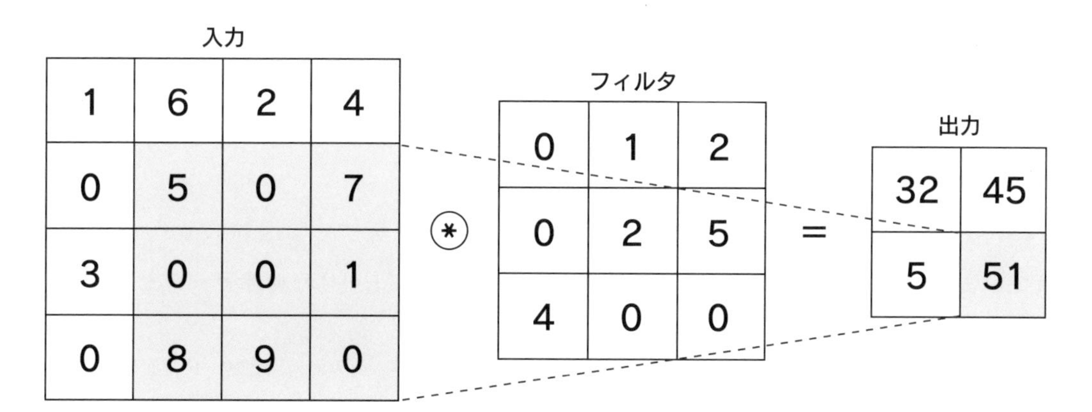

◎プーリング層

プーリング層は、畳み込み層で出力された特徴マップの情報量を落とすための層です。例えば、最大値(Max)プーリングと呼ばれるプーリング層は、2×2のマスごとに特徴マップの最大値を抽出して、最大値以外の情報を削減します。最大値プーリング以外にも、平均値 (Average) プーリングと呼ばれる平均値を抽出する処理などもあります。

図14-14　プーリング層

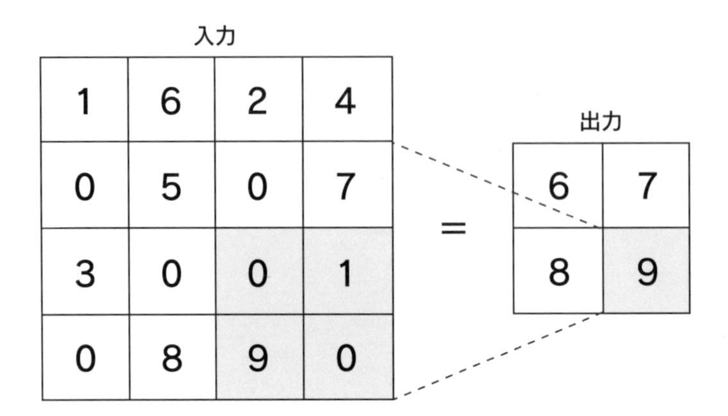

Pythonによるカラー画像の分類

畳み込みニューラルネットワークを用いてカラー画像の画像分類をやってみましょう。

●データの準備と読み込み

分析に利用するデータは「CIFAR-10」という10種類の物体のカラー画像のデータセットです。

URL https://www.cs.toronto.edu/~kriz/cifar.html

飛行機、自動車、鳥、猫、鹿、犬、カエル、馬、船、トラックの10種類の画像が入っています。

CIFAR-10のデータセットは、MNISTと同様に、あらかじめColaboratoryに用意されています。以下のリストのプログラムを実行して、CIFAR-10の画像データセットの準備を行ってください。

リスト14-14　CIFAR-10データセットの読み込み

▶ソースコード

```
cifar10 = keras.datasets.cifar10
(train_images, train_labels), (test_images, test_labels) = cifar10.
load_data()
```

▶実行結果

```
Downloading data from https://www.cs.toronto.edu/~kriz/cifar-10-
python.tar.gz
170500096/170498071 [==============================] - 4s 0us/step
170508288/170498071 [==============================] - 4s 0us/step
```

●学習用データの確認

CIFAR-10の画像データの解像度を確認してみましょう。以下のプログラムを実行すると、学習用とテスト用の画像データの解像度を確認することができます。CIFAR-10のデータセット全体は、5万枚の学習用データと、1万枚のテストデータ用の合計6万枚で構成されています。CIFAR-10の画像のピクセルは、赤、緑、青の濃さが「0」～「255」の256段階で表現されており、幅32×高さ32(784ピクセル)となっています。

リスト14-15 学習用データの確認

▶ソースコード

```
train_images.shape
```

▶実行結果

```
(50000, 32, 32, 3)
```

リスト14-16 テスト用データの確認

▶ソースコード

```
test_images.shape
```

▶実行結果

```
(10000, 32, 32, 3)
```

●画像データの正規化

MNISTと同様に、CIFAR-10の画像データに正規化の処理を行います。各ピクセルの赤、緑、青の値が、0から1の間に収まるように変更されます。

リスト14-17 画像データの正規化

▶ソースコード

```
train_images = train_images / 255.0
test_images = test_images / 255.0
```

▶実行結果

```
表示なし
```

●カラー写真の表示

CIFAR-10の画像データを表示してみましょう。以下のプログラムを実行すると、CIFAR-10のカラー画像を表示して確認することができます。10種類の物体のカラー画像が表示されていますが、同じ種類の画像であっても、かなり異なっていることがわかります。例えば、「左を向いている白いトラック」、「右を向いている緑のトラック」を、同じ「トラック」というカテゴリに分類する必要があるため、カラー画像の分類はかなり難易度の高いタスクとなります。

リスト14-18 カラー写真の表示

▶ソースコード

```
import matplotlib.pyplot as plt

plt.figure(figsize=(10,10))
for i in range(25):
    plt.subplot(5,5,i+1)
    plt.xticks([])
    plt.yticks([])
    plt.grid(False)
    plt.imshow(train_images[i], cmap=plt.cm.binary)
    plt.xlabel(train_labels[i])
plt.show()
```

▶実行結果

●分類精度の確認

CIFAR-10に対して畳み込みニューラルネットワークを適用する前に、MNISTで用いたニューラルネットワークがCIFAR-10に対してどのくらいの分類精度を発揮できるかを確認してみましょう。

以下のプログラムを実行すると、ニューラルネットワークの定義、コンパイル、学習、精度評価までの一連の流れを行うことができます。ニューラルネットワークでCIFAR-10の画像分類を行う場合は、分類精度は約36%と非常に低い値になっていることがわかります。隠れ層が1層のニューラルネットワークでは、カラー画像の分類は困難であるということです。

リスト14-19 ニューラルネットワークの定義

▶ソースコード

```
model = keras.Sequential([
    keras.layers.Flatten(input_shape=train_images.shape[1:]),
    keras.layers.Dense(128, activation='relu'),
    keras.layers.Dropout(0.2),
    keras.layers.Dense(10, activation='softmax')
])
```

▶実行結果

```
表示なし
```

リスト14-20　ニューラルネットワークのコンパイル

▶ソースコード

```
model.compile(optimizer='adam',
              loss='sparse_categorical_crossentropy',
              metrics=['accuracy'])
```

▶実行結果

```
表示なし
```

リスト14-21　ニューラルネットワークの学習

▶ソースコード

```
model.fit(train_images, train_labels, epochs=5)
```

▶実行結果

```
Epoch 1/5
1563/1563 [==============================] - 7s 5ms/step - loss:
2.0057 - accuracy: 0.2560
Epoch 2/5
1563/1563 [==============================] - 7s 5ms/step - loss:
1.9095 - accuracy: 0.2929
Epoch 3/5
1563/1563 [==============================] - 7s 4ms/step - loss:
1.8860 - accuracy: 0.3022
Epoch 4/5
1563/1563 [==============================] - 7s 4ms/step - loss:
1.8754 - accuracy: 0.3094
Epoch 5/5
1563/1563 [==============================] - 7s 4ms/step - loss:
1.8651 - accuracy: 0.3128
<keras.callbacks.History at 0x7f0296695710>
```

リスト14-22　テストデータ全体の認識精度(ニューラルネットワーク)

▶ソースコード

```
test_loss, test_acc = model.evaluate(test_images,  test_labels,
verbose=2)
```

```
print('\nTest accuracy:', test_acc)
```

▶実行結果

```
313/313 - 1s - loss: 1.7625 - accuracy: 0.3614 - 606ms/epoch - 2ms/
step

Test accuracy: 0.3614000082015991
```

●畳み込みニューラルネットワークの定義

それでは、CIFAR-10に対して畳み込みニューラルネットワークを適用してみましょう。以下のプログラムを実行すると、畳み込みニューラルネットワークの定義を行います。「keras.layers.Conv2D(32, kernel_size=(3, 3), activation='relu', input_shape=train_images.shape[1:])」という行が、畳み込み層を1層追加していることを意味しています。また、「keras.layers.MaxPooling2D(pool_size=(2, 2))」という行はプーリング層を1層追加しています。その後のコンパイル、学習、精度評価までの一連の流れは先ほどと同様です。畳み込み層とプーリング層を1層ずつ追加しただけですが、CIFAR-10の画像の分類精度は約61%と大幅に向上しています。

計算負荷は向上しますが、畳み込み層と隠れ層をさらに追加すると、分類精度もどんどん向上していきます。畳み込みニューラルネットワークの構造は自分でカスタマイズすることができますので、読者の皆さんもいろいろなデータセットに対して、オリジナルの畳み込みニューラルネットワークを作って画像分類を試してみてください。

リスト14-23 畳み込みニューラルネットワークの定義

▶ソースコード

```
model = keras.Sequential([
    keras.layers.Conv2D(32, kernel_size=(3, 3), activation='relu',
input_shape=train_images.shape[1:]),
    keras.layers.MaxPooling2D(pool_size=(2, 2)),
    keras.layers.Flatten(input_shape=train_images.shape[1:]),
    keras.layers.Dense(128, activation='relu'),
    keras.layers.Dropout(0.2),
    keras.layers.Dense(10, activation='softmax')
])
```

▶実行結果

```
表示なし
```

リスト14-24　畳み込みニューラルネットワークのコンパイル

▶ソースコード

```
model.compile(optimizer='adam',
              loss='sparse_categorical_crossentropy',
              metrics=['accuracy'])
```

▶実行結果

```
表示なし
```

リスト14-25　畳み込みニューラルネットワークの学習

▶ソースコード

```
model.fit(train_images, train_labels, epochs=5)
```

▶実行結果

```
Epoch 1/5
1563/1563 [==============================] - 41s 26ms/step - loss:
1.5306 - accuracy: 0.4472
Epoch 2/5
1563/1563 [==============================] - 43s 28ms/step - loss:
1.2670 - accuracy: 0.5492
Epoch 3/5
1563/1563 [==============================] - 42s 27ms/step - loss:
1.1547 - accuracy: 0.5900
Epoch 4/5
1563/1563 [==============================] - 45s 29ms/step - loss:
1.0806 - accuracy: 0.6150
Epoch 5/5
1563/1563 [==============================] - 47s 30ms/step - loss:
1.0220 - accuracy: 0.6378
<keras.callbacks.History at 0x7f028d995f90>
```

リスト14-26 テストデータ全体の認識精度(畳み込みニューラルネットワーク)

▶ソースコード

```
test_loss, test_acc = model.evaluate(test_images,  test_labels,
verbose=2)

print('\nTest accuracy:', test_acc)
```

▶実行結果

```
313/313 - 2s - loss: 1.0881 - accuracy: 0.6144 - 2s/epoch - 8ms/step

Test accuracy: 0.6144000291824341
```


演習問題①

FASHION MNISTという10種類の「ファッション商品」写真の画像データセット(https://github.com/zalandoresearch/fashion-mnist/blob/master/README.ja.md)に対して、ニューラルネットワークを用いて画像分類を行うAIを作成しなさい。

※ヒント

以下のプログラムを実行すると、FASHION MNISTのデータセットを読み込むことができます。

```
fashion_mnist = keras.datasets.fashion_mnist
(train_images, train_labels), (test_images, test_labels) = fashion_
mnist.load_data()
```

演習問題②

FASHION MNISTに対して、畳み込みニューラルネットワークを用いて画像分類を行うAIを作成しなさい。

※ヒント

畳み込みニューラルネットワークの定義を行う際に、畳み込み層を追加する行を以下のように変更すると正しく動作します。

```
keras.layers.Conv2D(32, kernel_size=(3, 3), activation='relu',
input_shape=(28, 28, 1))
```

索引

記号・数字

英字

ア行

カ行

サ行

タ行

ナ行

ハ行

マ行・ヤ行

ラ行・ワ行

■ 著者紹介

吉田　雅裕（よしだ　まさひろ）

1985年生まれ。山口県出身。東京大学大学院博士課程修了。博士（学際情報学）。日本学術振興会特別研究員を経て、2013年に日本電信電話株式会社に入社。5Gと自動運転に関する研究開発を経て、現在、中央大学国際情報学部准教授。コンピュータネットワークとAIに関する研究教育活動に従事。中央大学AI・データサイエンスセンター所員。著書に『はじめてのAIリテラシー』（技術評論社）、『国際情報学入門』（ミネルヴァ書房）など。

装丁　●小野貴司
本文　●BUCH+

Pythonで学ぶはじめてのデータサイエンス

2023年4月28日　初版　第1刷発行

著　者　吉田雅裕
発行者　片岡 巌
発行所　株式会社技術評論社
東京都新宿区市谷左内町21-13
電話　03-3513-6150 販売促進部
03-3267-2270 書籍編集部
印刷／製本　図書印刷株式会社

定価はカバーに表示してあります。

ISBN978-4-297-13421-1 C3055
Printed in Japan

本書へのご意見、ご感想は、技術評論社ホームページ（https://gihyo.jp/）または以下の宛先へ書面にてお受けしております。電話でのお問い合わせにはお答えいたしかねますので、あらかじめご了承ください。

〒162-0846
東京都新宿区市谷左内町21-13
株式会社技術評論社書籍編集部
『Pythonで学ぶはじめてのデータサイエンス』係

本書のご購入等に関するお問い合わせは下記にて受け付けております。

(株)技術評論社
販売促進部　法人営業担当

〒162-0846
東京都新宿区市谷左内町21-13
TEL:03-3513-6158
FAX:03-3513-6051
Email:houjin@gihyo.co.jp